U0338993

职业教育计算机专业改革创新示范教材

Flash 动画设计与制作项目教程

主　编　黄春光

副主编　陈　颖

参　编　张妍霞　王　丰　赵红梅

　　　　刘璐璐　王　丽　李明锐

　　　　姜京爱

主　审　于　昊

机械工业出版社

本书内容包括 10 个项目，以 Flash 动画制作的工艺流程为依据，以学生（晓峰）、导演（王导）为线索，贯穿所有项目并引导整个学习过程。在每个项目中选取 1～3 个典型的任务，针对动画创作或制作环节中的问题，采用"项目基础+任务热身+任务实施"的形式，进行详尽准确的讲授及训练。项目 1～项目 7 涵盖了软件基础、角色、场景、动作、文字和交互等动画设计制作的基础内容，项目 8～项目 10 综合了主页、MV 和动画的制作。

本书从各个方面展现了 Flash 软件制作动画的强大功能，内容重点突出，任务实践性强。本书还配有随书光盘，其中包括每个项目的源文件和项目素材，供读者更好地学习使用，也可以作为教师授课的素材。

本书适合作为各类职业院校计算机动漫与游戏制作及相关专业的教材，也适合广大 Flash 动画爱好者自学使用，还可以作为学习动画创作知识、技法和提高实际操作能力的参考用书。

图书在版编目（CIP）数据

Flash 动画设计与制作项目教程/黄春光主编. —北京：机械工业出版社，2013.6（2017.1 重印）

职业教育计算机专业改革创新示范教材

ISBN 978-7-111-42377-5

Ⅰ．①F…　Ⅱ．①黄…　Ⅲ．①动画制作软件—职业教育—教材　Ⅳ．①TP391.41

中国版本图书馆 CIP 数据核字（2013）第 092230 号

机械工业出版社（北京市百万庄大街 22 号　邮政编码 100037）

策划编辑：梁　伟　　责任编辑：李绍坤
版式设计：霍永明　　责任校对：薛　娜
封面设计：鞠　杨　　责任印制：乔　宇

三河市国英印务有限公司印刷

2017 年 1 月第 1 版第 2 次印刷

184mm×260mm・15.5 印张・379 千字

3001—4 000 册

标准书号：ISBN 978-7-111-42377-5
　　　　　　ISBN 978-7-89433-948-5（光盘）

定价：37.00 元（含 1CD）

前　言

本书是在市场调研的基础上，由动漫公司专业人士、职业院校教师，根据动画制作的工艺流程，以"项目教学"的形式进行编写而成的。编者根据职业院校学生的特点及认知规律，设计了 10 个项目共 19 个任务，每个项目涵盖一个实际 Flash 动画创作的流程，并依据该流程所需的基础知识，划分设计了不同的任务，注重由浅入深的知识传授过程和岗位工作的需求。其中，项目 1 介绍了 Flash 软件制作动画的基本工具及相关操作；项目 2～项目 5 分别介绍了动画角色、场景、动作和文字的设计制作方法；项目 6 和项目 7 介绍了动画交互及声音视频的控制；项目 8～项目 10 分别针对主页、MV 和动画进行综合创作实训。

本书由黄春光担任主编，陈颖担任副主编，于昊主审，参加编写的还有张妍霞、王丰、赵红梅、刘璐璐、王丽、李明锐和姜京爱。

其中项目 1 由王丽、姜京爱编写；项目 2 由张妍霞编写；项目 3 由王丰编写；项目 4 由黄春光编写；项目 5 由李明锐编写；项目 6 和项目 9 由赵红梅编写；项目 7 和项目 8 由刘璐璐编写；项目 10 由张妍霞和陈颖编写。书中的部分范例选自吉林信息工程学校动漫班学生的优秀作品，在此表示感谢。

由于编者水平有限，编写时间仓促，书中难免有疏漏和不足之处，欢迎读者批评指正。

编　者

目　录

项目 1　动画制作基础

1.1　项目情境

晓峰是一名大学生，他打算利用假期时间到动画公司实习。看，他已经来了。

晓峰：您是王导吧，我是到这里参加学习实践的晓峰。

王导：欢迎你，晓峰。你想进行哪方面的实践学习呢？

晓峰：听说 Flash 动画很流行，我主要想学习一下怎么制作 Flash 动画。

王导：是的，Flash 动画是现在最流行的动画表现形式之一，它凭借自身的诸多优势，在互联网、多媒体课件制作以及游戏软件制作等领域得到了广泛的应用。相对于 Flash CS3，Flash CS4 无论是外观还是功能都有非常大的改进，使设计制作 Flash 动画更加简便和人性化。

晓峰：原来如此，可是对于 Flash 软件我一点基础都没有，如何开始呢？

王导：这样吧，根据你的进展情况，我安排你到公司的各个业务部门进行分阶段的学习实践。现在我先给你找个老师介绍一下 Flash 软件的基本操作。

1.2　项目基础

1.2.1　Flash CS4 的系统要求

针对不同类型的计算机，安装 Flash CS4 至少要满足以下系统需求。

1．Windows 系统

1GHz 以上的处理器；Microsoft Windows XP（已经安装 Service Pack 2，推荐安装 Service Pack 3）或 Windows Vista Home Premium、Business、Ultimate、Enterprise（已经安装 Service Pack 1，通过 32 位 Windows XP 和 Windows Vista 认证）；至少 1GB 内存；3.5GB 可用硬盘空间用于安装，在安装过程中需要额外的可用硬盘空间（无法安装在基于内存的设备上）；需要显示器的分辨率达到 1024×768（推荐 1280×800），至少能表现出 2^{16} 种颜色；配置 DVD-ROM 驱动器；实现多媒体功能需要安装 QuickTime 7.1.2 软件。

2．Mac OS 系统

CPU 需要 Power PC G5 或 Intel 多核处理器；操作系统需要 Mac OS X 10.4.11～10.5.4 版；

至少 1GB 内存；4GB 可用硬盘空间用于安装，在安装过程中需要额外的可用硬盘空间（无法安装在使用区分大小写的文件系统的卷或基于内存的设备上）；需要显示器的分辨率达到 1024×768（推荐 1280×800），至少能表现出 2^{16} 种颜色；配置 DVD-ROM 驱动器；实现多媒体功能需要安装 QuickTime 7.1.2 软件。

1.2.2 启动 Flash CS4

1. 双击桌面软件图标启动

双击桌面 Adobe Flash CS4 Professional 的快捷方式图标，启动 Flash CS4。此时将看到 Flash CS4 的启动界面（见图1-1）。在窗口的中间部分是 Flash CS4 软件的"欢迎屏幕"，它是自 Flash MX 2004 版本开始新增的一个功能。

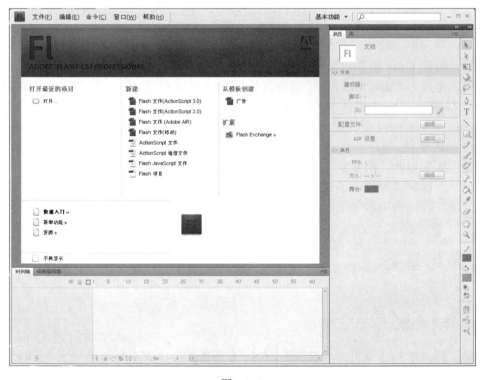

图 1-1

在"打开最近的项目"选项卡内提供了最近编辑过的文档列表，在这里能快速打开最近编辑过的文档，而无须打开资源管理器查找。如果需要打开一个最近不曾编辑过的文档，也可以通过选择这个选项卡中的"打开"命令，弹出"打开"对话框，查找所需要的文件，最后单击"打开"对话框中的"打开"按钮，打开该文档（见图1-2）。

在"新建"选项卡中提供了 8 种常用的 Flash 文档类型，可以按照需要选择一种文档类型创建一个新文档。在"从模板创建"选项卡中提供了一些完成了初步设置的功能模板，用户只需在此基础上作一些修改，或者添加自定义的内容，便能快速地完成工作。单击该选项卡中的模板类型，弹出"从模板新建"对话框，选择需要的模板后，单击"确定"按钮，新建一个基于模板设定的新文档（见图1-3）。

图　1-2

图　1-3

选择"扩展"选项卡中的"Flash Exchange"命令，可以链接到互联网，访问 Adobe 公司官方网页的 Flash Exchange 栏目，通过单击软件列表中的 Flash 选项，进入相关页面下载用于 Flash 的扩展功能。

通过选择"快速入门""新增功能"或"资源"命令，能够链接到 Adobe 官方网站的相关功能区域，获得一些 Flash 官方的最新教程和使用经验。

　　如果不喜欢"欢迎屏幕"这个功能，可以通过选中快速启动窗口下方的"不再显示"复选框来关闭它。这样，当下次启动 Flash CS4 时，就不会看到这个窗口了（见图1-4）。如果希望恢复显示"欢迎屏幕"，选择"编辑"→"首选参数"命令，打开"首选参数"对话框，在对话框的"常规"选项卡中，打开"启动时"下拉列表，选择"欢迎屏幕"，然后单击"确定"按钮即可（见图1-5）。

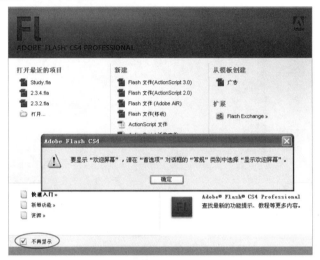

图　1-4

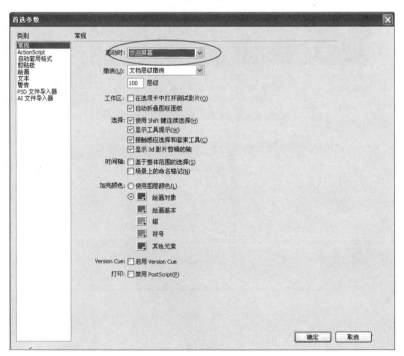

图　1-5

　　在启动界面上选择"新建"选项卡中的"Flash 文件（ActionScript 3.0）"命令新建一个文档，进入 Flash 程序界面环境（见图1-6）。

图　1-6

2. 从"开始"菜单启动

选择"开始"→"所有程序"→"Adobe Flash CS4 Professional"命令，可以启动 Flash CS4 应用程序。

3. 双击 Flash 文件启动

双击已经建立的 Flash 文件，同样会启动 Flash CS4 应用程序。

1.2.3　Flash CS4 的工作界面

启动完成后，来认识一下 Flash CS4 的工作界面（见图1-7）。界面主要包含菜单栏、属性面板、工具箱、舞台和时间轴几个部分。

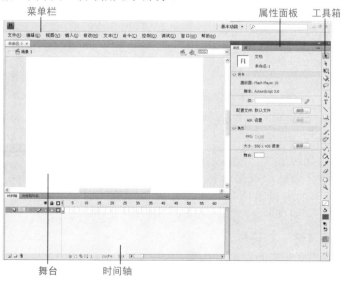

图　1-7

1．菜单栏

位于界面最上方，包括"文件""编辑""视图""插入""修改""文本""命令""控制""调试""窗口"和"帮助"共 11 个菜单。

2．属性面板

属性就是一个对象的具体特性，属性面板用以显示和修改当前文档、文本、元件、形状、位图、视频、组和帧等工具的信息和设置。对于不同的命令、工具和对象，属性面板是不同的。

3．工具箱

工具箱面板默认位于界面右侧，包括常用的选择类工具、绘图类工具、文本工具、颜色类工具、查看类工具等，以及一些与工具相关的选项。

4．舞台

在播放 Flash 动画时，默认舞台内的区域为显示区域，它本身不对其他对象和命令产生影响，在其上可以绘制对象，放置各类元件的实例和组件等。在舞台区域的四周有一个灰色的区域，在灰色区域内的对象在播放时是不会被观众看到的。

在默认的新建文档中，舞台是以 100%大小显示的，用户可以根据自己的需要通过调整显示的百分比来改变舞台显示的大小，允许调整的范围是 8%～2000%。为了设计定位方便，通常有选择地在舞台上添加一种或几种辅助工具，这些辅助工具包括标尺、辅助线和网格。

图　1-8

1）标尺。选择"视图"→"标尺"命令，或按<Shift+Alt+R>组合键来显示或隐藏标尺（见图1-8）。默认标尺上数字的度量单位是"像素"，也可以选择"修改"→"文档"命令或按<Ctrl+J>组合键，打开"文档属性"对话框，在"标尺单位"下拉列表中将其修改为其他单位（见图1-9）。

2）辅助线。在选择了标尺后，按住鼠标拖曳，可拖曳出水平或垂直辅助线（见图1-10）。

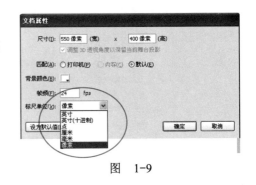

图　1-9

图　1-10

○　显示或隐藏辅助线：选择"视图"→"辅助线"→"显示辅助线"命令，也可以按<Ctrl+; >组合键来实现。

○　锁定辅助线：选择"视图"→"辅助线"→"锁定辅助线"命令，也可以按<Ctrl+Alt+; >组合键来实现。

○　移动辅助线：把鼠标放在辅助线上，箭头右下角出现一个进入辅助线选择范围的标志，可以通过按住鼠标左键拖曳辅助线来调整辅助线的位置。

○　删除辅助线：在辅助线上按住鼠标左键，将其拖回标尺内，即可删除这条辅助线；或选择"视图"→"辅助线"→"清除辅助线"命令，会清除当前舞台上的所有辅助线。

○　贴紧辅助线：选择"视图"→"贴紧"→"贴紧辅助线"命令，也可以按<Ctrl+Shift+; >组合键来实现。

○　编辑辅助线：选择"视图"→"辅助线"→"编辑辅助线"命令，打开"辅助线"对话框（见图 1-11），也可以按<Shift+Alt+Ctrl+G>组合键来打开该对话框。

图　1-11

3）网格。选择"视图"→"网格"→"显示网格"命令可以显示或隐藏网格，或按<Ctrl+' >组合键。当网格显示时，将会在舞台上按照一定规律生成一组垂直交义辅助线（见图1-12）。

○　贴紧网格：选择"视图"→"贴紧"→"贴紧网格"命令，或按<Ctrl+Shift+'>组合键，在执行此命令后再修改移动对象时就会自动贴紧网格。

○　编辑网格：选择"视图"→"网格"→"编辑网格"命令，可以打开"网格"对话框（见图 1-13），或者按<Ctrl+Alt+G>组合键，通过这个命令可以改变网格的间距及显示颜色。

5. 时间轴

用于组织、控制图层和帧的内容，完成动画的制作。并使这些内容随着时间指针的移动而发生相应的变化，能够直观地看到动画制作的全部过程。

6. 切换工作界面

1）工作界面。Flash CS4 提供了 6 种默认的界面排布方式，包括动画界面、传统界面、

7

调试界面、设计人员界面、开发人员界面和基本功能界面。选择"窗口"→"工作区"命令（见图 1-14），或单击软件界面右上角的"基本功能"按钮，均可以打开控制菜单（见图 1-15）。

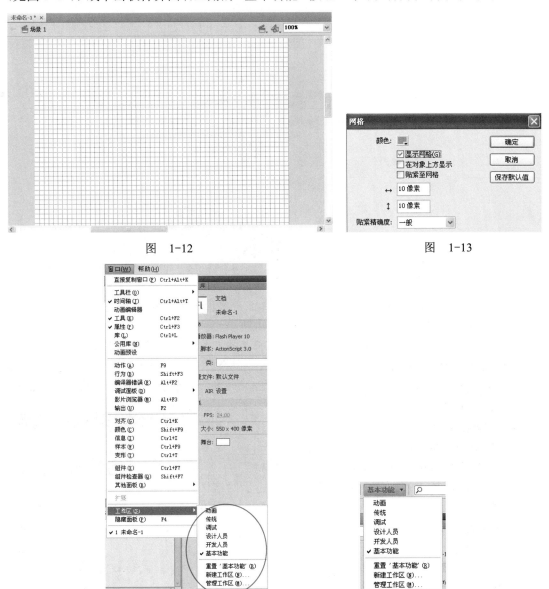

图 1-12

图 1-13

图 1-14

图 1-15

2）功能面板。Flash CS4 为用户提供了复杂多样、功能完善的功能面板。通过在主菜单中选择"窗口"菜单，可以看到 Flash 中所有面板的列表。在"窗口"菜单中单击面板名称，在面板名称左边会出现一个对号，将在界面中打开对应的功能面板，可以进行位置移动、改变大小或者和其他面板组合等操作。

○ 移动面板：按住面板顶部的灰色边框不放并拖曳到任何要放置的位置即可。

○ 折叠和展开面板：有两种方法，一是单击面板名称所在的灰色长条即可折叠面板，重复上述操作即可展开面板，二是单击面板右上部的"折叠为图标"按钮或"展开面板"按钮。

○ 改变面板大小：将鼠标移到面板边框处，当出现双向箭头时拖曳即可放大或缩小面板。
○ 组合面板：按住面板顶部的灰色长条，将其拖曳到另一个面板上，当出现蓝色的线框后，松开鼠标即可组合面板。
○ 拆分面板：在组合面板上，按住需要拆分面板的名称，将其拖曳到合适位置处即可。

3）关闭面板：单击面板右上角的"关闭"按钮即可关闭不需要的面板。

1.2.4　文件的基本操作

1. 新建 Flash 文件

1）新建"常规"文件。打开 Flash CS4 后，会看到启动界面（见图 1-16）。单击"新建"选项卡中的"Flash 文件（ActionScript 3.0）"按钮，可以创建扩展名为"fla"的新文件。新建文件自动采用 Flash 的默认文件属性。还可以选择"文件"→"新建"命令，打开"新建文件"对话框。在"新建文件"对话框中选择"Flash 文件（ActionScript 3.0）"，完成新建文件。

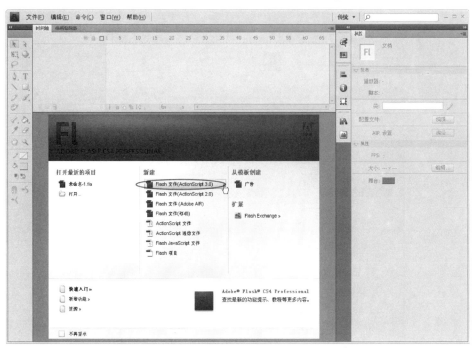

图　1-16

🔊 小提示

Flash 文件（ActionScript 3.0）和 Flash 文件（ActionScript 2.0）中的"ActionScript 3.0"和"ActionScript 2.0"是在使用 Flash 文件编程时，所使用的脚本语言的版本。Flash CS4 默认采用 ActionScript 3.0 版本的语言。ActionScript 2.0 版是在 Flash 8 中普遍采用的脚本语言，在易用性和功能上不如 ActionScript 3.0。两个版本的语言不兼容，需要使用不同的编辑器进行编译。所以，在新建文件时，需要根据实际需要，选择使用哪种方式新建文件。

2）新建"从模板创建"文件。启动 Flash CS4，单击"从模板创建"选项卡中的目标

模板（见图1-17）。打开"从模板新建"对话框（见图1-18）。在"从模板新建"对话框中
选择所需要的模板。最后单击"确定"按钮，完成新建文件。

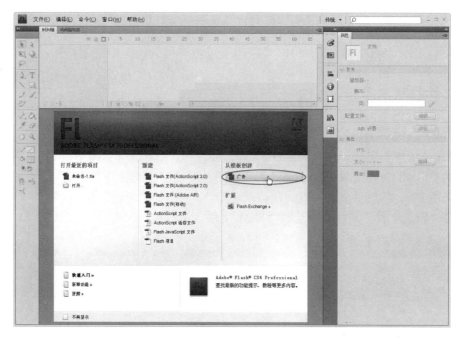

图　1-17

图　1-18

🔊 小提示

　　在如图1-18所示的界面中，左边"类别"中为Flash自带的各类模板，如"广告""手
机"等，可根据需要进行相应的选择。

　2．设置文件属性
　　新建Flash文件后，经常需要对它的"尺寸""背景颜色""帧频""标尺单位"等属性

进行修改设置。其操作方法如下，选择"修改"→"文档"命令，也可以按<Ctrl+J>组合键，打开"文档属性"对话框（见图1-19）。在该对话框中显示了文档的当前属性。在"文档属性"对话框中设置文档的属性。最后单击"确定"按钮完成设置。

图 1-19

3．保存文件

保存 Flash 文件的命令有"保存""保存并压缩""另存为""另存为模板"和"全部保存"。因为这些操作比较相似，所以重点讲解"保存""另存为"和"另存为模板"命令。

1）保存。选择"文件"→"保存"命令，如果是第一次执行保存命令，会弹出 "另存为"对话框（见图 1-20）。在此对话框中，可以设定文件的保存路径、名称和格式，再单击"保存"按钮完成保存。

图 1-20

🔊 小提示

当再次选择"保存"命令时会以第一次保存文件所设定的格式自动覆盖原来存储的内容。

2）另存为。选择"文件"→"另存为…"命令，在弹出的"另存为"对话框中，可以重新设定文件的保存路径、名称和格式。

3）另存为模板。当需要将文件当作样本多次使用时，可以使用模板形式保存。选择"文件"→"另存为模板"命令，打开"另存为模板"对话框（见图1-21）。在"名称"文本框中输入模板名称，在"类别"下拉列表框中输入或选择类别，在"描述"文本框中输入模板说明（最多255个字符）。最后，单击"保存"按钮将当前文件保存为模板。

图　1-21

4．文件测试及发布

1）文件测试。在动画的制作过程中，通过文件测试命令就可以随时进行观察检测。选择"控制"→"测试影片"命令即对当前文件进行测试（见图1-22），这种测试是脱离文件制作环境的测试，也可以按<Ctrl+Enter>组合键对当前文件进行测试。

2）文件播放。选择"控制"→"播放"命令，也可以按<Enter>键。

3）文件发布。选择"文件"→"发布设置"命令，将看到"发布设置"对话框（见图1-23）。在这个对话框中可以选择需要的文件格式类型，默认的类型是SWF文件和HTML文件，以便之后发布到Web上提供给浏览器播放。

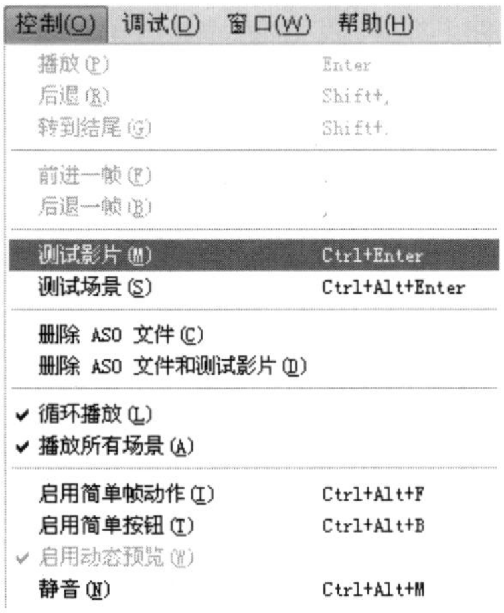

图　1-22 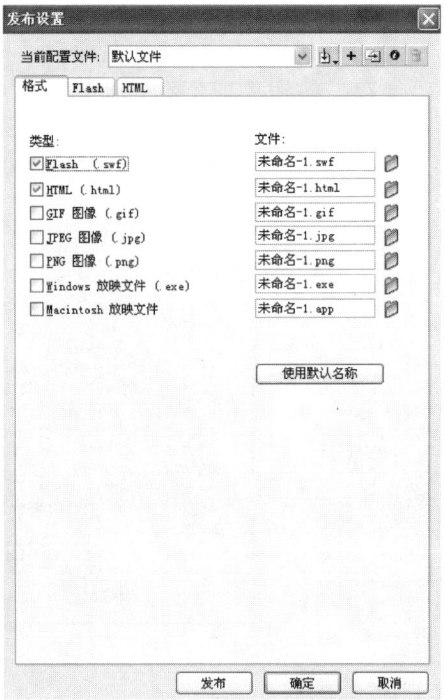　　　　　　　　　　　　　图　1-23

当选中了"Flash"和"HTML"选项后，可以看到在"格式"选项卡的后面出现了 2个新的选项卡，即"Flash"选项卡（见图1-24）和"HTML"选项卡（见图1-25）。可以进入选项卡对这两种格式进行更详细的设置。

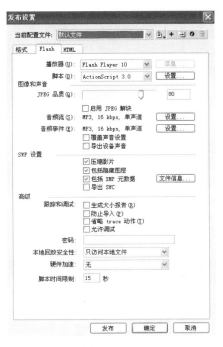

图　1-24　　　　　　　　　　　　　　图　1-25

5. 打开和关闭 Flash 文件

1）打开文件。选择"文件"→"打开"命令，打开"打开"对话框（见图1-26）。在对话框中选择目标文件，单击"打开"按钮，打开 Flash 文件。

图　1-26

2）关闭文件。有两种方法，一是单击时间轴面板右上角的关闭按钮"×"即可关闭当前文件，二是选择"文件"→"关闭"命令，也可以关闭当前文件。

📢 小提示

单击"否"按钮，不保存并关闭文件；单击"取消"按钮，回到编辑界面中。

1.2.5 图层和帧

时间轴的基本构成是图层、帧和播放头。图层和帧能够将各种对象有序地放置，便于动画的组织与制作。

1. 设置和管理图层

在每个 Flash 文档里都有一个自带的图层，可以看到，在图层区的上端及下端各有一些小图标，上端图标控制图层对象的显示方式，下端图标用来完成新建图层、删除图层等操作（见图1-27）。

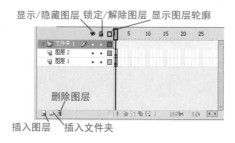

图　1-27

1）显示/隐藏图层。图层上方的眼睛图标就是"显示或隐藏所有图层"按钮，单击该按钮则全部图层内容被隐藏，再次单击则重新显示。如果要单独隐藏某一图层，单击该图层后眼睛图标对应的小圆点，整个图层的内容都会被隐藏，再次单击则重新显示。隐藏图层后，小圆点将变成红叉（见图1-28）。

2）锁定/解除图层。用来锁定不需要编辑的图层，锁定后的图层内容不能再修改编辑，可以很好地防止误操作。单击"锁定或解除锁定所有图层"按钮，即图层上方的锁头图标，就会锁定所有层图，再次单击则解除锁定。如果单独锁定某一图层，则单击该图层后锁头图标对应的小圆点，该图层被单独锁定，再次单击则解除锁定。锁定后，小圆点变为小锁头的标志（见图1-29）。

图　1-28

图　1-29

3）显示图层轮廓。单击"将所有图层显示为轮廓"按钮，即图层上方的黑色小方框，可将对象以线条的方式显示出来（见图1-30）。同样，可以通过单击某一图层后的黑色小方框对应的小圆点来单独控制该层的轮廓显示。每个图层都有不同的轮廓颜色，与层最右边的小方块颜色相同，双击这个小方块会打开"图层属性"对话框，其中的"轮廓颜色"选项能改变轮廓的颜色。

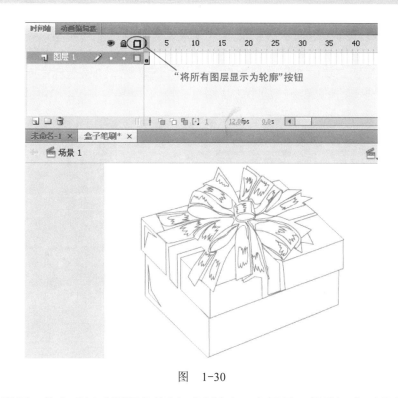

图 1-30

4）新建图层。单击"新建图层"按钮可以新建一个图层。另外还有两种方法可以新建图层，一是选择"插入"→"时间轴"→"图层"命令，二是在任一图层单击鼠标右键，在弹出的快捷菜单中选择"插入图层"命令。

5）新建文件夹。与新建图层的方法类似，单击"新建文件夹"按钮可以新建一个文件夹。添加了一个文件夹后，可以把多个图层拖放到文件夹内，便于分类放置管理。如果要把文件夹中的图层取出来，只需要再拖出来即可。单击文件夹左侧的小三角按钮，可以折叠或展开文件夹（见图 1-31）。

6）删除图层。选择要删除的图层，单击下方的垃圾桶图标，即"删除图层"按钮，即可删除该图层。也可以选择需要删除的图层然后单击鼠标右键，在弹出的快捷菜单中选择"删除图层"命令。用这种方法还可以删除文件夹，选择文件夹后单击删除按钮，会弹出一个对话框（见图 1-32），单击"是"按钮将会删除文件夹及里面所包含的所有图层。

图 1-31　　　　　　　　　　　　　　　　　图 1-32

7）图层重命名。双击需要重命名的图层，当其变成输入框时，输入新的名称即可（见图 1-33）。

8）图层属性。"图层属性"对话框可以为图层重命名、设置显示、锁定、修改类型、设置轮廓颜色及设置图层高度等（见图 1-34）。打开方法有 3 种，一是在图层上单击鼠标右键，在弹出的快捷菜单中选择"属性"命令，二是双击本图层名称前面的图层图标，三是双击本图层内显示/隐藏轮廓线的小方块图标。

图　1-33　　　　　　　　　　　　　　　　图　1-34

2．设置和管理帧

1）帧的基本类型。在 Flash 动画中的帧有 4 种类型，分别是关键帧、空白关键帧、普通帧和过渡帧（见图 1-35）。

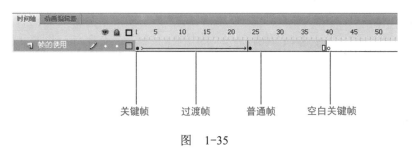

图　1-35

○ 关键帧：关键帧是指在动画制作过程中，呈现关键性动作或关键性内容变化的帧。关键帧以黑色实心圆点来显示。

○ 空白关键帧：在这种关键帧中没有任何内容，可以绘制新的内容。空白关键帧以空心圆点来显示。

○ 普通帧：普通帧一般处于关键帧后方，其作用是延长关键帧中的内容，一个关键帧后的普通帧越多，该关键帧的播放时间越长。普通帧以小长方形显示出来。

○ 过渡帧：是指在动画制作过程中由 Flash 自己生成的帧，过渡帧中的动画对象也是由 Flash 自己生成。

2）设置帧频。帧频是动画播放的速度，以每秒播放的帧数（fps）为度量单位。12fps 的帧速度是 Flash 文档的默认设置，通常能达到动画的效果要求。在 Flash CS4 中，使用以下 3 种方法可以重新设置帧频。

○ 在时间轴底部的"帧频率"标签上双击，在文本框中直接输入帧频（见图 1-36）。

○ 在"文档属性"对话框的"帧频"文本框中直接设置帧频（见图 1-37）。

○ 在"属性"面板的"帧频"文本框中直接输入帧频（见图 1-38）。

图 1-36　　　　　　　　　　　图 1-37　　　　　　　　　　图 1-38

　　3）帧的编辑操作。在 Flash CS4 中，通过编辑帧可以确定在每一帧中显示的内容，动画的播放状态和播放时间等。编辑帧包括设置帧的显示状态、选择帧，创建帧、复制帧，移动帧、帧标签、删除和清除帧等操作。

○　设置帧的显示状态：在 Flash CS4 中，对时间轴上帧的显示状态可以进行调整。单击时间轴右上方的"☰"按钮，在弹出的菜单中选择相应的命令即可（见图 1-39）。菜单含义如下："很小""小""标准""中""大"选项用于控制帧单元格的大小；"预览"会以缩略图的形式显示每一帧的状态，有利于浏览动画形状的变化；"关联预览"显示对象在各帧中的位置，有利于观察对象在整个动画过程中的位置变化；"较短"缩小当前单元格的高度；"彩色显示帧"用于打开或关闭彩色显示帧的顺序，从而控制单元格的色彩。

○　选择帧：在 Flash CS4 中，选择帧的方法主要有以下 3 种，一是单击帧所在位置，二是选择连续的多个帧，可以按<Shift>键后，分别选中连续帧中的第一帧和最后一帧（见图 1-40），三是选择不连续的多个帧，只需按<Ctrl>键后依次单击要选择的帧即可（见图 1-41）。

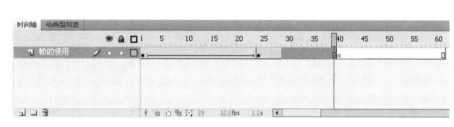

图 1-39　　　　　　　　　　　　　图 1-40

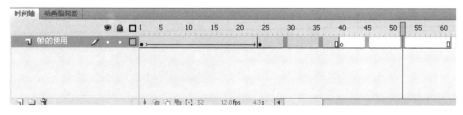

图 1-41

○　插入关键帧：在 Flash CS4 中，创建关键帧的常用方法主要有 3 种方式，一是选择"插入"→"时间轴"→"关键帧"命令，可以插入关键帧，二是在需要创建关键帧的帧上单击鼠标右键，在弹出的快捷菜单中选择"插入关键帧"命令（见图 1-42），三是将光标置于要插入关键帧的位置后按<F6>键。

○ 插入帧：首先将光标定位在时间轴中要插入帧的位置，然后有 3 种方法都可以插入帧，一是选择"插入"→"时间轴"→"帧"命令，可以插入普通帧，二是在关键帧后面任意选取一个帧并单击鼠标右键，在弹出的快捷菜单中选择"插入帧"命令，三是将光标置于要插入帧的位置后按<F5>键。

图 1-42

○ 插入空白关键帧：有 3 种方法可以插入空白关键帧，一是选择"插入"→"时间轴"→"空白关键帧"命令，可以插入空白关键帧，二是在需要创建关键帧的帧上单击鼠标右键，在弹出的快捷菜单中选择"插入空白关键帧"命令，三是将光标置于要插入关键帧的位置后按<F7>键。

○ 移动帧：有两种方法可以移动帧，一是选中要移动的帧，然后按住鼠标左键将其拖到要移动到的位置即可，二是选择要移动的帧并单击鼠标右键，在弹出的快捷菜单中选择"剪切帧"→"粘贴帧"命令。

○ 复制帧：有两种方法可以复制帧，一是选择要复制的帧，然后按<Alt>键将其拖曳到复制的位置，二是在时间轴中要复制的帧上单击鼠标右键，在弹出的快捷菜单中选择"复制帧"命令，然后在目标帧上单击鼠标右键，在弹出的快捷菜单中选择"粘贴帧"命令。

○ 删除帧：先选择要删除的帧，单击鼠标右键，在弹出的快捷菜单中选择"删除帧"命令即可删除所选择的帧。可以一次选择多个帧同时删除。

○ 清除关键帧：选择要清除的关键帧并单击鼠标右键，在弹出的快捷菜单中选择"清除关键帧"命令即可将关键帧清除。清除的关键帧将被普通帧取代，帧总数不减少。

○ 翻转帧：在 Flash CS4 中，使用翻转帧的功能可以使选择的一组帧反序排列，即最后一个关键帧变为第一个关键帧，第一个关键帧变为最后一个关键帧。要实现翻转帧，首先要选择一段连续的帧。有两种方法可以实现翻转帧，一是选择"修改"→"时间轴"→"翻转帧"命令，二是在选择的帧上单击鼠标右键，在弹出的快捷菜单中选择"翻转帧"命令。

○ 帧标签：帧标签是动画文件中为关键帧添加的命名标记。为帧添加标签的方法是在时间轴中选择需要添加帧标签的关键帧，在"属性"面板的"标签"栏中的"名称"文本框中输入标签的名称，在"类型"下拉列表框中选择相应的类型即可（见图 1-43）。"名称"以小红旗标志。"注释"以两条绿色斜线标志。"锚记"以黄色标志。

图 1-43

3. 使用绘图纸外观

为了便于定位和编辑动画，用户可以通过绘图纸外观功能在舞台上一次查看多个帧的内容，以方便观察动画的细节（见图1-44）。

1）帧居中。单击时间轴底部的"帧居中"按钮，可以移动时间轴的水平滑块及垂直滑块，使当前选择的帧移至时间轴控制区的中央，以方便观察和编辑。

2）绘图纸外观。单击"绘图纸外观"按钮，就会显示当前帧的前后几帧，此时只有当前帧是正常显示的，其他帧显示为比较淡的彩色。单击该按钮，可以调整当前帧的图像，如果要修改其他帧，需要将修改的帧选中。

图 1-44

3）绘图纸外观轮廓。单击"绘图纸外观轮廓"按钮，当前帧及其他帧都以轮廓线的形式显示。

4）编辑多个帧。编辑多个帧功能用于编辑绘图纸外观标记之间的所有帧，单击"编辑多个帧"按钮，可以显示绘图纸外观标记之间每个帧的内容，便于统一修改编辑。

5）修改绘图纸标记。修改绘图纸标记功能用于修改绘图纸外观的显示方式。单击"修改绘图纸标记"按钮，在弹出的菜单中可进行如下选项设置。

○ 始终显示标记：无论绘图纸外观是否打开，都会在时间轴标题中显示绘图纸外观标记。

○ 锚记绘图纸：绘图纸外观标记锁定它们在时间轴标题中的当前位置，可以防止其随当前帧的变化而移动。

○ 绘图纸2：绘图纸外观标记在当前帧的两边显示2个帧。

○ 绘图纸5：绘图纸外观标记在当前帧的两边显示5个帧。

○ 所有绘图纸：绘图纸外观标记在当前帧的两边显示所有帧。

1.3 任务1 圣诞老人

1.3.1 任务热身

1. 图形绘制类工具

（1）"椭圆工具" ⬤

"椭圆工具"用来绘制椭圆形或者圆形。使用两种方法可以使用"椭圆工具"，一是单击工具箱中的"椭圆工具"，二是按<O>键。先选择工具箱中的"椭圆工具"，然后在舞台中单击鼠标左键并拖曳，当椭圆达到所需形状及大小时，释放鼠标即可绘制椭圆。如果按<Shift>键并拖曳，则绘制出的是正圆形。选择"椭圆工具"后，在其对应的"属性"面板中可以设置椭圆的属性（见图1-45）。

○ 笔触颜色：线条的颜色。单击长方形的颜色选取器，在弹出的选色板中用吸管吸取所需要的颜色，颜色选取器的颜色将随之改变。

○ 填充颜色：因为线条本身没有填充内容，因此该选项此时是禁用的，但是对于使用"矩形工具""椭圆工具"等绘制出的图形，因具有填充内容，此选项可用。单击颜料桶图标旁边的长方形颜色选取器，就可以在弹出的选色板中选择填充内容的颜色。

○ "笔触"线条的粗细。范围在 0.25～200point。可以通过拖动滑杆上的滑块或者在文本框内直接输入数值来改变线条的粗细。

○ "样式"线条的样式。在其下拉菜单里，可选择多种线条样式（见图 1-46）。

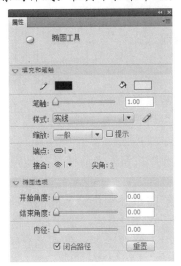

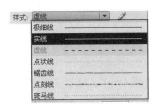

图　1-45　　　　　　　　　　　　　图　1-46

◁》 小提示

　　这里需要特别说明的是"极细线"。在绘制一个比较复杂的图形时，不仅需要绘制图形的轮廓线，很可能还需要绘制阴影线，用以划分出阴影色块的范围。但是如何区分它们，使用户在完成图形轮廓后上色时不至于混淆呢？这个时候"极细线"就派上用场了。无论画面放大多少倍，始终在屏幕上显示 1 像素粗细，这就有效地与其他的线区分开来，帮助用户区分色阶，使上色的条理更清楚。

○ 编辑笔触样式：单击该按钮后，对笔触样式进行更详细的设定。当选择的笔触样式为"实线"时，左上角是笔触样式设定后的预览图，在"粗细"下拉列表中允许用户对线条的粗细进行设置（见图 1-47）。当选择的笔触样式为"虚线"时，"虚线"属性后的第一个数值控制线段的长度，第二个数值控制相邻两个线段间空白的长度（见图 1-48）。

图　1-47　　　　　　　　　　　　　图　1-48

　　当选择的笔触样式为"点状线"时，通过"点距"选项控制相邻亮点之间的距离（见图 1-49）。当选择的笔触样式为"锯齿线"时，"图案"下拉列表用来控制断线的频率和样式；"波高"属性用来控制线条中起伏效果的剧烈程度；"波长"属性用来控制每个起伏影响的线条长度（见图 1-50）。

 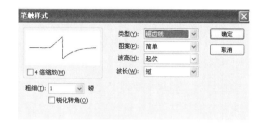

图　1-49　　　　　　　　　　　　图　1-50

当选择的笔触样式为"点刻线"时，"点大小"属性用来控制笔触中点的平均大小；"点变化"属性用来控制点之间的大小差距；"密度"属性用来控制笔触中点的数量（见图 1-51）。当选择的笔触样式为"斑马线"时，"粗细"属性用来控制每个线段的粗细程度；"间隔"属性用来控制线段间的距离长短；"微动"属性用来控制在指定的间隔距离基础上，偏离原来位置的程度；"旋转"属性用来控制每个线段的自旋程度；"长度"属性用来控制每条线段的长度在指定笔触粗细基础上的偏移程度（见图 1-52）。

图　1-51　　　　　　　　　　　　图　1-52

○　"缩放"限制笔触在 Flash 播放器中的缩放。
○　"提示"选中"提示"复选框，即可在全像素下调整直线锚记点和曲线锚记点。
○　"端点"设定路径终点的样式。单击"端点"样式右下角的三角按钮，可以看到 3 个选项，"无""圆角"和"方形"（见图 1-53）。
○　"接合"定义两个路径线段接合处的样式。单击"接合"样式右下角的小三角按钮，可以看到 3 个选项："尖角""圆角"和"斜角"（见图 1-54）。

图　1-53　　　　　　　　　　　　图　1-54

○　"开始角度"：按照输入的数值减去圆内相应的角度。在圆的中心水平线上，以圆心为中点，右侧水平线为轴，向下按照顺时针方向在圆内减去输入数值的角度。
○　"结束角度"：按照输入的数值绘制相应角度的圆。在圆的中心水平线上，以圆心为中点，右侧水平线为轴，向下按照顺时针方向根据输入数值的角度绘制圆。小于 90° 时为锐角式的圆，大于 180° 时为钝角式的圆。
○　"内径"：绘制圆环，控制圆环内部的空白内径大小，输入范围为 0°～99°。
○　"重置"：将空间重置为默认值。

○ "闭合路径"：控制当椭圆的开始角度和结束角度不一致时，是否自动闭合路径。若选中该复选框则自动闭合，并填充颜色，若不选中则只绘制轮廓。

在选择了"椭圆工具"后，按<Alt>键，在舞台空白处单击，会弹出"椭圆设置"对话框，可以在此设置矩形的"宽度""高度"以及是否"从中心绘制"。设置好以后单击"确定"按钮，将自动出现符合设定要求的椭圆。

通常绘制的椭圆包含了轮廓线和填充两部分内容。但可以根据需要绘制仅带有轮廓线或仅有填充色的椭圆（见图1-55）。如果要绘制只有轮廓的椭圆，则需在填充颜色中选中"没有颜色"选项。方法是单击工具箱下方颜料桶图标旁边的长方形颜色选取器，弹出"拾色器"面板，在"拾色器"面板中选择右上角的"没有颜色"选项即可（见图1-56）。

在选定"椭圆工具"后，工具箱下方的选项栏随之发生变化，可以在这里对"椭圆工具"的另外两个属性进行设定，一个是"对象绘制"，另一个是"贴紧至对象"（见图1-57）。

图 1-55   图 1-56   图 1-57

○ "对象绘制"：激活"对象绘制"后，绘制的内容都将作为一个对象，而不是以图形的形式出现，选中时四周显示蓝色线框。如果要对其进行外形的修改，需要先执行"分离"命令，当其变为麻点状的图形时才能修改编辑。

○ "贴紧至对象"：它的作用是使两条线无缝连接。首先激活"贴紧至对象"工具，图标变成磁铁形状。这时拖曳其中一条线的端点，使它接近另一条线，这时在光标附近会出现黑色小环。当接近到一定程度时，被拖曳的线条端点就会自动吸附到另一条线段的端点上。

（2）"基本椭圆工具"

单击"矩形工具"并按住鼠标左键，弹出隐含工具组，在其中选择"基本椭圆工具"。直接在舞台上拖曳"基本椭圆工具"，可创建基本椭圆。如果要绘制正圆形，可按<Shift>键并拖曳鼠标，释放鼠标即可绘制正圆形。此外，通过在"属性"面板中的"椭圆选项"栏中设置相应的参数，还可以绘制扇形、半圆形及其他有创意的形状（见图1-58）。

（3）"铅笔工具"

在工具箱面板中选择"铅笔工具"，在舞台上移动鼠标，就可以绘制出和拖曳轨迹相一致的线条（见图1-59）。有两种方法可以使用"铅笔工具"，一是单击工具箱中的"铅笔工具"按钮，二是按<Y>键。在工具箱面板中选择了"铅笔工具"之后，舞台右侧的"属性"面板中会出现对应的关于铅笔属性的各项设置参数（见图1-60）。

"铅笔工具"的自由度非常大，单击工具箱下方选项区中的"铅笔模式"按钮右下角的小三角形，在弹出的下拉列表中可进行铅笔线条平滑度的设置（见图1-61）。

○ "伸直"按钮：Flash根据绘制的线条自动调整线形，使其成为规则的直线线条。

○ "平滑"按钮：可以绘制平滑曲线。

○ "墨水"按钮：可以较随意地绘制各类线条，这种模式不对笔触进行任何修改。

图　1-58

图　1-59

图　1-60

图　1-61

（4）"钢笔工具"

"钢笔工具"能够绘制精确的直线、曲线路径，主要通过创建锚点的方式来绘制线条。有两种方法可以使用"钢笔工具"，一是单击工具箱中的"钢笔工具"按钮，二是按<P>键。

○ 直线绘制：单击一次，会出现一个空心小圆圈，就是第一个锚点。在其他位置再单击一次，两个锚点自动连成了一条直线。可以通过不断地添加锚点来绘制图形，最后一个锚点始终是实心的。当最后一个锚点和第一个锚点重合时，在钢笔图标的右边会出现一个小圆圈，单击后即完成一个闭合路径的绘制。如果绘制的并不是一段闭合路径，那么可以按<Esc>键停止绘制，或是在绘制最后一个锚点的时候双击鼠标。

○ 曲线的绘制：以卡通老虎为例，先在舞台上单击确定第一个锚点的位置，在绘制第二个锚点时，单击的同时拖曳鼠标，将出现曲线调节柄，可以选中曲线调节柄上的锚点并拖曳鼠标来调节弧线角度，在调整满意后释放鼠标即完成第二个锚点的绘制。依此类推，继续添加锚点直至绘制完成（见图 1-62）。

○ 调节锚点：可使用工具箱中的"部分选取工具" 来调整锚点的位置，它可以针对某一锚点进行操作，将锚点移动到合适的位置，还可以通过移动调节柄上的锚点来调整曲线的弯曲程度。

在工具箱面板中选择"钢笔工具"时，会发现"钢笔工具"的右下角有一个黑色小三角按钮，单击它会弹出一个选项框（见图 1-63）。"添加锚点工具"用于添加线段上的锚点。"删除锚点工具"用于删除线段上多余的锚点。选择"转换锚点工具"会在直线锚点和曲线锚点之间转换锚点的性质。同样，在选择了"钢笔工具"之后，右侧的"属性"面板中会出现对应的关于钢笔属性的各项设置参数，用户可以在这里对钢笔的属性作出相应的设定（见图 1-64）。

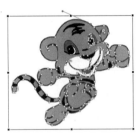

图　1-62　　　　　　　图　1-63　　　　　　　图　1-64

2．图形选择类工具

（1）"选择工具"

"选择工具"的主要功能有选择对象、移动对象和调整对象。单击工具箱中的"选择工具"图标，或按<V>键都可以激活该工具。

○ 选择对象：使用"选择工具"后，单击要选择的对象即可选中，选中后的基本图形对象将被白点麻点覆盖。而元件的实例及采用"对象绘制"模式绘制的对象将被蓝色线框包围。对于基本图形对象来说，如果要同时选择对象的轮廓和填充，则双击对象即可。按<Shift>键，可以同时选择多个对象。如果只想选择对象的一部分内容，可以在舞台上拖曳出一个选择区域，则在区域内的对象内容被选中。

○ 移动对象：以卡通小狗为例，在选择小狗后，拖曳到合适的位置，即可完成（见图 1-65）。

○ 调整对象：把光标移动到需要调整的线条处，当光标显示为 时，单击线条并拖曳即可把线条转换为曲线并可以调整曲线的弧度和位置。当光标显示为 时，单击线条拖曳后，被改变的线条是直线而不是曲线。当单击"选择工具"按钮后，下方的选项栏会出现两个新的按钮（见图 1-66）。

平滑
伸直

图　1-65　　　　　　　　图　1-66

○ 平滑工具：调整被选中的线条，使线条更加平滑。

○　伸直工具：调整被选中的线条，使线条平直。

🔊 **小提示**

　　这两个工具与之前讲到的"铅笔工具"中的"平滑"和"伸直"选项是有区别的。这里的"平滑"和"伸直"用来调整已绘制完成的线条；而"铅笔工具"中的"平滑"和"伸直"选项是在绘制开始前设置的，绘制完成后线条将自动被平滑或伸直。

（2）"部分选取工具" ▸

　　用于显示绘制对象的路径或路径上的锚点，并可以对锚点进行选择、删除、移动和调节曲线弯曲率等操作。

○　选择对象：在工具箱面板上单击"部分选取工具"按钮后，在舞台上单击对象的轮廓线，即可显示出路径上所有的锚点及绿色的路径。

○　删除对象锚点：当对象显示出所有的锚点后，就可以对锚点进行删除操作了。单击要删除的锚点，按<Delete>键，即可删除锚点。

○　移动对象锚点：选中锚点直接拖移到合适的位置即可。

○　调节曲线弯曲率："部分选取工具"可以通过调整锚点的调节柄来调节曲线弯曲率。先单击一个锚点，空心锚点变成实心选中状态，同时锚点周围将出现调节柄，将光标移动到调节柄的末端锚点上拖曳，即可调节曲线弯曲率。

（3）"套索工具" ⌀

　　用"套索工具"可以任意选择对象的全部或部分区域。有两种方法可以使用"套索工具"，一是单击工具箱中的"套索工具"，二是按<L>键。在选中"套索工具"后，在舞台上拖曳鼠标，绘制出要选择的区域，区域内的对象就会被选中。同时，工具选项中相应地出现了 3 个选项（见图 1-67）。

○　"魔术棒"：主要用来选择具有相同或相近颜色的位图区域。

○　"魔术棒设置"：用于对魔术棒工具的"阈值"和"平滑"选项进行设置。"阈值"用于设置选取范围内相邻色素值的接近程度。"平滑"用于定义选取边缘的平滑程度，其中包括像素、粗略、一般和平滑 4 种。

○　"多边形模式"：通过单击绘制多边形区域来选择全部或部分对象（见图 1-68）。

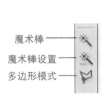

图　1-67

图　1-68

3. 图形编辑类工具（一）

（1）"墨水瓶工具" 🖋

　　"墨水瓶工具"可以给基本图形对象描绘一个轮廓线或改变外框线条的颜色、宽度和样式，"墨水瓶工具"仅影响麻点状的基本图形。有两种方法可以使用"墨水瓶工具"，一是单击工具箱中的"墨水瓶工具",二是按<S>键。以卡通鹅为例,在选择"墨水瓶工具"后,将光标移动到需要添加轮廓线的图形上单击,即可添加轮廓线(见图1-69)。

使用"刷子工具"绘制出来的图形更接近于手绘。但是"刷子工具"绘制出来的对象是没有轮廓线的,"墨水瓶工具"就弥补了这个不足。"墨水瓶工具"不仅可以给对象添加轮廓线,还可以改变对象轮廓线的属性。在选择了"墨水瓶工具"后观察"属性"面板(见图1-70),可以发现这里提供了笔触颜色、笔触高度和笔触样式等选项。

图 1-69 图 1-70

(2)"颜料桶工具"

"颜料桶工具"可以给所有封闭的图形填色。无论是空白区域还是已有颜色的区域,它都可以填充。如果进行恰当的设置,则"颜料桶工具"还可以给一些没有完全封闭但接近封闭的图形区域填充颜色。有两种方法可以使用"颜料桶工具",一是单击工具箱中的"颜料桶工具",二是按<K>键。以卡通太阳为例,选择"颜料桶工具",然后单击工具箱面板选项栏中的颜色选项,在弹出的选色面板中选择要填充的颜色,单击要填充的区域即可。如果填充对象已经有了填充色,那么这一操作会改变它原有的填充色(见图1-71)。在选择"颜料桶工具"后会发现工具箱下方的选项中出现了两个新的选项(见图1-72)。

○ "空隙大小"按钮:当对没有完全封闭的图形填色时,空隙过大就会填不上颜色,通过"空隙大小"按钮,就可以自动忽略这个空隙,进行颜色填充。单击该按钮右下角的小三角形,在弹出的下拉列表中包括"不封闭空隙""封闭小空隙""封闭中等空隙"和"封闭大空隙"4种模式,可封闭的空隙范围依次加大(见图1-73)。

空隙大小
锁定填充

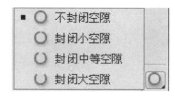

图 1-71 图 1-72 图 1-73

○ "锁定填充":在激活"锁定填充"选项后,在进行素材填充或渐变填充时,只选取素材或渐变的一部分进行填充,在解除"锁定填充"后,会将素材或渐变全部填充。

在选择了"颜料桶工具"后,通过工具箱下方及"属性"面板中的"填充颜色"选项,可以进行纯色、渐变色和透明度的设置(见图1-74)。还可以配合"颜色"面板对渐变色进行更细致的调整(见图1-75)。如果"颜色"面板在当前工作界面中没有显示,可通过两种方法将其打开，一是选择"窗口"→"颜色"命令，二是按<Shift+F9>组合键。

在"颜色"面板中包括下列设置。

○　笔触颜色：更改图形对象的笔触或边框的颜色。

○　填充颜色：更改填充颜色。填充是填充形状的颜色区域。

○　"类型"：用于选择无填充色、纯色、线性或放射状渐变、位图等填充样式。

○　"红""绿""蓝"：在此选项中可通过输入数值或拖动滑块的方式，改变当前所选的颜色。

○　"Alpha"：可针对当前所选的颜色进行不透明度的改变，数值越小越接近透明。

○　当前颜色样本：用于显示当前所选的颜色。

○　系统颜色选择器：使用户能够直观地选择颜色，单击"系统颜色选择器"，然后拖曳十字准线指针，直到找到所需的颜色。

○　十六进制值：显示当前颜色的十六进制值。若要使用十六进制值更改颜色，可输入一个新的值。十六进制颜色值是 6 位的字母和数字组合，代表一种颜色。

○　"溢出"：使用户能够控制超出线性或放射状渐变限制进行应用的颜色。

（3）"任意变形工具"

"任意变形工具"可以对图形进行选择、移动、调整变形中心、缩放、旋转和各种变形操作。有两种方法可以使用"任意变形工具"，一是单击工具箱中的"任意变形工具"，二是按<Q>键。

○　选择操作：在对对象进行移动、旋转和各种变形操作前需要先选择这个对象。在对象被选择的同时周围多出了一个变形框（见图 1-76）。周围有变形控制点，通过对变形控制点的拖曳可以使对象进行一系列变形操作。变形框中间的小圆是变形中心，缩放、旋转、变形等操作都以此为基准中心。如果想选择多个对象同时变形，按<Shift>键，依次单击对象。

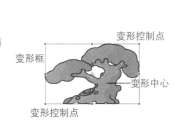

笔触颜色　填充颜色　类型：线性　溢出：　线性 RGB　红：0　绿：0　蓝：255　Alpha：100%　#0000FF　系统颜色选择器　十六进制值　当前颜色样本

变形控制点　变形框　变形中心　变形控制点

图　1-74　　　　　　　　图　1-75　　　　　　　　图　1-76

○　移动操作：在选中对象后，单击该对象并拖动鼠标，将对象移动到合适的位置。

○　旋转操作：在选中对象后，把光标移近 4 角控制点位置，当光标变为 3/4 圆时，即可旋转对象。

○　倾斜操作：在选中对象后，把光标移近变形框附近，当光标变为上下方向箭头时，按住鼠标向周围拖曳，对象将沿箭头方向进行水平或垂直倾斜。

○　缩放操作：把光标移近控制点，当光标变为双向箭头时，按住鼠标向外或向内拖曳，就可将对象放大或缩小。按<Shift>键可以等比例缩放图形，按<Shift+Alt>组合键可以在缩放图形的同时以图形的中心点为基准缩放图形（见图 1-77）。

○　任意变形：当选中了"任意变形工具"后，单击舞台上的对象，在工具栏的选项栏中可以看到如下选项（见图 1-78）。"旋转与倾斜"工具使对象旋转和倾斜。"缩放"工具会等比例缩小或放大对象。"扭曲"工具用于调整对象的形状，使对象自由扭曲变形。"封套"工具，以咖啡杯为例，可以更精确地通过节点对图形进行变形操作（见图 1-79）。

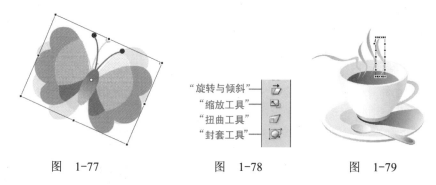

"旋转与倾斜"

"缩放工具"

"扭曲工具"

"封套工具"

图　1-77　　　　　　　　图　1-78　　　　　　　图　1-79

🔊 **小提示**

　　"扭曲"和"封套"工具只能应用于形状对象。当对象为元件、文本、位图和渐变时无法使用，此时若要应用这两种变形操作，必须先将对象分离。

○　调整变形中心：在对对象变形前，不仅要先选中对象，有时还要调整它的变形中心点。选中变形中心点并拖曳它，可以改变它的位置。再次进行变形操作时，就会以调整后的中心点位置为基准变形。

　　（4）"渐变变形工具" 🔲

　　"渐变变形工具"主要用于对渐变色和位图的填充调整。为了使填充的渐变色彩更加丰富，通过调整填充的大小、方向或者中心，可以使渐变填充或位图填充变形。有两种方法可以使用"渐变变形工具"，一是单击工具箱中"任意变形工具"的小三角，从显示的隐含工具中选择"渐变变形工具"，二是按<F>键。以花朵为例，在要进行渐变或位图填充的区域单击鼠标左键，系统将显示一个带有编辑手柄的边框（见图 1-80）。

　　在 Flash CS4 中，放射状渐变控件的含义如下。

○　中心点：用于调整渐变的中心位置，当光标移至中心点时会变为一个四向箭头，直接拖移即可调整渐变中心。

○　焦点：仅在选择放射状渐变时才显示倒三角形的焦点手柄。可以调整渐变中心色的偏移。

○　大小：大小手柄是内部有一个箭头的圆圈，向外或向内拖曳该手柄会放大或缩小渐变色。

○　旋转：旋转手柄是一个圆形的箭头，可以旋转渐变的方向。

○　宽度：宽度手柄是一个双头箭头，用于调整渐变的宽窄程度。

　　在工具箱面板中选择了"渐变变形工具"之后，舞台右侧的"属性"面板中会出现对应的关于渐变变形属性的各项设置参数（见图 1-81）。放射状渐变和线性渐变效果经常被使用（见图 1-82）。

　　在介绍"颜色"面板时介绍过"溢出模式"（见图 1-83）。现在详细地介绍"溢出模式"。"扩充模式"，在使用"渐变变形工具"调整渐变颜色后，渐变的起始颜色和结束颜色将向调整前的填充边缘蔓延开，填充空出来的地方。"映射模式"，把渐变区域内的渐变色进行对称翻转并合为一体，然后平铺在空余的区域，并且重复此段渐变，直至填满整个形状为止。"重复模式"，复制渐变区域的渐变色并平铺到空余区域中，不断重复，直至填满整个形状为止。

线性渐变

放射状渐变

焦点　大小
中心点　宽度
旋转

|图　1-80|图　1-81|图　1-82|

位图填充的调整。打开"颜色"面板，在"类型"选项中选择"位图"，然后在下方的预览框中即可看到可用的位图（见图 1-84）。如果对这张图不满意，只需单击"类型"下面的"导入"按钮就可以再次选择图片，重新导入。选择"分离"命令可以把位图对象转换为基本图形。

扩充模式
映射模式
重复模式

|图　1-83|图　1-84|

（5）"手形工具" 🖐

Flash 提供了一种"手形工具"，用来移动舞台，便于查看对象。有两种方法可以使用"手形工具"，一是单击工具箱中的"手形工具"，二是按\<H\>键。双击"手形工具"可以使放大、缩小后的舞台以正常的比例显示。

选择"手形工具"后，光标变为小手，把这个小手图标移动到目标图形上，按住鼠标左键向屏幕中央拖曳即可，这样的操作实际上是拖动了整个舞台。在拖动的同时可以观察到，舞台周围的滑动条也随之移动。

（6）"缩放工具" 🔍

使用"缩放工具"，会把整个舞台按比例缩放，改变的只是显示的大小，而不会对舞台中的对象有任何影响。要在屏幕上查看整个舞台，或要以高缩放比例查看绘图的特定区域，可以通过舞台右上角的输入框更改缩放比例级别。通常舞台上的最小缩小比例为 8%，最大放大比例为 2000%。要放大某个对象，选择工具面板中的"缩放工具"，然后单击该对象就可以直接将该对象放大。如果想要缩小该对象，在按<Alt>键的同时单击对象，此时放大镜中心由加号变为减号，对象缩小。要放大绘图的特定区域，可以使用缩放工具在舞台上拖出一个矩形选取框，选框内的对象就会被放大。

1.3.2　任务目标

1）熟练掌握图形绘制的方法、编辑类工具和图形选择类工具的使用方法。
2）理解并掌握角色设计的方法及绘制技巧。
3）掌握文件的基本操作。

1.3.3　任务实施

1）《圣诞老人》绘制分析。《圣诞老人》是动画中的角色形象，属于正面角色图。在该任务中融合了 Q 版动画人物的画法技巧及头身比例的安排等知识。在该任务中还将运用图形绘制类、选择类、编辑类等工具。

2）运行 Flash CS4。在启动界面中新建一个 Flash 3.0 版本的文件（见图 1-85），这时会打开 Flash CS4 的操作界面（见图 1-86）。

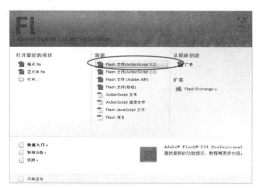

图　1-85

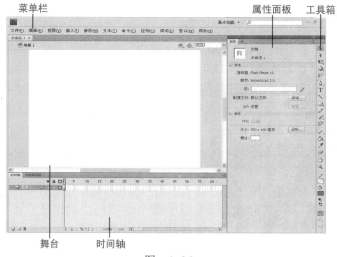

图　1-86

3）设置舞台属性。在 Flash CS4 中默认的舞台"大小"为 550px×400px，"背景颜色"为白色。单击激活操作界面右侧的"属性"面板（见图 1-87），单击"大小"后的"编辑"按钮，在弹出的"文档属性"对话框中设置"尺寸"为 1024px×768px，"背景颜色"使用淡蓝色"R"0、"G"153、"B"255，设置完成后单击"确定"按钮（见图 1-88）。

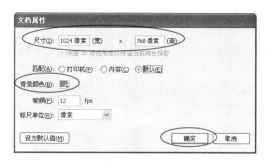

图　1-87　　　　　　　　　　　　　　图　1-88

4）绘制"脸"。双击"图层 1"，将其命名为"脸"，设置笔触颜色为"R"235、"G"152、"B"134，使用"颜色"面板设置填充"类型"为"放射状"，填充颜色为"R"254、"G"233、"B"214 到"R"252、"G"184、"B"163 的渐变（见图 1-89），使用"椭圆工具"绘制一个椭圆，选中绘制的椭圆，按<F8>键将其转换为图形元件，名称为"脸"（见图 1-90）。

图　1-89　　　　　　　　　　　　　　图　1-90

5）绘制"鼻子"。选择"插入"→"新建元件"命令，进入创建新元件界面，设置名称为"鼻子"，类型为"图形"。在元件编辑界面中，设置笔触颜色为"R"235、"G"152、"B"134，使用"颜色"面板设置填充"类型"为"放射状"，填充颜色为"R"254、"G"233、"B"214 到"R"252、"G"184、"B"163 的渐变，使用"椭圆工具"绘制一个宽 96px、高 66px 的椭圆。返回场景中，将"鼻子"实例拖曳至舞台中，放置在"脸"实例的中部，成为圣诞老人的鼻子（见图 1-91）。

6）绘制"耳朵"。选择"插入"→"新建元件"命令，进入创建新元件界面，设置名称为"耳朵"，类型为"图形"。在元件编辑界面中，设置笔触颜色为"R"243、"G"176、"B"157，填充颜色为"R"255、"G"197、"B"129，使用"基本椭圆工具"绘制一个宽 27px、高 37px 的椭圆。在不选中椭圆的情况下，使用"选择工具"拖曳椭圆边线成为外耳郭形状（该效果也可使用"钢笔工具"绘制）。设置笔触颜色为无色，填充颜色为"R"247、"G"171、"B"

图 1-91

147，使用"基本矩形工具"绘制 1 个宽 10px、高 18px 的矩形。在不选中矩形的情况下，使用"选择工具"拖曳矩形边线成为内耳郭形状（见图 1-92）。返回至"场景 1"中，将"耳朵"元件拖曳至舞台中 2 次，选中其中的 1 个"耳朵"实例，选择"修改"→"变形"→"水平翻转"命令，再调整 2 只"耳朵"实例的位置（见图 1-93）。

7）绘制"眉毛"。选择"插入"→"新建元件"命令，进入创建新元件界面，设置名称为"眉毛"，类型为"图形"。在元件编辑界面中，设置笔触颜色为无色，填充颜色为"R"255、"G"255、"B"255，使用"椭圆工具"绘制 1 个宽 39px、高 51px 的椭圆。使用"任意变形工具"将绘制的椭圆旋转倾斜。返回至"场景 1"中，将"眉毛"元件拖曳至舞台中 2 次，选中其中 1 个"眉毛"实例，选择"修改"→"变形"→"水平翻转"命令，再调整 2 个"眉毛"实例的位置（见图 1-94）。

图 1-92   图 1-93   图 1-94

8）绘制"头发"。选择"插入"→"新建元件"命令，进入创建新元件界面，设置名称为"头发"，类型为"图形"。在元件编辑界面中使用"钢笔工具"，绘制封闭曲线（见图 1-95）。设置笔触颜色为"R"14、"G"78、"B"227，填充颜色为"R"255、"G"255、"B"255，分别使用"墨水瓶工具"及"颜料桶工具"对"头发"整体进行填充（见图 1-96）。

图 1-95   图 1-96

9）绘制"眼睛"。选择"插入"→"新建元件"命令，进入创建新元件界面，设置名称为"眼睛"，类型为"图形"。在元件编辑界面中使用"钢笔工具"绘制封闭曲线（见图1-97）。设置填充颜色为"R"0、"G"0、"B"0，使用"颜料桶工具"对"眼睛"填充。返回至"场景1"中，将"眼睛"元件拖曳至舞台中2次，选中其中1个"眼睛"实例，选择"修改"→"变形"→"水平翻转"命令，再调整2只"眼睛"实例的位置（见图1-98）。

图 1-97　　　　　　　　　　　　　　图 1-98

10）绘制"嘴"。选择"插入"→"新建元件"命令，进入创建新元件界面，设置名称为"嘴"，类型为"图形"。在元件编辑界面中使用"钢笔工具"绘制"嘴"的封闭曲线（见图1-99）。使用"颜色"面板设置填充为线性渐变填充，颜色为"R"255、"G"0、"B"0到"R"0、"G"0、"B"0的线性渐变，使用"颜料桶工具"对"嘴"进行填充。返回至"场景1"中，调整元件实例的位置（见图1-100）。

图 1-99　　　　　　　　　　　　　　图 1-100

11）绘制"胡子1"。选择"插入"→"新建元件"命令，进入创建新元件界面，设置名称为"胡子阴影"，类型为"图形"。在元件编辑界面中使用"钢笔工具"绘制"胡子阴影"线稿。设置填充颜色为"R"235、"G"235、"B"235，使用"颜料桶工具"对"胡子阴影"元件进行填充（见图1-101）。再次选择"插入"→"新建元件"命令，进入创建新元件界面，设置名称为"胡子1"，类型为"图形"。在元件编辑界面中使用"钢笔工具"绘制"胡子1"线稿。设置填充颜色为"R"255、"G"255、"B"255，使用"颜料桶工具"对绘制好的线稿进行填充（见图1-102）。将"胡子阴影"元件从"库"面板中拖曳至"胡子1"元件中，调整位置至新绘制好的"胡子1"线稿的下方（见图1-103）。将绘制好的"胡子1"元件中的所有边线删除（包括"胡子阴影"元件中的边线），"胡子1"元件制作完成（见图1-104）。返回至"场景1"中，将"胡子1"元件拖曳至舞台中，选中"胡子1"元件，单击鼠标右键，在弹出的快捷菜单中选择"排列"→"下移一层"命令2次，将元件调整至"鼻子"元件实例的下方（见图1-105）。

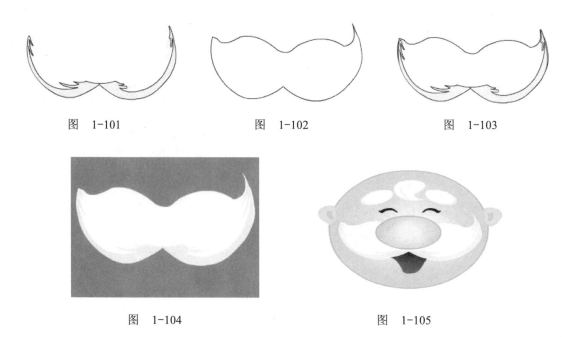

图 1-101　　　　　　　　图 1-102　　　　　　　　图 1-103

图 1-104　　　　　　　　　　　　图 1-105

12）绘制"胡子 2"。选择"插入"→"新建元件"命令，进入创建新元件界面，设置名称为"胡子 2"，类型为"图形"。在元件编辑界面中使用"钢笔工具"绘制"胡子 2"线稿。因为"胡子 2"元件是主体胡须，因此线稿应绘制饱满夸张一些（见图 1-106）。设置填充颜色为"R"235、"G"235、"B"235，使用"颜料桶工具"对外侧阴影部分进行填充；设置填充颜色为"R"255、"G"255、"B"255，使用"颜料桶工具"对主体胡须进行填充，将绘制好的"胡子 2"元件中的所有边线删除（见图 1-107）。返回至"场景 1"中，将"胡子 2"元件拖曳至舞台中，选中"胡子 2"元件，单击鼠标右键，在弹出的快捷菜单中选择"排列"→"下移一层"命令 3 次，将其调整至"胡子 1"元件实例的下方（见图 1-108）。

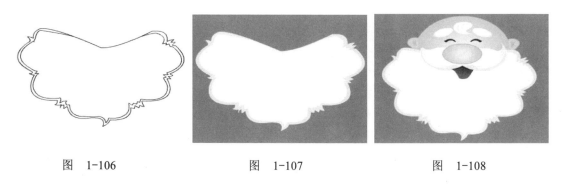

图 1-106　　　　　　　　图 1-107　　　　　　　　图 1-108

13）绘制"帽子"。在"场景 1"中新建"图层 2"，命名为"帽子"。选择"插入"→"新建元件"命令，进入创建新元件界面，设置名称为"帽子"，类型为"图形"。在元件编辑界面中使用"钢笔工具"绘制"帽子"线稿。设置填充颜色为"R"250、"G"0、"B"0，使用"颜料桶工具"对"帽子"顶部进行填充；设置填充颜色为"R"255、"G"255、"B"255，使用"颜料桶工具"对"帽子"主体进行填充，"帽子"效果完成（见图 1-109）。

14）绘制帽子装饰。在"帽子"图形元件中新建"图层 2"，使用"椭圆工具"绘制一个边线为黑色，填充颜色为白色的椭圆，放置在"帽子"的右下部进行装饰（见图 1-110）。在"帽子"图形元件中新建"图层 3"，使用"钢笔工具"和"椭圆工具"绘制"叶子果实"线稿（见图 1-111）。设置笔触颜色为"R"0、"G"102、"B"0，使用"墨水瓶工具"对叶子边线和叶脉进行填充；设置填充颜色为"R"33、"G"134、"B"30，使用"颜料桶工具"对叶子进行填充；设置填充颜色为"R"255、"G"255、"B"255，使用"颜料桶工具"对果实亮部进行填充；设置填充颜色为"R"255、"G"0、"B"0，使用"颜料桶工具"对果实主体进行填充。删除"叶子果实"所有的外边线。移动"图层 3"的"叶子果实"至"帽子"的主体部分进行装饰（见图 1-112）。

图 1-109

图 1-110

图 1-111

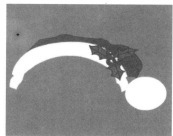

图 1-112

15）调整"帽子"的位置。返回"场景 1""帽子"图层中，调整"帽子"元件实例的位置至圣诞老人头上（见图 1-113）。

16）绘制"衣服"。在"场景 1"中新建"图层 3"，命名为"衣服"。在该图层中参照"脸"的大小分别使用"钢笔工具""矩形工具"及"选择工具"绘制调整"衣服"线稿（见图 1-114）。

图 1-113

图 1-114

17）为"衣服"上色。在绘制好的"衣服"线稿中，首先设置填充颜色为"R"209、"G"0、"B"4，使用"颜料桶工具"对"衣服"的褶皱部分进行填充；设置填充颜色为"R"255、"G"255、"B"255，使用"颜料桶工具"对"衣服"的白领子进行填充；设置填充颜色为"R"0、"G"0、"B"0，使用"颜料桶工具"对"衣服"的黑腰带进行填充；设置填充颜色为"R"203、"G"192、"B"196，使用"颜料桶工具"对"衣服"的

35

腰带扣进行填充；设置填充颜色为"R"102、"G"102、"B"102，使用"颜料桶工具"对"衣服"的腰带扣阴影进行填充；设置填充颜色为"R"244、"G"0、"B"0，对"衣服"的主体进行填充。删除所有的边线后选中"衣服"图层中的所有对象，按<F8>键将其转换为"图形"元件，名称为"衣服"（见图 1-115）。

18）调整"衣服"的位置。将"衣服"图层拖曳至"脸"图层的下方，将"衣服"实例置于"胡须"实例的下方，调整位置（见图 1-116）。

图 1-115

图 1-116

19）绘制"胳膊"。在"场景 1"中新建"图层 4"，命名为"胳膊"。在该图层中参照"衣服"的大小使用"钢笔工具"绘制"胳膊"线稿（见图 1-117）。

20）为"胳膊"上色。在绘制好的"胳膊"线稿中，首先设置填充颜色为"R"244、"G"0、"B"0，使用"颜料桶工具"对主体胳膊进行填充；设置填充颜色为"R"209、"G"0、"B"4，使用"颜料桶工具"对袖子的阴影部分进行填充；设置填充颜色为"R"234、"G"234、"B"234，使用"颜料桶工具"对手套边外侧阴影进行填充；设置填充颜色为"R"255、"G"255、"B"255，使用"颜料桶工具"对手套进行填充；删除所有的边线，设置笔触颜色为"R"209、"G"0、"B"0，使用"墨水瓶工具"对胳膊外侧线型进行填充。最后选中"胳膊"图层中的所有对象，按<F8>键将其转换为"图形"元件，名称为"胳膊"（见图 1-118）。

21）调整"胳膊"的位置。选中"胳膊"图层，再次从"库"面板里将"胳膊"元件拖曳至舞台上，选中"胳膊"实例，选择"修改"→"变形"→"水平翻转"命令，使"胳膊"实例成为圣诞老人的右胳膊。使用"对齐"面板将两只"胳膊"实例对齐。拖曳"胳膊"图层至"脸"图层的下方，"胳膊"图层效果完成（见图 1-119）。

图 1-117

图 1-118

图 1-119

22）绘制"裤子"。在"场景 1"中新建"图层 5"，命名为"裤子"。在该图层中参照"衣服"的大小使用"钢笔工具"绘制"裤子"线稿（见图 1-120）。在绘制好的"裤子"线稿中设置填充颜色为"R"254、"G"0、"B"1，使用"颜料桶工具"对"裤子"的整体进行填充；删除"裤子"的边线，设置笔触颜色为"R"213、"G"64、"B"67，使用"墨水瓶工具"对"裤子"边线进行绘制。选中绘制好的"裤子"层的所有对象，按<F8>键将其转换为"图形"元件，名称为"裤子"（见图 1-121）。

23）调整"裤子"的位置。将"裤子"图层拖曳至"衣服"图层的下方，将大部分"裤子"实例隐藏起来，凸显圣诞老人的可爱卡通形象（见图 1-122）。

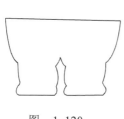

图 1-120　　　　　　　　　图 1-121　　　　　　　　　图 1-122

24）绘制"靴子"。在"场景 1"中新建"图层 6"，命名为"靴子"。在该图层中使用"钢笔工具"绘制"靴子"线稿（见图 1-123）。在绘制好的"靴子"线稿中设置填充颜色为"R"0、"G"0、"B"0，使用"颜料桶工具"对靴子的整体进行填充；选中绘制好的"靴子"，按<F8>键将其转换为"图形"元件，名称为"靴子"（见图 1-124）。

25）调整"靴子"的位置。选中"靴子"图层，再次从"库"面板里将"靴子"元件拖曳至舞台上，选中"靴子"实例，选择"修改"→"变形"→"水平翻转"命令，使"靴子"实例成为圣诞老人的左侧靴子。使用"对齐"面板使两只"靴子"实例对齐。拖曳"靴子"图层至"衣服"图层的下方，最终完成《圣诞老人》的制作（见图 1-125）。

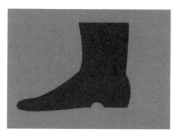

图 1-123　　　　　　　　　图 1-124　　　　　　　　　图 1-125

26）保存文件，圣诞老人绘制完成。

1.3.4 任务评价

在本任务中，主要运用了"椭圆工具"及"钢笔工具"绘制线稿，利用"墨水瓶工具""颜料桶工具"配合"颜色"面板进行描边填色。通过对该实例的绘制，使读者熟练掌握基本绘图工具的绘制技巧和常用面板及命令的使用方法。

1.4 任务2 雪夜小屋

1.4.1 任务热身

1. 图形编辑类工具（二）

（1）"线条工具"

使用"线条工具"可以绘制出各种直线图形。以灯笼为例，结合"选择工具"还可以将直线调整为曲线（见图 1-126）。有两种方法可以使用"线条工具"，一是单击工具箱中的"线条工具"，二是按<N>键。选择"线条工具"，然后在舞台中单击鼠标左键并拖曳，当直线达到所需的长度和斜度时，再次单击鼠标左键即可绘制所需的直线。此时，在"属性"面板中出现对应的线条属性设置参数（见图 1-127）。

图　1-126　　　　　　　　　　　图　1-127

在"线条工具"所对应的"属性"面板中，各主要选项的含义如下。

○　线段颜色：用于设置线段的颜色。

○　"笔触"：用于设置线段的粗细。

○　"样式"：用于设置线段的样式。

○　"编辑笔触样式"按钮：单击该按钮，打开"笔触样式"对话框，在该对话框中可以对线条的缩放、粗细、类型等进行设置。

○　"缩放"：用于设置笔触缩放的类型。

○　"提示"：选中该复选框，可以将笔触锚记点保持为全像素，防止出现模糊线。

○　"端点"：用于设置线条端点的形状，包括"无""圆角"和"方型"3 种。

○　"接合"：用于设置线条之间接合的形状。

（2）"矩形工具"

"矩形工具"可以用来绘制长方形和正方形，下面的房子是以各种"矩形工具"绘制的（见图 1-128），其使用方法与"椭圆工具"基本相同。有两种方法可以使用"矩形工具"，一是单击工具箱中的"矩形工具"，二是按<R>键。在工具箱面板中选择了"矩形工具"之后，舞台右侧的"属性"面板中会出现对应的关于矩形属性的各项设置参数（见图1-129）。

图　1-128　　　　　　　　　　　　　图　1-129

○　矩形边角半径：通过调节这个数值，可以控制矩形四角的弧度。
○　锁定：将矩形四角的半角弧度半径锁定一致，在不锁定时可以单独调整其中的一个角。
○　"重置"：将改变的数值恢复重置为默认值。

在工具箱面板中选择"矩形工具"，在舞台上拖曳鼠标到适合的位置绘制出矩形。或者选择"矩形工具"后按<Alt>键，在舞台空白处单击，就会弹出"矩形设置"对话框（见图1-130），可以在此设置矩形的"宽""高""边角半径"的数值以及是否"从中心绘制"，设置好以后单击"确定"按钮，舞台上将出现符合设定要求的矩形。在绘制矩形的同时若按住<Shift>键，将绘制出正方形。此外，先选择"矩形工具"，在舞台上拖曳鼠标到适合的位置生成矩形，注意手一直不要松开，同时按住<↑>或者<↓>方向键来调整矩形的边角半径，也可以改变矩形的边角圆滑程度。注意，向下的方向键会使矩形的边角向外椭圆化，而向上的方向键则使矩形边角向内圆化凹进（见图1-131）。

图　1-130　　　　　　　　　　　　　图　1-131

绘制好的矩形包含了两部分内容，一是轮廓线，二是轮廓线包围的填充内容。在"属性"面板中可以对它们的颜色进行调节。"矩形工具"也可以设置"对象控制"属性，当取消"对象控制"功能时，绘制的对象就具有基本图形的特征，即两个或多个矩形相重叠的部分只保留在上方的图形，下方的图形会因覆盖被删除，未重叠的部分也会被分割开。如果不想出现这种效果，可以在绘制好一个图形后先全部选中这个图形，再按<Ctrl+G>组合键把图形组合，组合后的图形和使用"对象绘制"模式下绘制的图形效果是一致的。

（3）"基本矩形工具"

单击"矩形工具"右下角的小三角按钮或者按住"矩形工具"图标不动，将打开隐含工具组，在其中找到"基本矩形工具"，或者通过按<R>键在"矩形工具"与"基本矩形工具"之间切换。选择"基本矩形工具"，此时"属性"面板显示"基本矩形工具"的相关属性，直接在舞台中拖曳鼠标，即可绘制基本矩形。此外，在使用"基本矩形工具"拖曳时可同时更改圆角半径，操作方法同"矩形工具"一样。也可在"属性"面板中进一步修改形状、填充颜色和笔触颜色（见图 1-132）。它的属性设置和矩形不同的是，对于用"基本矩形工具"绘制出的矩形，在绘制完毕后仍可以通过边角半径的设置继续调整。

图　1-132

（4）"多角星形工具"

在"矩形工具"的隐含工具组中找到并单击选择"多角星形工具"，此时"属性"面板显示"多角星形工具"的相关属性（见图 1-133）。它多了"工具设置"属性（见图 1-134）。

○ "样式"：可以选择绘制图形为多边形或星形。

○ "边数"：控制多边形或星形的边数。

○ "星形顶点大小"：可以在 0.00～1.00 范围间输入数值，数值越大星形的内顶点越向外扩展，越接近多边形的形态。

图　1-133　　　　　　　　　　　　　　　图　1-134

（5）"刷子工具"

"刷子工具"一般用于绘制具有书法效果的线条，也可以用来填充所选对象的内部颜色。有两种方法可以使用"刷子工具"，一是单击工具箱中的"刷子工具"，二是按<B>键。以卡通礼物盒的彩带为例，选择工具箱中的"刷子工具"，在舞台上拖曳鼠标，即可绘制出类似毛笔效果的个性线条（见图 1-135）。在选择"刷子工具"后，工具箱面板下方的选项栏出现了一些属性设置（见图 1-136）。

○ "对象绘制"：此选项只有在刷子模式为"标准绘画"时才可以选择。

○ "锁定填充"：选择"锁定填充"后，如果刷子的填充为素材或渐变色，则只选取素材或渐变色的一部分进行填充，反之会全部填充。

○ "刷子模式"：Flash 提供了多种刷子模式。单击"刷子模式"选项右下角的小三角按钮，弹出下拉菜单（见图 1-137）。

图 1-135　　　　　　　　　　图 1-136　　　　　　　　　　图 1-137

"标准绘画"：在"标准绘画"模式下，新绘制的图形将覆盖原图。"颜料填充"：在"颜料填充"模式下，新绘制的图形仅覆盖原图的填充色，不覆盖轮廓线。"后面绘画"：在"后面绘画"模式下，将不能在原图上绘制新图形。"颜料选择"：在"颜料选择"模式下，需先用"选择工具"选中所画图形的部分区域，之后刷子只能在这部分区域内绘制新的图形。"内部绘画"：在"内部绘画"模式下，图形只能在起始笔触所在的闭合空间内绘制。

○ "刷子大小"：单击"刷子大小"选项右下角的小三角按钮，弹出刷子大小的选项。可根据需要选择合适的笔刷大小。

○ "刷子形状"：Flash 还提供了多种不同的笔刷形状。单击"刷子形状"选项右下角的小三角按钮，弹出刷子形状的选项（见图 1-138）。

在工具箱面板中选择"刷子工具"之后，舞台右侧的"属性"面板中会出现对应的关于刷子属性的各项设置参数（见图 1-139）。

图 1-138

图 1-139

（6）"喷涂刷工具" 🖼

喷涂刷的作用类似于粒子喷射器，使用它可以一次将形状图案"喷"到舞台上。在默认情况下，喷涂刷使用当前选定的填充颜色喷射粒子点。以小树的叶子为例，可以使用喷涂刷工具将影片剪辑或图形元件的树叶作为图案应用（见图 1-140）。单击"刷子工具"右下角的小三角按钮，在隐含工具组中可以找到"喷涂刷工具"，或者按<B>键来选择它。在工具箱面板中选择"喷涂刷工具"之后，舞台右侧的"属性"面板中会出现对应的关于喷涂刷属性的各项设置参数（见图1-141）。

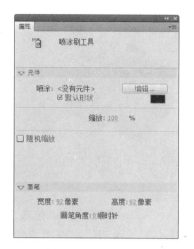

图　1-140　　　　　　　　　　　　图　1-141

○ "编辑"按钮：单击"编辑"按钮，打开"选择元件"对话框，用户可以在其中选择影片剪辑或图形元件以用作喷涂效果的基本图形元素。
○ "默认形状"：当选中这个复选框时，将使用默认的黑色圆点作为喷涂粒子。
○ 颜色选取器：用于改变默认喷涂元素的填充颜色。
○ 缩放宽度：当使用默认形状时，设置此数值用以调整圆点的大小。
○ 缩放高度：当使用自定义元件作为喷涂粒子时，此参数被激活，用以调整元件的高度。
○ "随机缩放"：选中该复选框，将随机缩放喷涂的每个基本图形元素的大小。
○ 旋转元件：基于鼠标移动方向旋转用于喷涂的基本图形元素，在使用默认喷涂点时，会禁用此选项。
○ 随机旋转：随机旋转喷涂的每个基本图形元素的角度，在使用默认喷涂点时禁用此选项。
○ 宽度/高度：用以调整喷涂画笔的大小。
○ "画笔角度"：调整旋转画笔的角度，当画笔的长宽大小不同时，此选项才具有实际意义。

2．图形编辑类工具（三）

（1）"滴管工具"

"滴管工具"可以获得某个对象的笔触和填充颜色属性，并且可以立刻将这些属性应用到其他对象上。有两种方法可以使用"滴管工具"，一是单击工具箱中的"滴管工具"，二是按<I>键。"滴管工具"在用来吸取对象的颜色时，光标会变成一个小滴管，在需要选择的线条、填充或位图上单击，这个位置的笔触粗细、边线及填充颜色就被成功吸取了，移动"滴管工具"到新的图形上，当其变为"墨水瓶工具"时可为新图形赋予刚才吸取的边线样式、粗细及颜色。当其变为"油漆桶工具"时会赋予新对象刚才吸取的填充色。

（2）"橡皮擦工具"

"橡皮擦工具"可以擦掉图形。有两种方法可以使用"橡皮擦工具"，一是单击工具箱中的"橡皮擦工具"，二是按<E>键。在工具箱面板中选择"橡皮擦工具"后，在工具栏下方的选项栏中可以看到橡皮擦的设置选项（图1-142）。其中包括"橡皮擦模式"

"水龙头工具"和"橡皮擦形状"3 个按钮。"橡皮擦模式"选项与"刷子工具"的选项相似，这里不再赘述。"水龙头工具"按钮的功能非常强大，是一种智能的删除工具，可以大范围擦除相似的线条或填充色。"橡皮擦模式"下有 5 种擦除模式，以小房子为例（见图 1-143），"标准擦除"对边线和填充色都可擦除，"擦除填色""擦除线条"分别仅对填充色和边线擦除，"擦除所选填充"仅对选中的区域进行擦除时有效，"内部擦除"只有擦除起始点在图形内开始时，才能擦掉内部填充色，边线保留，若起始点在图形外则不擦除任何内容。

图 1-142

图 1-143

3. 新增工具

（1）"3D 旋转工具"

"3D 旋转工具"是 Flash CS4 中的新增功能，有两种方法可以使用"3D 旋转工具"，一是单击工具箱中的"3D 旋转工具"，二是按<W>键。"3D 旋转工具"是通过 3D 旋转控件来旋转影片剪辑实例的，旋转可沿实例的 X、Y、Z 轴进行，产生一种类似三维空间的透视效果。3D 旋转控件由 4 个部分组成，红色是 X 轴控件，绿色是 Y 轴控件，蓝色是 Z 轴控件，以海报图为例，使用橙色的自由旋转控件可以同时绕 X 和 Y 轴旋转（见图 1-144）。单击"3D 旋转工具"右下角的黑色小三角按钮，选择隐含的"3D 平移工具"（见图 1-145）。此时舞台上的影片剪辑实例中出现由红、绿箭头及黑色小圆点构成的坐标轴，拖曳红箭头使实例沿 X 轴移动，拖曳绿箭头实例会沿着 Y 轴移动，点住小黑点上下拖曳会使实例沿着 Z 轴放大、缩小和移动。

图 1-144

图 1-145

（2）"Deco 工具"

"Deco 工具"是 Flash CS4 新增的工具。它可以让基本图形在舞台上轻松地转换成复杂的连续图案。有两种方法可以使用"Deco 工具"，一是单击工具箱中的"Deco 工具"，二是按<U>键。选择"Deco 工具"后，在"属性"面板中对工具进行设置。此工具有 3 种效果，属性各不相同。

○ "藤蔓式填充"：在"属性"面板的"绘制效果"选项中选择"藤蔓式填充"（见图 1-146）。此时默认有一种花朵和叶子的形状及填充颜色，在舞台上单击会以花朵和叶子为基础图案连续复制并快速铺满整个舞台（图 1-147）。如果想要控制图案的大小，在图案铺到合适的大小时，再次单击鼠标左键即可停止图案的铺设。也可以单击"属性"面板中的"编辑"按钮，从"库"中选择一个自定义元件，替换默认的花朵和叶子。"分支角度"用于指定分支图案的角度。"分支颜色"用于改变分支图案的颜色。"图案缩放"使图案同时沿水平方向（X 轴）和垂直方向（Y 轴）放大或缩小。"段长度"用于指定叶子节点、花朵节点的段长度。"动画图案"指定每次复制都绘制到时间轴中的新帧上，此选项会将创建的图案形成逐帧动画序列。"帧步骤"用于在指定"动画图案"时每秒要横跨的帧数。

图 1-146

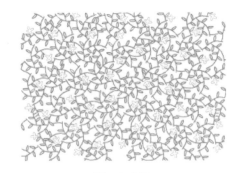

图 1-147

○ "网格填充"："网格填充"可以把基本图形元素复制并有序列地排列到整个舞台上，产生类似于壁纸的效果。在"属性"面板的"绘制效果"选项中可以选择"网格填充"选项（见图 1-148）。"水平间距"用来指定在"网格填充"中相邻图形元素之间的水平距离。"垂直间距"用来指定在"网格填充"中相邻图形元素之间的垂直距离。"图案缩放"用来使图形对象同时沿水平方向和垂直方向放大或缩小。

○ "对称刷子"：通过对称排列图形元素来控制及调整绘制结果。在"属性"面板的"绘制效果"选项中可以选择"对称刷子"选项（见图 1-149）。"跨线反射"可以以手柄为轴使图形元素呈轴对称排列。"跨点反射"以控制点为中心使图形元素呈中心对称图形排列。"绕点旋转"使图形元素围绕指定的固定控制点排列。"网络平移"由手柄定义的 X 轴、Y 轴坐标调整图形元素的排列位置。在"属性"面板上还有关于"测试冲突"的选项，选择它可以防止对称效果中的形状相互冲突。

（3）"骨骼工具"

Flash CS4 新添加了骨骼系统，可以通过为一系列元件添加骨骼的方式，轻松制作类似角色动作的动画效果。有两种方法可以使用"骨骼工具"，一是单击工具箱中的"骨骼工具"，二是按<X>键。

在了解骨骼动画的创建方法之前，先了解一下反向运动的概念。反向运动是一种使用骨骼的有关结构对一个对象或彼此相关的一组对象进行动画处理的方法。在使用骨骼工具创建动画后，元件实例和形状对象可以按照指定的方式移动。在 Flash 中使用反向运动主要有两种方式，第一种方式是向形状对象的内部添加骨架。通过骨骼，可以移动形状的各个部分并对其进行动画处理，而无需绘制形状的不同版本或创建补间形状动画。例如，为人体的手臂添加骨骼，选择工具箱面板中的"骨骼工具"，当光标变为🖑时，在手臂上端单击，创建根骨骼，它的起始位置被一个圆圈包围，然后向下拖曳鼠标到肘关节的位置，创建末端骨骼，通过向上拖曳手臂肘关节的末端骨骼点使手臂向上移动（见图 1-150）。第二种方式是通过"骨骼工具"将多个不同的元件实例链接到一起。

图　1-148　　　　　　　　图　1-149　　　　　　　　图　1-150

在向元件实例或图形添加骨骼时，Flash 会将实例及关联的骨架移动到时间轴中的新图层。此新图层称为骨架图层，每一个骨架图层只能包含一个骨架及其关联的实例或形状（见图 1-151）。若要删除单个骨骼及其所有子级，则单击该骨骼并按<Delete>键。有时候会发现，在移动骨架时，对象扭曲的方式并不一定是想要的效果。这是因为在默认情况下，形状的控制点连接到离它们最近的骨骼。使用"绑定工具"，可以编辑单个骨骼和开关控制点之间的连接。这样，就可以控制每个骨骼移动时笔触的扭曲方式，以获得更满意的效果。在工具箱面板单击"骨骼工具"按钮右下角的小三角按钮，可以找到隐含的"绑定工具"（见图 1-152）。

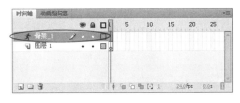 

图　1-151　　　　　　　　　　　图　1-152

4．图形编辑命令

（1）线条的平滑、伸直和优化

在 Flash 中有一些辅助功能不但可以使图形更加美观，还可以减少线段的数量。它们就是"平滑""伸直"和"优化"功能。

○ 线条的平滑：通过使用这个命令调整被选中的线条，使线条更加平滑。当舞台上绘制的图形出现"抖动"现象时，就可以使用"平滑工具"改善这个问题。选中需要平滑的线条，单击工具栏下方的"平滑工具"按钮，可以实现线条的平滑，可重复操作。也可以通过选择"修改"→"形状"→"高级平滑"命令打开"高级平滑"对话框（见图 1-153）。一次性调整到需要的效果。

○ 线条的伸直：使用该工具调整被选中的线条会使线条更平直，并且减少线条的节点数。选中需要伸直的线条，单击工具栏下方的"伸直工具"按钮，可以实现线条的伸直。也可以通过选择"修改"→"形状"→"高级伸直"命令打开"高级伸直"对话框（见图 1-154），进行精确的伸直设置。

○ 线条的优化：优化功能可以使曲线变得更加平滑，与平滑功能不同的是，优化是通过减少图形线条和填充边线的数量来实现的。选择"修改"→"形状"→"优化"命令会打开"优化曲线"对话框（见图 1-155）。这里的优化程度输入范围为 0～100，也可以拖曳右边的按钮滑块来调节数值。

图 1-153

图 1-154

图 1-155

（2）将线条转换为填充

在 Flash 中，线条还可以转变为填充属性，进行渐变色的填充。在舞台上绘制好线条后，发现属性检查器中的填充选项始终是灰色的（见图 1-156），这是因为此选项在线条属性下禁用。为了激活这个选项，选择"修改"→"形状"→"将线条转换为填充"命令，这样"颜料桶工具"将被激活，同时"笔触颜色工具"将被禁用。这样，线条就可以填充渐变颜色及素材了。以蝴蝶为例，将外边线的线条转换为填充后，可以将线条填充成具有多色渐变的效果（见图 1-157）。

图 1-156

图 1-157

（3）扩展填充和柔化边缘

通过"扩展填充"命令，可以扩展或缩小图形的填充内容。选择"修改"→"形状"→"扩展填充"命令会打开"扩展填充"对话框（见图 1-158）。"扩展"是以图形的轮廓为界，填充内容向外扩展，填充区域的外围被放大。"插入"是以图形的轮廓为界，填充内容向内收缩或插入到图形当中，填充区域的外围被缩小。

通过"柔化边缘"可以在填充边缘产生多个逐渐透明的图层，形成边缘柔化的效果。选择"修改"→"形状"→"柔化填充边缘"命令可以打开"柔化填充边缘"对话框（见图 1-159）。

○ "距离"：边缘柔化的范围，数值范围为 1～144。

○ "步骤数"：柔化边缘生成的渐变层数，最多可以设置 50 层。

○ "方向"：选择边缘柔化的方向是向外扩展还是向内插入。

（4）合并对象

执行"合并对象"命令会改变现有对象的形态，从而来创建新形状。通过选择"修改"→"合并对象"命令，打开下拉菜单（见图 1-160）。

图　1-158　　　　　　　图　1-159　　　　　　　图　1-160

○ "联合"：合并多个形状及绘制对象并生成一个"对象绘制"模式的新形状，它由联合前形状上所有可见的部分组成。

○ "交集"：创建两个或多个绘制对象的交集的对象。生成的"对象绘制"形状由合并的形状的重叠部分组成。将删除形状上任何不重叠的部分。生成的形状使用堆叠中最上面的形状的填充和笔触。

○ "打孔"：删除选定绘制对象的某些部分，这些部分由该对象与排在该对象前面的另一个选定绘制对象的重叠部分定义。删除绘制对象中由最上面的对象所覆盖的所有部分，并完全删除最上面的对象。所得到的对象仍是独立的，不会合并为单个对象（不同于可将多个对象合并在一起的"联合"或"交集"命令）。

○ "裁切"：使用一个绘制对象的轮廓裁切另一个绘制对象。会由最上面的对象定义裁切区域的形状，将保留下层对象中与最上面的对象重叠的所有部分，而重叠区域外所有其他部分将被删除，并完全删除最上面的对象。所得到的对象仍是独立的，不会合并为单个对象（不同于可将多个对象合并在一起的"联合"或"交集"命令）。

1.4.2　任务目标

1）熟练掌握图形绘制类工具、使用图形编辑类工具和掌握新增工具。

2）理解并掌握场景设计的方法及绘制技巧。

3）巩固文件的基本操作方法。

1.4.3 任务实施

1）《雪夜小屋》绘制分析。《雪夜小屋》是一张动画场景图，属于大全景的景别。在这张图中包含了小屋、冬季及夜晚场景的设计元素。在该任务的绘制过程中，将频繁使用图形绘制类工具及图形编辑类工具。

2）运行程序。单击桌面"开始"按钮，在所有程序中选择 Flash CS4 软件，单击运行 Flash CS4。在启动界面中新建一个 Flash 3.0 版本的文件（见图 1-161），这时会打开 Flash CS4 的操作界面（见图 1-162）。

图　1-161

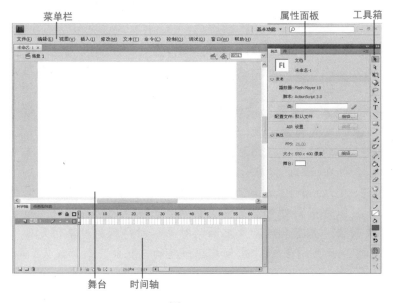

图　1-162

3）设置舞台属性。在 Flash CS4 中默认的舞台"大小"为 550px×400px，"背景颜色"为白色。单击激活操作界面右侧的"属性"面板（见图 1-163），单击"大小"后的"编辑"按钮，在弹出的"文档属性"对话框中设置"尺寸"为 1024px×768px，"背景颜色"使用"R"204、"G"153、"B"0 的咖啡色，设置完成后单击"确定"按钮（见图 1-164）。

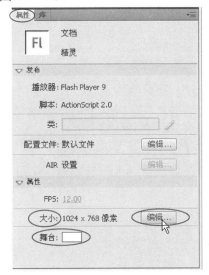

图　1-163

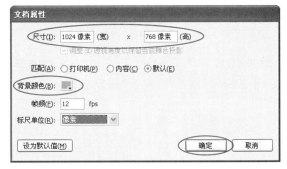

图　1-164

4）绘制"背景"。选择"矩形工具"，设置笔触颜色为无色。在"颜色"面板中设置填充颜色为线性渐变填充，渐变色为从深蓝色到浅蓝色的渐变，颜色色标值分别为左侧"R"3、"G"13、"B"109，中间"R"82、"G"99、"B"171，右侧"R"147、"G"180、"B"215（见图 1-165）。设置完成后，使用"矩形工具"绘制一个与舞台大小相同的矩形（可以使用"对齐"面板设置），使用"渐变变形工具"调整矩形的填充方向为垂直填充，背景天空绘制完成。选择绘制的矩形，按<F8>键将其转换为"图形"元件，命名为"背景"（见图 1-166）。

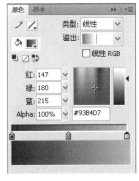

图　1-165

图　1-166

5）绘制"雪地白"。新建"图层 2"，命名为"雪地白"，使用"钢笔工具"绘制一个任意边线颜色，填充颜色为白色的封闭曲线（见图 1-167）。删除边线，选择绘制的图形，按<F8>键，将其命名为"雪地白"图形元件（见图 1-168）。

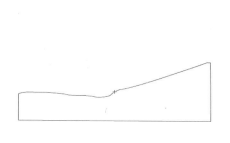

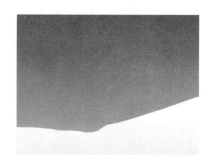

图 1-167　　　　　　　　　　　图 1-168

6）绘制"雪地蓝"。新建"图层 3"，命名为"雪地蓝"，隐藏"雪地白"和"背景"图层。在"雪地蓝"图层设置笔触颜色为白色，使用"钢笔工具"绘制一个闭合曲线（见图 1-169）。使用"颜色"面板设置填充为线性填充，填充颜色为浅蓝色"R"146、"G"190、"B"254 到蓝白色"R"0、"G"14、"B"255 的线性渐变，使用"颜料桶工具"对封闭曲线从左至右进行线性填充。选择该图形后按<F8>键，将其命名为"雪地蓝"图形元件。调整图形的位置（见图 1-170）。

图 1-169　　　　　　　　　　　图 1-170

7）绘制"云彩"。新建"图层 4"，命名为"云彩"，关闭其他三个图层。在"云彩"图层设置笔触颜色为黑色，使用"钢笔工具"绘制一个闭合曲线（见图 1-171）。选择绘制的图形，设置填充颜色为"R"174、"G"181、"B"215，使用"颜料桶工具"填充闭合曲线，删除边线，按<F8>键，将其命名为"云彩"图形元件。调整图形的位置（见图 1-172）。

8）制作"云彩"的透明效果。在"图层 4"中选择"云彩"实例，设置"Alpha"值为 32%，再次从"库"面板中拖曳云彩实例至舞台中，选择"修改"→"变形"→"水平翻转"命令，将"云彩"实例水平翻转，设置"Alpha"值为 15%，使用"任意变形工具"调整"云彩"实例的宽度及旋转角度（见图 1-173）。

图 1-171　　　　　　　图 1-172　　　　　　　图 1-173

9）绘制"月亮"。新建"图层 5"，命名为"月亮"，关闭其他四个图层。在"月亮"图层使用"椭圆工具"绘制一个无边线、填充颜色为红色的椭圆，再绘制一个无边线、填充颜色为绿色的椭圆，移动第二个椭圆对第一个椭圆进行部分遮挡（见图 1-174），选中图中的绿色椭圆，按<Delete>键将绿色椭圆删除，形成红色的"月亮"图形。设置填充颜色为放射状填充，填充颜色为从"R"254、"G"222、"B"95 到"R"255、"G"255、"B"255 的放射状渐变（见图 1-175），使用"颜料桶工具"填充月亮。再使用"任意变形工具"调整月亮的旋转角度。按<F8>键，将其命名为"月亮"图形元件（见图 1-176）。

图　1-174　　　　　　　图　1-175　　　　　　　图　1-176

10）绘制"星星"。新建"图层 6"，命名为"星星"。选择"多角星形工具"，单击"属性"面板中的"选项"按钮，在出现的"工具设置"对话框中设置星形"边数"为 4（见图 1-177）。在"颜色" 面板中设置填充为从"R"188、"G"215、"B"254 到"R"247、"G"251、"B"255 的放射状渐变填充（见图 1-178），设置好后绘制一个无边线放射状渐变填充的四角星星。再使用"任意变形工具"调整"星星"的高度，使高度大于宽度（见图 1-179）。按<F8>键，将其命名为"星星"图形元件。

图　1-177　　　　　　　图　1-178　　　　　　　图　1-179

11）在舞台中布置"星星"。从"库"面板中多次拖曳"星星"实例到舞台中，使用"任意变形工具"调整每颗星星的旋转角度与大小，在"属性"面板中依次调整"星星"实例的透明度，形成夜晚星星的前后空间效果（见图 1-180）。

12）绘制背景"山"。新建"图层 7"，命名为"山"。选择"插入"→"新建元件"命令，进入创建新元件界面，设置名称为"山"，类型为"图形"。使用"钢笔工具"在舞台中绘制出"山"的大致轮廓（见图 1-181）。单击"颜料桶工具"，在"颜色"面板中设置线性渐变色从"R"1、"G"72、"B"177 到"R"147、"G"191、"B"236 的线性渐变，填充"山"的颜色（见图 1-182）。接着填充山尖的颜色为"R"238、"G"249、"B"255。填充"山"亮部的颜色为"R"131、"G"172、"B"204（见图 1-183），将"山"图形元件拖曳至"图层 7"中，移动"山"图层至"背景"图层上方（见图 1-184）。

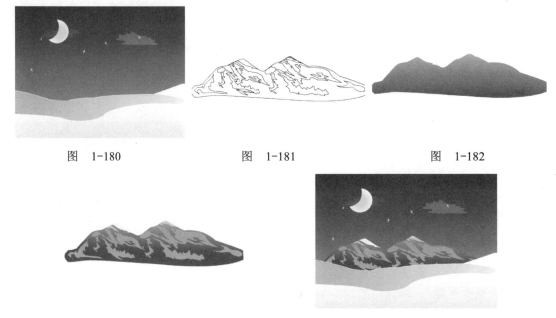

图 1-180　　　　　　　　图 1-181　　　　　　　　图 1-182

图 1-183　　　　　　　　　　　　图 1-184

13）绘制"松树"。新建"图层 8"，命名为"松树"。选择"插入"→"新建元件"命令，进入创建新元件界面，设置名称为"松树"，类型为"图形"。使用"钢笔工具"在舞台中绘制出"松树"的轮廓并填充颜色，暗面颜色是"R"5、"G"49、"B"16，亮面颜色是"R"14、"G"99、"B"34（见图 1-185）。使用"油漆桶工具"，在"颜色"面板中设置"R"5、"G"49、"B"16 为积雪暗面填充颜色，使用"刷子工具"在"松树"上绘制出积雪暗面的形状（见图 1-186）；再使用"刷子工具"在"松树"上绘制出积雪亮面的形状，颜色设置为"R"5、"G"49、"B"16（见图 1-187）。

图 1-185　　　　　　　　图 1-186　　　　　　　　图 1-187

14）绘制松树底部阴影。使用"钢笔工具"和"椭圆工具"，在舞台中绘制出"松树阴影"的轮廓（见图 1-188），在"颜色"面板中设置阴影暗面的颜色为"R"83、"G"115、"B"151，再设置阴影亮面的颜色为"R"159、"G"179、"B"202（见图 1-189）。使用"油漆桶工具"填充颜色。

图　1-188

图　1-189

15）在场景中布置"松树"。"松树"绘制完成后（见图 1-190），将库面板中的"松树"元件多次拖曳至舞台中，使用"任意变形工具"调整舞台中各"松树"实例的大小及位置（见图 1-191）。

图　1-190

图　1-191

16）绘制"窗户"。选择"插入"→"新建元件"命令，进入创建新元件界面，在"创建新元件"对话框中设置"名称"为"窗户"，"类型"为"图形"（见图 1-192）。使用"矩形工具"，设置笔触颜色为"R"86、"G"12、"B"9，填充颜色为"R"255、"G"254、"B"101，笔触粗细为 1，绘制一个宽 22px，高 71px 的矩形。使用"铅笔工具"并适当调整笔触粗细，在矩形中绘制十字线作为窗框，按<Ctrl+G>组合键将绘制的矩形、十字线组合成组。再次使用"矩形工具"，设置笔触粗细为 1，填充颜色为"R"210、"G"171、"B"19，绘制一个大一些的矩形，按<Ctrl+G>组合键将绘制的矩形组合。选择"修改"→"排列"→"下移一层"命令，将后绘制的矩形放置在第一个矩形的下面。调整两个矩形的位置（见图 1-193）。

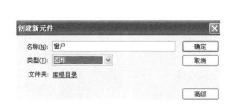

图　1-192

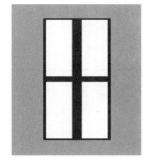

图　1-193

17）绘制窗户灯光。在"颜色"面板中设置填充颜色为放射状渐变，颜色为从"R"254、"G"253、"B"146 到"R"249、"G"172、"B"27，再到"R"250、"G"133、"B"56 的渐变（见图 1-194）。绘制一个略大的矩形，使用"渐变变形工具"调整渐变色。选择"修改"→"排列"→"下移一层"命令,将这个矩形放置在前两个矩形的中间。使用"对齐"面板将这三个矩形垂直居中对齐。选中所有矩形组合成组,"窗户"元件完成(见图 1-195)。

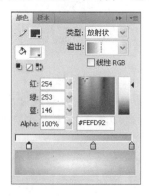
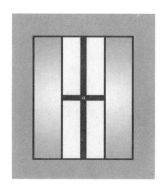

图　1-194　　　　　　　　　　　　　　图　1-195

18)绘制"烟囱"。选择"插入"→"新建元件"命令,进入创建新元件界面,设置名称为"烟囱",类型为"图形"。使用"矩形工具",设置笔触颜色为"R"102、"G"0、"B"0,填充颜色为"R"166、"G"10、"B"11,笔触高度为1,绘制一个细高的矩形作为"烟囱"的正面,然后组合。再次使用"矩形工具",设置笔触颜色为"R"51、"G"0、"B"0,填充颜色为"R"102、"G"0、"B"0,笔触高度为1,绘制一个等高的矩形,选择"修改"→"变形"→"扭曲"命令,分别选中矩形右边线的上下端点,按<Alt>键拖曳该点使矩形成为平行四边形,移动平行四边形至主矩形右侧成为立体烟囱的侧边。使用同样的方法再绘制一个平行四边形作为"烟囱"的顶(见图 1-196)。

19)绘制"烟囱"的投影。在"烟囱"图形元件中新建"图层 2",将"图层 2"拖曳至"图层 1"的下方,使用"钢笔工具"绘制一个封闭曲线(见图 1-197),设置填充颜色为"R"190、"G"203、"B"219,使用"颜料桶工具"填充闭合曲线后删除边线。再次使用"线条工具",设置笔触颜色为白色,笔触高度为1,在闭合曲线的左侧绘制两条直线,取消直线的选中状态后使用"移动工具"将直线拖曳成曲线。移动"图层 2"的图形至"图层 1"的下方,成为"烟囱"的投影(见图 1-198)。

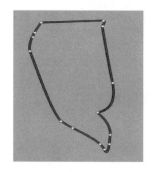

图　1-196　　　　　　　图　1-197　　　　　　　图　1-198

20)绘制"房架"。新建"图层 9",命名为"房子"。选择"插入"→"新建元件"命令,进入创建新元件界面,设置名称为"房架",类型为"图形"。使用"矩形工具",设置笔触颜色为无色,填充颜色为"R"166、"G"10、"B"11,绘制一个宽为 488px,高为

190px 的矩形作为房子的前面墙体，将其组合。使用"钢笔工具"绘制房顶的线稿（见图1-199），设置填充颜色为"R"247、"G"250、"B"211"，填充房顶线稿后删除边线。设置笔触颜色为"R"190、"G"204、"B"217，使用"直线工具"绘制房顶前面的阴影线。调整"房架"后组合，将其移至房屋正面墙体的上方（见图1-200）。

图 1-199   图 1-200

21）绘制屋顶阴影。使用"矩形工具"设置笔触颜色为白色，填充颜色为"R"166、"G"10、"B"11 绘制一个矩形，再使用"钢笔工具"添加一个锚点，将上边线拖曳成三角形作为房屋顶部的三角形造型（见图1-201）。设置填充颜色为"R"255、"G"255、"B"255，使用"钢笔工具"绘制三角形屋顶的轮廓，再设置填充颜色为"R"190、"G"203、"B"219，使用"钢笔工具"绘制房屋前面尖顶的阴影（见图1-202）。将"库"面板中的"窗户"元件多次拖曳至舞台中，调整好位置（见图1-203）。选中绘制的房屋和窗户后组合（见图1-203）。

图 1-201   图 1-202   图 1-203

22）绘制房屋主体的投影。设置填充颜色为"R"190、"G"203、"B"219，使用"钢笔工具"绘制房屋主体的投影（见图1-204）。将房屋主体的投影移到房屋后面合适的位置，整体调整房屋的位置，房屋绘制完成（见图1-205）。

图 1-204   图 1-205

23）调整场景中的布局。返回"场景1"，将"房架"元件从"库"面板中拖曳至"房子"

图层中，将"烟囱"实例从"库"面板中也拖曳至"房子"图层中并调整其位置。选中"松树"图层中房子前侧的松树实例，按<Ctrl+X>组合键将其剪切，新建"图层10"，命名为"松树2"图层，按<Ctrl+Shift+V>组合键将剪切的松树实例在原位置粘贴（见图1-206）。

24）绘制"门廊"。新建"图层11"，命名为"门廊"图层，选择"插入"→"新建元件"命令，进入创建新元件界面，设置名称为"门廊"，类型为"图形"。使用"钢笔工具"绘制"门廊"线稿（见图1-207）。

图　1-206

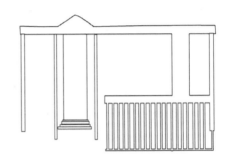

图　1-207

25）填充"门廊"。设置填充颜色为"R"204、"G"153、"B"0，使用"颜料桶工具"对房门进行填充；设置填充颜色为"R"150、"G"91、"B"31，对"门廊"主体进行填充；设置填充颜色为"R"39、"G"8、"B"6，对门的台阶进行填充。"门廊"制作完成（见图1-208）。

26）调整布局，保存文件。将绘制的"门廊"元件实例拖曳至舞台中，调整实例的位置至房子实例前方，将"门廊"图层拖曳至"松树2"图层的下方。保存文件，《雪夜小屋》制作完成（见图1-209）。

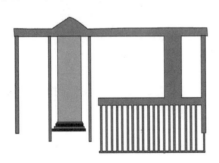

图　1-208

图　1-209

1.4.4　任务评价

通过这项任务，可以学习在场景设计中对季节、时间等元素进行控制的方法。提高常用图形绘制类工具、图形编辑类工具的使用技巧。掌握绘制场景时常用的图形编辑命令及一些文件的基本操作。

项目 2　动画角色设计制作

2.1　项目情境

今天晓峰和王导来到了角色设计部，正好赶上角色设计师们在为一部新的动画设计角色。

晓峰：王导，角色设计就是为动画中的角色设计形象，对吗？

王导：是的，不过这里的学问可大了。角色设计属于一部动画的前期设定环节，经过导演认可的角色设计方案在动画的中期制作中得以贯彻和应用，是前期场景、道具设计及中期原动画制作环节不可或缺的造型参考和标杆。如果由于前期角色设计的失误，导致中期原动画全部返工或质量不佳，其带来的人力、物力、财力损失是无法估量的，所以角色设计是动画制作中的重要一环。

晓峰：原来角色设计这么重要，那我可得认真学学。

王导：好啊，那你就先完成"精灵公主"和"音乐男孩"这两个角色的设计任务吧！不过，在设计之前你要先了解一些关于角色设计的基本知识。

2.2　项目基础

2.2.1　角色设计的概念及要素

角色设计就是根据整部动画的剧情、风格及剧本中角色的时代、身份、职业和性格等特征，设计出最佳的角色表现图。也就是说在进行角色设计时除了要考虑角色的身材比例、样貌五官外，还要考虑角色的标准姿势、标志性表情和习惯动势、服装、道具等要素。在角色设计稿确定后，在动画的制作过程中就要严格以此为标准不能改动，这样才能保证在整部动画中同一个角色的前后形象统一可识别。

2.2.2　角色设计图的分类

在动画的角色设计中，主要分为全体角色设计对比图和单一角色设计图。全体角色设计对比图是将整部动画中出现的全体角色表现在一张图中，通过角色外在形象的对比服务于中期动画制作环节（见图 2-1）。例如，当两个以上的角色同时出场时，他们的高、矮、胖、瘦就需要一个对比的标准，避免出现在全身小全景画面中一高一矮两个角色，但在另外的上半身近景画面中却出现两个角色又一样高的类似错误。单一角色设计图是为动画中角色前后形象统一及动作设计服务的，无论角色做什么角度的动作都能保持其形象不变、统一可认。单一角色设计图有三视图和五视图两种。三视图是将一个角色的正面、侧面、后面表现在一张图中（见图 2-2），五视图还要在此基础上再添加正 3/4 侧面、后 3/4 侧面两个形象（见图 2-3），五视图多应用在大型动画中。

另外，根据不同的分类标准和实际需要，还有一些专一用途的角色设计图。标准动势图用来规范角色的代表性姿势，例如，超人飞行、唐老鸭走路的动作姿态都属于此范畴，能够赋予角色更典型的动作特征。标志性表情图显示角色在各种情况下的表情，例如，海贼王路飞的各种夸张表情，更多地展现出角色代表性的表情。还有些大型动画习惯于在单一角色设计图中，一起表现标志角色特点的设计细节。例如，衣服上特殊的花样纹理标志、佩戴的项链、耳环、所穿鞋子的特别之处等。总之，在角色设计图中可以根据角色的需要，进行灵活多样的综合表现。

图　2-1　　　　　　　　图　2-2　　　　　　　　图　2-3

2.3　任务 1　精灵公主

2.3.1　任务热身

Q 版角色设计具有单纯、可爱、简洁的特点，主要采用高度概括提炼、夸张变形的手法设计。

1. 设计 Q 版人物角色

（1）Q 版角色的头身比

人物设计的身高比例又称为头身比，也就是以头部高度为基准比例，全身由头顶至脚底的总高度占几个头长就是几头身。Q 版角色设计常用的头身比是 2 至 4 头身，由头部、躯干和四肢组成。在不同的头身比中，头部、躯干、四肢所占的比例位置不同（见图 2-4）。在图 2-4 中，3 种头身比的头部比例是一样大的，但身体的比例随着头身比的加大而渐次拉长，所占的比例分数也就越多，相应就显得头部越小，身体越大。一般来说，选用的头身比越小越显得角色年幼单纯。在一部 Q 版风格的动画

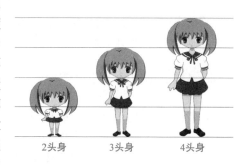

2头身　　3头身　　4头身

图　2-4

片中，可能会出现不同年龄段的角色，例如，老年、中年、青年、少年、儿童、幼儿和婴儿。在设计这些角色时，虽然都要使用Q版的头身比，但对于年长、成熟型的角色就要选择大的头身比，年幼、单纯的角色选择小的头身比。总之，在为Q版角色设计选择头身比时要从全局考虑，既要表现出角色的年龄及特点，又要比对协调于片中出现的全体角色。

（2）Q版角色的身体细节造型

Q版角色的身体部分由躯干和四肢组成。躯干部分包括胸和腰，在设计时可将胸和腰简化作为一个整体考虑，具体造型可根据角色的体型来决定。胖的可参照圆形、横向椭圆形、梨形、梯形等处理；瘦的可按照长方形、纵向椭圆形、倒三角形等处理。四肢由胳膊、手、腿和脚组成，胳膊和手的总长度一般画到大腿的1/2或上1/3处即可。手的造型要高度简化，在多数情况下可将大拇指单画，其他四指合并成一个整体处理。在需要表现手的特殊动作时，也可将五指分开画（见图2-5）。腿的造型可处理成正、倒梯形或方形。脚的造型也要参照三角形或椭圆形高度简化。另外，在设计身体细节的造型时，还要考虑角色的身份职业，适当夸张某一部分的造型，如战士型、力士型人物可夸张胳膊肌肉及手的造型。只要整体角色设计视觉舒服，符合剧本中角色的特点即可。

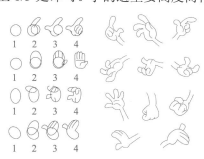

图　2-5

📢 小提示

在Q版角色设计时，要从头部开始，先以头部高度为准，确定好整体头身比例，再逐一设计绘制其他部分。这样才能保证全身比例协调准确。

（3）Q版角色的头部造型

在Q版角色设计中，由于头部位置突出，所占比例很大，它的处理就显得非常重要。在画人物正面头部外形时，可从几何体开始绘制，将头部画成长方形、方形、圆形、椭圆形、三角形、梯形或上圆下方、上尖下圆等综合形状，再通过对这些形状的拉伸变形修改以达到标准。

（4）Q版角色的五官造型及面部表情

Q版人物角色的五官主要包括头发、眉毛、眼睛、鼻子、耳朵和嘴。在设计五官时可以参照写实人物的五官设计比例与方法（见项目2任务2的任务热身部分）。但对于眼睛、眉毛、嘴等主要五官的比例、位置、外形要加以改变调整。例如，将眼睛画在头部的1/2处，嘴贴近鼻子，或者眼睛在头部的上1/3处，嘴靠近下颌边缘。总之，对于Q版五官的比例位置没有过于严格的要求，可以分别夸大突出眼睛、嘴或鼻子等不同部位，一切都根据角色的需要而定。

在绘制五官时还要考虑角色的表情，只有通过五官的喜、怒、哀、乐表现，才能将角色的性格刻画得栩栩如生。在设计表情前可以先对照镜子，看一看做出的各种表情，然后以此为参照加以简化提炼，变形夸张地画出角色的表情。这样才能进一步加深观众对角色的理解，留下深刻的印象，更好地表达角色的内涵特征（见图2-6）。

图　2-6

（5）Q 版角色的头部转面

在动画中，经常看到角色转动头部的特写镜头，这就涉及设计角色头部的转面图。即表现角色在平视状态下，头部转向不同角度后的变化图。

其中包括正面、正 3/4 侧面、侧面、后 3/4 侧面、后面五个角度。通常在角色的三视图或五视图中，随着身体的角度变化已经体现了头部的转面，可以应用在大于近景景别的镜头中。但是，在动画片中一旦有头部转面的特写或大特写镜头出现，三视图或五视图中的头部转面变化就显得不够细致了，这就需要详细设计出角色头部的转面图。有了正面、正 3/4 侧面、侧面、后 3/4 侧面、后面这几张图，再进行复制、水平翻转，就可以制作角色头部 360° 转动的动画了（见图 2-7）。

图　2-7

🔊 **小提示**

在绘制角色头部转面的一系列图时，只要绘出正面、正 3/4 侧面、侧面、后 3/4 侧面、后面这几张图就可以完成头部 180° 转面。若需要头部 360° 转面，只要再复制正 3/4 侧面、侧面、后 3/4 侧面并进行水平翻转即可。其转头动作的排列顺序为正面、正 3/4 侧面、侧面、后 3/4 侧面、后面、反向后 3/4 侧面、反向侧面、反向正 3/4 侧面。

2. 设计绘制 Q 版动物

在动画中经常看到动物角色。它们有时会以本来面目出现，例如，马作为人的坐骑、狗作为猎人的帮手、雁群作为天空的点缀。这时设计绘制其形象就要遵循动物自身的生理特征及比例结构。然而在 Q 版动画中，动物更多的是以拟人化的形象出现，甚至是扮演主角，有着拟人化的言行。这就要在保留动物本体特征的基础上将其进行拟人化处理，需要更多的借鉴人物角色设计的思路与方法，赋予它们人的感情与思想。Q 版动物的绘制非常简单，以本来面目出现的，只要抓住其主要特征加以强化夸大，整体造型可爱、符合大众审美标准即可（见图 2-8）。而以拟人化形象出现的，则尽量将其向人的结构特征转化，例如，可以让兔子、小熊像人一样站立，四肢变成双手。

在绘制动物时，可以先用几何形状画出大体轮廓，例如，Flash 中的"直线工具""椭圆工具""矩形工具""多边形工具"等。最后再使用"选择工具"细致调整细节内容，整体效果类似于简笔画（见图 2-9）。

图　2-8

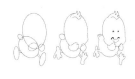

图　2-9

3. 设计绘制 Q 版道具

在 Q 版动画中除了人物和动物外，还经常需要设计一些人物饰品、刀剑枪炮、交通工具等道具（见图 2-10）。道具对于角色的塑造、情节的展现起着很重要的作用，例如，女巫的魔杖、武士的刀剑、赛车手的头盔等。这些道具不仅是角色使用的工具，也是帮助观众识别角色的符号，更是助推情节发展的媒介。在设计这些道具时，可参考实物的造型、结构，再加以简化处理。通常不仅要考虑外形是否漂亮，还要考虑其是否具备基本功能，也就是要知道在设计中每个造型部位的作用。

2.3.2　任务目标

1）掌握 Q 版角色的设计知识与技法。
2）熟练使用 Flash 工具绘制 Q 版角色。

图　2-10

2.3.3　任务实施

1）角色分析。角色信息提示："精灵公主"是安雅森林的守护公主，掌管季节的变换交替。年龄相当于人类的 8 岁。外表天真可爱，性格开朗活泼，善良又富有同情心。拥有一根神奇的魔棒，经常用它施展魔法帮助别人。由于魔法水平较低，又容易冲动，经常好心办坏事，由此也引发了一系列的故事。

通过分析以上的角色信息，总体设计构思就出来了。首先，要将角色的体型外貌定位在 8 岁女孩的形象上。因为是 Q 版风格的动画，所以使用 2.5 的头身比，再结合正 3/4 侧面的造型角度，突出其年幼可爱活泼的性格。其次，利用柔顺的长发和水灵灵的眼睛表现角色单纯天真的一面。耳朵采用特殊的造型显示其精灵的身份，并添加一对翅膀强化这个特征。在服装设定上，因为性格开朗活泼，所以采用连身短裙搭配短靴的装束。在魔棒的设计上，顶端采用花藤花叶结合的造型，表现森林中公主的环境特征，并在上面镶嵌用以施展魔法的宝石。现在角色设计的造型已经确定，下面就可以绘制了。

2）运行程序。单击"开始"按钮，在所有程序中选择 Flash CS4 软件，单击运行 Flash CS4。在启动界面中新建一个 Flash 3.0 版本的文件（见图 2-11），这时会打开 Flash CS4 的操作界面（见图 2-12）。

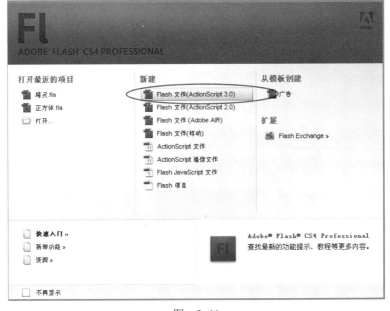

图　2-11

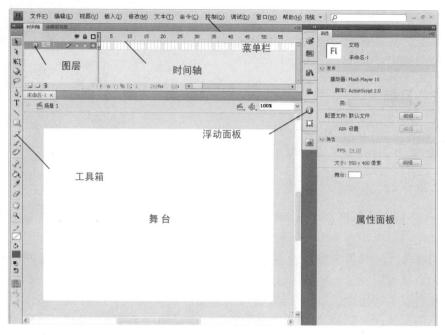

图　2-12

3）设置舞台的属性。在 Flash CS4 中默认的舞台"大小"为 550px×400px，"背景颜色"为白色。现在将舞台"尺寸"更改一下，单击激活操作界面右侧的"属性"面板（见图 2-13），单击"大小"后的"编辑"按钮，在弹出的"文档属性"对话框中设置"尺寸"为 1024px×768px（见图 2-14）。"背景颜色"仍使用默认的白色，不需改变。设置完成后单击"确定"按钮，现在观察舞台已变为 1024px×768px。

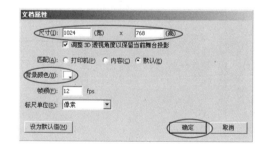

图　2-13　　　　　　　　　　　　　　　图　2-14

4）设置头身比辅助线。选择"视图"→"标尺"命令。在舞台的上方及左侧会分别显示出"水平"及"垂直"标尺。因为"精灵公主"的造型为 Q 版 2.5 头身，所以从"水平标尺"上依此向下拖曳出 4 条辅助线，设置好 2.5 头身的辅助线距离。在第 1 个间距中绘制"精灵公主"的头部，在第 2 个间距中绘制躯干和双臂部分，在第 3 个间距中绘制双腿及脚（见图 2-15）。

5）绘制头发的外形轮廓。设置好头身比的辅助线后，先在第 1 个间距内绘制"精灵公主"的头发。在绘制时注意头部的长宽比例约为 1:1，因为面部要显得年幼，就要缩短整个头部的比例，相应也要处理好头发随着头部、颈部外形改变的转折点。选择工具箱中的"钢笔工具"，在界面右侧的"属性"面板中设置"笔触"为 1。在舞台内绘制出头发的轮廓外形，再使用"选择工具"细致调整头发的外形轮廓，转折处要流畅柔顺（见图 2-16）。

图　2-15　　　　　　　　　　　　　　图　2-16

6）填充头发内部的颜色。单击工具箱下方的"填充颜色"按钮，在打开的"颜色"面板中单击右上角的"拾色器激活"按钮（见图 2-17），会打开"拾色器"面板，在这里将头发的固有色设置为"R"247、"G"131、"B"152。头发选择这种粉色相会显得角色单纯天真，低纯度又能让头发色很好地融合其他颜色。单击"确定"按钮，这时观察工具箱中的"填充颜色"已改变，接下来使用"工具箱"中的"颜料桶工具"在头发的固有色区域填充该颜色（见图 2-18）。采用同样的方法，设置头发的阴影色，要在低纯度的粉色系中选择比固有色略深的颜色，数值为"R"177、"G"80、"B"100。仍使用"颜料桶工具"将头发的阴影区域填充阴影色（见图 2-19）。

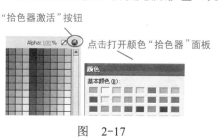

图　2-17　　　　　　　　　图　2-18　　　　　　　图　2-19

7）填充头发边线的颜色。单击工具箱下的"笔触颜色"按钮，在打开的"笔触颜色"面板中单击右上角的"拾色器激活"按钮，在打开的"拾色器"面板中将头发的边线色设置为"R"97、"G"44、"B"54。这里选用的头发边线色能更好地配合粉色相的填充色，如果选用常规的黑色就会造成色相过大反差，显得死板突兀。单击"确定"按钮，这时观察工具箱中的"笔触颜色"已改变，接下来使用工具箱中的"墨水瓶工具"在头发的边线区域单击填充该颜色。

8）绘制脸部和颈部并填充颜色。接下来使用"钢笔工具"在头发边缘的适当位置上继续绘制出脸型及耳朵的轮廓。绘制时注意耳朵上部的造型要斜向拉长变形，顶端成尖状。这是大众认可的精灵类、魔幻类角色的耳部造型。接着设置"填充颜色"为"R"254、"G"225、"B"211，"笔触颜色"为"R"97、"G"44、"B"54，"笔触"粗细为 1 进行填充（见图 2-20）。填充后脸和耳朵会将头发的造型遮挡住一部分，需要选中耳朵上面多余的头发线条，按<Delete>键删除（见图2-21），就会出现最终的效果（见图2-22）。

图 2-20   图 2-21   图 2-22

9）绘制眼睛。单击工具箱中的"矩形工具"，在打开的隐含工具中单击选择"椭圆工具"。在舞台的空白处绘制一个椭圆形眼球。其中"填充颜色"为"R" 102、"G" 0、"B" 102，"笔触"粗细设置为1（见图2-23）。再选择"钢笔工具"在椭圆上面绘制黑色的眼球阴影部分。接着单击工具箱中的"椭圆工具"，在按住<Shift>键的同时在眼球阴影上方绘制正圆形白色高光部分，"笔触"粗细设置为无（见图2-24）。高光的大小很重要，过大会显得眼睛无神，过小则失去水灵灵的感觉。

10）绘制眼眶及眼眉。单击工具箱中的"钢笔工具"，设置"笔触"粗细为1，"笔触颜色"为黑。在眼球上方绘制出弧形的眼眶及眼眉（见图2-25）。再使用同样的方法绘制另外一侧的眼球、眼眶、眼眉（见图2-26），使用工具箱中的"选择工具" 选中绘制好的眼睛，将其移到脸部的适当位置。注意，在未调整好眼睛位置的情况下，不要取消眼睛的麻点状选中状态，否则会删除后面脸部的图形。

图 2-23   图 2-24   图 2-25   图 2-26

11）绘制耳蜗。单击工具箱中的"钢笔工具"，在舞台的空白处绘制耳蜗（见图2-27）。设置"笔触"粗细为无，"填充颜色"为"R" 232、"G" 177、"B" 128。使用工具箱中的"选择工具"选中绘制好的耳蜗，将其移到耳朵上的适当位置（见图2-28）。

12）绘制嘴的造型。因为角色是Q版造型，所以嘴的外形要简化些，成半圆状即可。使用"钢笔工具"，将"笔触颜色"设置为"R" 102、"G" 0、"B" 0，"笔触"粗细为1，绘制嘴的轮廓。使用"颜料桶工具"，设置"填充颜色"为"R" 204、"G" 0、"B" 51，单击嘴的内部填充颜色（见图2-29）。最后使用"选择工具"将嘴移至脸部适当的位置（见图2-30）。

图 2-27   图 2-28   图 2-29   图 2-30

13）绘制腮红。腮红的添加能够调整角色单色上色后脸部的平面化效果，让角色的脸部焕发光彩，更具小女孩的神韵。使用"基本椭圆工具"，将"属性"面板里的"开始角度"设置为 145°，按<Shift>键绘制出一个带有缺口的正圆形（见图 2-31）。激活操作界面右侧的"颜色"面板，将"类型"选择为"放射状"填充颜色类型，左侧色标设置为"R"255、"G"153、"B"153，右侧色标设置为"R"255、"G"255、"B"255（见图 2-32），再使用工具箱中的"渐变变形工具"，调整渐变填充颜色的形态（见图 2-33）。将腮红移至眼睛下方，调整好位置（见图 2-34）。

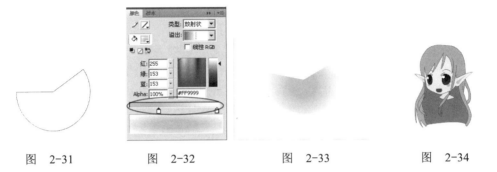

图　2-31　　　　　图　2-32　　　　　图　2-33　　　　　图　2-34

14）绘制身体。现在将第 2 个和第 3 个间距看作一个整体，在这个间距内绘制"精灵公主"的身体部分。注意要绘制成正 3/4 的角度，因为这种角度带有透视关系，远些的左侧身体造型要回收，近些的右侧造型要有意识放大。单击"钢笔工具"，设置"笔触"粗细为 1，"笔触颜色"为"R"97、"G"44、"B"54，设置"填充颜色"为"R"254、"G"225、"B"211。在舞台上二、三间距内绘制出"精灵公主"的身体造型。注意，标志女孩身体一半中心点位置的耻骨联合处要定在第 2 个间距的下 1/3 处，这样才能符合人体的比例关系，如果低于这个位置会显得角色的腿过短（见图 2-35）。

15）绘制衣服。角色的衣服设计成轻便的连身短裙，这样能体现角色活泼好动的特点。单击"钢笔工具"在舞台的空白部分绘制出衣服的外形轮廓，设置"笔触"粗细为 1，"笔触颜色"为黑色，"填充颜色"为"R"133、"G"239、"B"234。偏湖蓝的衣服色能和头发色形成弱对比，视觉感受比较突出，这样衣服就画完了（见图 2-36）。再使用工具箱中的"选择工具"，将绘制好的衣服全部选中，移至身体上适当的部位，调整好位置（见图 2-37）。

图　2-35　　　　　　　图　2-36　　　　　　　图　2-37

16）绘制靴子造型。单击"钢笔工具"，在舞台的空白部分绘制出靴子的外形轮廓。设置"笔触"粗细为 1，"笔触颜色"为"R"90、"G"102、"B"51。选择一个能很好地与肤色协调的靴子颜色，"填充颜色"的数值为"R"234、"G"237、"B"180（见图 2-38）。使用工具箱中的"选择工具"选中绘制好的鞋，将其移到"精灵公主"腿部的适当位置（见

图 2-39）。到目前为止，整个"精灵公主"的身体部分就绘制完成了。

图 2-38

图 2-39

17）绘制翅膀。这是一个能够显示精灵身份特点的造型，要漂亮轻盈才能突出角色的可爱天真。单击工具箱中的"钢笔工具"，设置"笔触"粗细为1，"笔触颜色"为"R"232、"G"232、"B"255。在舞台的空白部分先绘制出翅膀的外形轮廓，注意这是由双层线条构成的翅膀外形轮廓（见图 2-40）。然后激活"颜色"面板，将"类型"选择为"线性"颜色填充类型，"颜色编辑器"左侧的色标设置为"R"255、"G"153、"B"153，右侧色标设置为"R"113、"G"219、"B"244（见图 2-41），使用"颜料桶工具"填充翅膀外形轮廓内的颜色。接下来同样使用"颜料桶工具"填充翅膀内部的填充色，注意调整"颜色编辑器"中左侧的色标为"R"255、"G"255、"B"255，右侧色标为"R"208、"G"213、"G"251（见图 2-42），选择"线性"颜色填充类型。再使用"钢笔工具"绘制翅膀内部的纹理，笔触颜色为"R"133、"G"207、"B"206。最后，如果对各部分渐变填充的效果不满意，可以使用工具箱中的"渐变变形工具"调整渐变颜色的分布形态（见图 2-43），就会出现最终的效果（见图 2-44）。

图 2-40

图 2-41

图 2-42

图 2-43

图 2-44

18）绘制魔棒造型。魔棒属于道具的范畴，这里设计的藤叶造型能够体现角色的生存环境特征。单击工具箱中的"钢笔工具"，在舞台空白部分先绘制出魔棒的外形轮廓，设置"笔触”粗细为 1，魔棒的“笔触颜色”为“R”169、“G”124、“B”14，“填充颜色”为“R”255、“G”255、“B”153（见图 2-45）。单击工具箱中的“矩形工具”，在打开的隐含工具中选择“椭圆工具”。在舞台的空白部分绘制一个正圆形作为魔棒上的宝石，激活“颜色”面板，将“类型”选择为“放射状”颜色填充类型，在下方的“渐变编辑器”中将左侧色标设置为“R”26、“G”128、“B”128，右侧色标设置为“R”255、“G”255、“B”255（见图 2-46）。最后使用“渐变变形工具”调整出最佳效果（见图 2-47）。再使用“钢笔工具”，在宝石的中心部分上面绘制详细的细部造型，用同样的方法为其填充渐变色，左侧色标设置为“R”26、“G”128、“B”128，右侧色标设置为“R”255、“G”255、“B”255，但是需要使用“渐变变形工具”调整填充颜色的形态（见图 2-48）。现在魔棒的绘制已经全部完成（见图 2-49）。

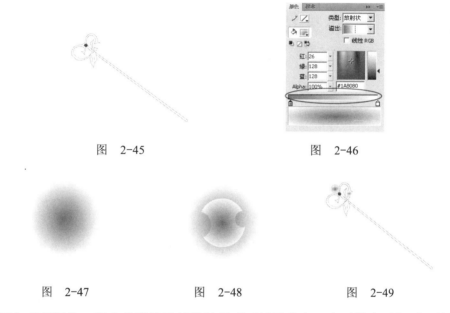

图　2-45　　　　　　　　　　　　　　　　图　2-46

图　2-47　　　　　　图　2-48　　　　　　图　2-49

19）添加背景图片。现在将魔棒及翅膀放置到“精灵公主”身后的合适位置，整体 Q 版“精灵公主”的角色设计就完成了（见图 2-50）。现在为“精灵公主”加上一张背景图片，并绘制星形光带，制作成“精灵公主”施展魔法时的效果图。选择“文件”→“导入”→“导入到库”命令，在弹出的“导入到库”对话框中找到光盘中“项目素材/项目 2/”文件夹中的“精灵女孩背景”，单击“确定”按钮，将其导入到库中。从库中找到该位图文件，将其拖曳到舞台上，放置到“精灵公主”角色的下面，并调整到合适的位置（见图 2-51）。最后使用工具箱中的“多角星形工具”绘制一串星形光带，注意星形光带整体构成的线条形态，使其环绕在“精灵公主”的左下侧（见图 2-52）。

图　2-50　　　　　　　　图　2-51　　　　　　　　图　2-52

2.3.4　任务评价

这项任务主要用来学习 Q 版角色的设计知识及绘制技法。在设计知识方面，主要应用头身比、身体比例造型、头部及五官造型、道具设计等知识点。并通过精灵这一特殊的种族身份，引导大家举一反三，灵活地根据角色的实际需要进行思考与设计。在绘制技法方面，讲解了角色各造型部分的绘制处理技巧，使读者进一步掌握基本绘图工具、修整工具、颜色调整工具的使用方法。

2.4　任务 2　音乐男孩

2.4.1　任务热身

写实角色设计不同于 Q 版角色设计，无论是结构比例、身体细节、服装道具都要求以写实为基础。在遵循人的比例、生理结构及自然情况的基础上，再根据剧情和角色特征的需要加以夸张设计处理。

1．设计写实版人物角色

（1）写实版角色的头身比

在传统绘画中，人体的比例是身高以 7 或 7.5 头长为标准，即从头顶到脚底为 7 或 7.5 头长。身体 1/2 处在耻骨联合上下；头顶至下颚底，下颚底至乳头连线，乳头连线至脐孔均为一个头长；胸部、前臂、小腿、肩宽均为 2 头长；手臂垂直时，中指尖与大腿中部相齐；腿部为 3 至 3.5 头长（见图 2-53）。在设计写实版人物角色时，就要参照这个传统绘画的人体比例来处理。写实版角色的常用头身比是 5 至 8.5 头身（见图 2-54）。个别角色需要特殊身高比的，如模特等可用 8.5 至 12 头身，但这些头身比在应用时要考虑和其他角色人物的协调问题，要使出现在同一部动画片中的角色，在比例对比、风格设定方面协调统一。

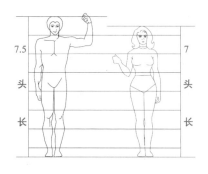

图　2-53

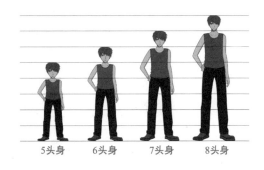

图　2-54

（2）写实版角色的身体细节造型

在了解人体的比例结构及写实版角色的头身比后，就可以设计写实版角色的造型了。首先，确定好头身比及头顶至脚底的距离，接着划分头部、躯干和四肢的具体位置，再绘制头部、胸部、腰部和髋部的造型。这时要注意男女在整体形态上的差异，男的肩宽于臀部，胸部骨骼宽阔，绘制运动型男性时更要加宽这些部位及手臂、腿部肌肉，女的臀宽于肩部，骨盆比男性宽大，绘制时要把腰部画窄一些。最后再绘制出上臂、前臂、手、大腿、小腿和脚，同样注意女性的胳膊和腿要画细一些。对于写实版动画角色的手部处理要特别注意，它不同于 Q 版的手部造型，要绘制细腻、写实一些，所以要多掌握手部的各种造型姿态（见图 2-55）。

图 2-55

（3）写实版角色的头部造型

在身体绘制好后，就可以细致地绘制人物的头部了。在传统绘画中写实人体头部比例，简单说就是"三庭五眼"。"三庭"指发际线到眉线，眉线到鼻底线，鼻底线到下颚底线都是相等距离；"五眼"指人脸正面从脸部左侧到右侧（不包括耳朵）约为 5 个眼睛的长度；眼睛的位置在头部高度的 1/2 处；耳朵的高度等于眉毛到鼻底的距离（见图 2-56）。人的脸型可形象地归纳为"田、由、甲、申、国、目、风、用"8 个汉字（见图 2-57）。在为写实版角色设计头部时，按照这 8 个汉字的外形特点再结合五官位置进行比例变化，就可以设计出丰富的角色头部造型。

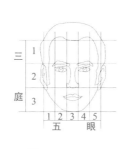

图 2-56

图 2-57

（4）写实版角色的五官造型及面部表情

当然，要想赋予角色更多的生命力，还要考虑五官、发型、表情的造型变化。写实动画角色的脸部因年龄性别不同，除了发型、脸型差异变化外，五官方面也要作改变。例如，男人可以画短发方脸、浓眉大眼、嘴略显方；女人可以画长发、卷发、马尾辫，圆脸细眉小嘴等；老人发稀眼小，五官距离远，牙齿脱落下巴突出，颧骨相应变高；小孩发式可以是羊角辫、秃头中间留一撮头发，五官紧凑，圆脸大眼睛，小嘴小下巴。

表情对于角色性格的塑造也很重要，应该通过表情的喜怒哀乐展现角色的性格特点。随和、温柔的人面部带着喜气，眉毛自然舒展，眼弯曲，嘴角上拉；严肃、刚直的人面部表情不怒自威，眉毛倒竖，皱眉眼圆睁，嘴唇紧闭；忧郁、悲观的人脸上带有哀色，眉头皱起，眉梢下拉，眼角嘴角下垂，嘴微张。总之，要善于利用面部表情反映角色性格的深层内涵。

（5）写实版角色的头部透视变化

在 Q 版风格的动画中，很少出现角色头部的透视变化，往往用眼神的方向变化及头部形变来表现仰视或俯视。但在写实风格的动画中，为了表现角色仰视或俯视时的真实感，通常会采用头部透视的方法来表现。在绘制时可以把头部的透视归纳为立方体，先找出整体形。接着再考虑五官，五官中两眼连线、双眉、两边鼻翼嘴角都是水平线，在平视时呈相互水平状态；在仰视时这些水平线都成了向上弯曲的弧线；在俯视时都成了向下弯曲的弧线；俯仰角度越大，弧线弯曲越强烈。在确定了这些弧线的位置后就可以添加具体的五官了（见图 2-58）。

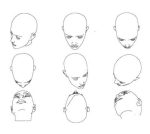

图　2-58

📢 小提示

有些小型 Flash 动画制作人员较少。所以在角色设计环节中，可以根据情节需要适当删减不出镜的角色角度转面图，只设计能够在动画中出场的转面角度即可，这样既能达到最佳效果又可以大大减少工作量，省时省力。

（6）写实版角色的身体动态造型

人身体的大结构可以用"一竖、二横、三体积、四肢"来形容。"一竖"就是指躯干的脊梁骨；"二横"是肩线和骨盆线；"三体积"是头、胸和臀；"四肢"是胳膊、手、腿和脚。要画好身体动态就要从这几方面入手。在明确大结构后还要清楚动态线，立正的人的肩、骨盆的横线都是平行的，重心落在双脚之间；在稍息时，肩线右高左低，骨盆线则左高右低，二者的倾斜线方向相反，重心落在右脚上。总之，骨盆线高的那一端必定是身体重心的落点，低的一端则是虚踏的那只脚。同时，肩线两端的高低必定与骨盆线相反。而身体正面运动的动态呈现透视变化，例如，正面走过来的人，由于手臂、腿脚前后摆动，透视发生变化，近处的手腿离画者近，一定要画得长而大，远处的手腿要画得短而小，甚至被遮挡看不到。绘制身体动态时先用"直线"工具勾出"一竖"，再确定好"二横""三体积""四肢"的动势位置线，最后按照人体比例添加具体骨肉及服饰等（见图 2-59）。

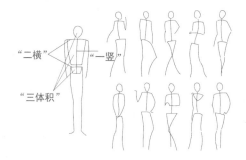

图　2-59

2．角色设计的上色技法及色指定

在角色设计中还有一个重要的环节就是上色，在上色时要根据角色的性格、服饰等综合因素确定颜色。一般对于 Flash 角色来说有两种上色技法，一是单色上色法，二是双色上色法。单色上色法是 Q 版角色较常用的上色技法，这种上色方法是在一个固定区域内仅使用单一颜色上色。而双色上色法是在一个固定区域内使用两种颜色上色。这时的颜色就要考虑受到光照、阴影影响后的变化。这种双色上色法多用于写实版角色，因为

　　写实版比较接近真实生活的色彩感觉，即物体在光照下有受光面、固有色、背光面的变化。一般在一个动画场景中，主光照方向只有一个。它直接照射到的部分就是受光面，受光面颜色浅于固有颜色，有时可填充白点或白线来表现最亮的区域；而受不到光照的部分就是背光面，颜色要深于固有颜色；受光面和背光面通常处在相反的对应位置，二者之间的部分就是原本的固有色区（见图 2-60）。但在角色设计时为了便于中期的制作，在大部分情况下会简化掉受光面的颜色，只保留固有色及背光面的阴影颜色。所以在写实版角色的一个固定区域内上色时，就只有固有色及阴影色两种颜色。在上色时，只要根据光照方向划分好这两个区域，选定固有色，并在固有色基础上加深颜色作为阴影色，分别上色就行了（见图 2-61）。

　　当为角色上好色后，要以角色的正面形象为底图，具体标出各部位颜色的数值，一般 Flash 动画要给出 RGB 颜色模式的数值。这就是色指定，这张图也就是色指定图。在后续的动画制作过程中，要依据每个角色各自的色指定图上色。

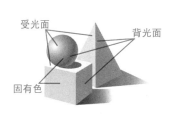

图　2-60

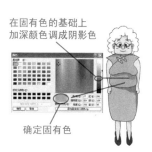

图　2-61

3．设计绘制写实版动物

　　写实版动物要按照动物自身的身体结构及比例标准来设计绘制，尽量最大化地接近动物的自然生理特征。当然，对于狮子、猴这样的动物不可能细致到每一根毛发，可以在保持原有特征的情况下进行提炼概括式的写实处理（见图 2-62）。

4．设计绘制写实版道具

　　写实版道具的设计绘制不同于 Q 版道具，要接近生活中的常态造型（见图 2-63）。除了外观造型写实仿真外，还要注意许多局部的细节不能省略。特别是体现功能或显示特色的局部设计要详细明确。例如，枪的扳机、直升机的螺旋桨、领带的纹样等。另外，对于科幻类、魔幻类题材的动画片，其道具设计要展开想象，在常态造型的基础上运用添加、删减造型结构的方法来设计。

图　2-62

图　2-63

2.4.2 任务目标

1）掌握写实版角色标准动势图设计的知识与技法。

2）熟练运用 Flash 工具绘制写实版角色标准动势图。

2.4.3 任务实施

1）角色分析。角色信息提示："音乐男孩"是一个酷爱音乐街舞，阳光帅气的 18 岁男孩，性格外向、言语幽默爱耍酷，经常和朋友们在大型露天广场上比拼舞技，他和朋友们一起经历了从街舞菜鸟到街舞天王的热血青春。

通过对以上角色信息的分析，得出设计构思。首先，将角色的外观形象定位在 18 岁男孩。因为是写实风格，所以选用 7.5 的头身比，并且选用了角色的标准动势作为角色设计图的表现主体。同时，五官的设计尽量突出其阳光帅气的面部特征。另外，该角色酷爱音乐街舞，所以在服饰的设计上采用了街舞风格的衣着打扮，并添加耳麦及戒指道具，以体现其时尚性和前卫性。最后，通过身体动势及手部造型加强动感，突出角色热爱音乐、街舞的特征。

2）运行程序。双击桌面 Flash CS4 软件图标，运行程序。在启动界面中新建一个 Flash 3.0 版本的文件，打开 Flash CS4 的操作界面。在操作界面右侧的"属性"面板中单击"大小"后的"编辑"按钮，在弹出的"文档属性"对话框中设置"尺寸"为 1024px×768px，"背景颜色"为白色。

3）设置头身比辅助线。选择"视图"→"标尺"命令，打开水平及垂直标尺。由于"音乐男孩"的造型选用了写实版 7.5 头身，所以从"水平标尺"上依此向下拖曳出 9 条辅助线，设置好 7.5 头身比的辅助线距离。将在第一个间距中绘制"音乐男孩"的头部，在第 2～3.5 间距中绘制躯干和双臂部分，在第 4.5～7.5 间距中绘制双腿及脚（见图 2-64）。绘制前要注意，因为要设计角色的惯用动作，就要对整体的身体动势做到心中有数，这样才能造型准确。

图　2-64

4）绘制脸部轮廓并填充颜色。设置好头身比例后，单击"钢笔工具"，在界面右侧的"属性"面板中设置"笔触"粗细为 1.5。在舞台内第 1 个间距中绘制出脸部的大致轮廓。再单击"选择工具"细致调整脸部的外形轮廓（见图 2-65），下颌要略尖，这样会显得角色脸部造型帅气些。然后单击"油漆桶工具"，在"颜色"面板中设置"R"226、"G"186、"B"112 的暗肤色，填充脸部颜色（见图 2-66）。

5）绘制头发和耳麦并填充颜色。使用"钢笔工具"，在头部画出头发的大致轮廓，然后单击"选择工具"调整外形轮廓并删除多余部分（见图 2-67）。调整完后使用"椭圆工具"在耳朵处绘制出耳麦的扬声器部分（见图 2-68），接下来再使用"钢笔工具"根据扬声器的位置绘制出耳麦的固定架和扬声器的厚度弧线（见图 2-69）。单击"油漆桶工具"分别填充头发的固有色及耳麦的固有色、阴影色。其中头发的固有色为"R"227、"G"165、"B"0，选择这种偏黄的头发颜色看起来比较时尚。耳机的固有色为"R"204、"G"204、"B"204，阴影色为"R"153、"G"153、"B"153，这样头部的基础造型就完成了（见图 2-70）。

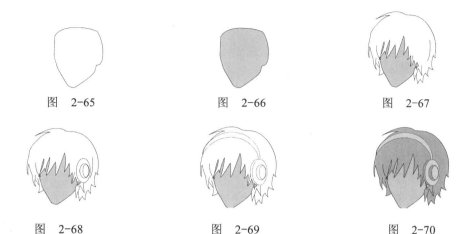

图 2-65　　　　　　　　图 2-66　　　　　　　　图 2-67

图 2-68　　　　　　　　图 2-69　　　　　　　　图 2-70

6）绘制眼睛及五官并填充颜色。首先，单击"钢笔工具"绘制出眼睛的外部轮廓。再单击"椭圆工具"，设置"笔触颜色"为黑色，"笔触"粗细为无，"填充颜色"为"R"0、"G"51、"B"0，绘制出眼球并填充颜色（见图 2-71）。

　　然后在眼球的中心位置绘制出瞳孔，设置"填充颜色"为黑色，"笔触"粗细为无。再使用工具箱中的"线条工具"将"笔触颜色"设为"R"0、"G"26、"B"0，在眼球下部位置绘制出两条直线以便填充阴影色，使用"油漆桶工具"为眼球填充"R"0、"G"26、"B"0的阴影颜色。同时填充眼睛白色，颜色数值为"R"222、"G"216、"B"211（见图 2-72）。使用"选择工具"选中绘制好的眼睛，在按<Alt>键的同时，将其复制并拖曳移动到左侧，用"任意变形工具"调整为合适的大小。最后将两只眼睛移动到脸部的适当位置（见图 2-73）。这样的眼睛造型能使眼神中流露出执着与不羁，适合角色热爱音乐街舞的性格特征。最后使用"钢笔工具"绘制出线条状的鼻子和嘴（见图 2-74）。

图 2-71　　　　　　图 2-72　　　　　　图 2-73　　　　　　图 2-74

7）绘制颈部及头发阴影。单击"钢笔工具"绘制出颈部的轮廓，并使用"选择工具"调整外形，设置"颜色填充"为"R"226、"G"186、"B"112后，使用"油漆桶工具"填充颈部的颜色（见图 2-75）。再使用"钢笔工具"绘制出脸部、颈部、头发的阴影轮廓（见图 2-76），设置并填充脸部、脖子的阴影色，其颜色数值为"R"211、"G"157、"B"67。头发的阴影色为"R"190、"G"94、"B"5。最后使用"选择工具"删除阴影描边（见图 2-77）。

图 2-75　　　　　　　　图 2-76　　　　　　　　图 2-77

8）新建图层。在"时间轴"上单击"新建图层"按钮▣，此时会在角色头部图层的上方新建一个"图层二"，双击"图层二"文字后，将图层重新命名为"衣服"，按<Enter>键确认。接下来在该图层的第1帧上继续绘制"音乐男孩"的衣服，注意要将衣服绘制在舞台上第2～3.5的间距内，这样才能确保头身比的准确性。

9）绘制衣服并填充颜色。在选定位置使用"钢笔工具"绘制出衣服轮廓和衣褶。使用"选择"工具调整好外形（见图2-78）。设置衣服固有色的"颜色填充"为"R"231、"G"32、"B"37，选用这种红色调的设定是因为能够给人带来积极、兴奋的心理暗示，符合角色外向的性格特点。使用"油漆桶工具"填充颜色（见图2-79）。

10）绘制手部造型。绘制时注意整体手部造型采用了近大远小的透视方法，这样使角色在带有动感的同时更具空间感，从而体现动势图的特点。使用"钢笔工具"绘制出手、指甲及道具戒指的轮廓。单击"选择工具"调整好外形（见图2-80），单击"油漆桶工具"填充，设置手的固有色颜色数值为"R"226、"G"186、"B"112，指甲颜色数值为"R"233、"G"203、"B"148，并用"油漆桶工具"分别填充颜色（见图2-81）。

| 图 2-78 | 图 2-79 | 图 2-80 | 图 2-81 |

在"颜色"面板中将"类型"选择为"线性"填充颜色类型，"颜色编辑器"左侧的色标设置为黑色，第2个和第3个色标均为白色，第4个色标为"R"23、"G"23、"B"23（见图2-82）。为戒指填充渐变色后，再使用工具箱中的"渐变变形工具"，调整渐变颜色的分布形态。这时手部造型完成（见图2-83）。再使用同样的方法绘制出另外一只手，最后使用"选择工具"把两只手分别移到衣服上方的适当位置（见图2-84）。

11）绘制手及衣服的阴影。首先，使用"钢笔工具"绘制手的阴影轮廓。然后再根据手的位置和衣服褶皱的位置绘制出衣服的阴影轮廓（见图2-85）。接着为这几个阴影填充颜色，设置手部阴影色为"R"211、"G"157、"B"67，衣服的阴影色为"R"125、"G"21、"B"22（见图2-86），填好色后将绘制阴影的线条删除。最后使用工具箱中的"任意变形工具"调整衣服的比例，并确定衣服与角色头部的位置关系（见图2-87）。

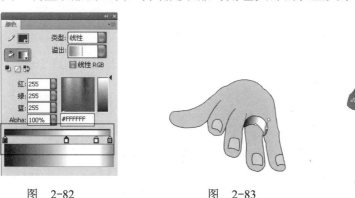

| 图 2-82 | 图 2-83 | 图 2-84 |

图 2-85   图 2-86   图 2-87

12）绘制裤子造型。在"时间轴"上新建一个图层，命名为"裤子"。将该图层拖曳到"衣服"图层下，在第 4.5～7.5 间距中绘制双腿及脚。首先使用"钢笔工具"绘制出裤子的轮廓、褶皱与阴影的轮廓，单击"选择工具"调整裤子的外形及阴影轮廓（见图 2-88）。接着填充裤子的固有色，数值为"R"30、"G"89、"B"

图 2-88   图 2-89

169，阴影色数值为"R"31、"G"57、"B"97。单击"选择工具"删除阴影线（见图 2-89）。

13）绘制鞋子造型。在裤子图层下再新建一个图层，命名为"鞋"。单击"钢笔工具"根据裤腿的走向和裤腿的遮盖程度绘制出鞋面、鞋帮轮廓（见图 2-90）。设置鞋面颜色为"R"102、"G"102、"B"102，鞋帮的填充颜色为"R"153、"G"153、"B"153。进行填充后使用"线条工具"绘制出鞋带，"笔触颜色"为白（见图 2-91）。再用同样的方法绘制出另外一只鞋子，最后调整好位置及比例，这样"音乐男孩"的角色绘制就完成了（见图 2-92）。

14）添加背景图片。现在为"音乐男孩"加上一张背景图片。选择"文件"→"导入"→"导入到库"命令，在弹出的"导入到库"对话框中找到光盘中"项目素材/项目 2/"文件夹中的"音乐男孩背景"，单击"确定"按钮，将其导入到库中。从库中找到该位图文件，将其拖曳到舞台上，放置到"音乐男孩"角色的下面，调整到合适位置（见图 2-93）。

图 2-90   图 2-91   图 2-92   图 2-93

2.4.4 任务评价

在这项任务中，主要运用写实版角色的头身比、身体动势、手部造型、道具等设计知识。通过角色喜爱音乐街舞的特征，设计了富有动感的动势造型，进一步明确了标准动势图的意义，让读者更多地体会角色设计图的实际作用。在绘制技法方面，讲解了写实角色的绘制处理技巧及双色上色法。提高了读者对基本绘图工具、修整工具、颜色工具的使用熟练度。

项目 3　动画场景设计制作

3.1　项目情境

今天早上，王导把晓峰叫到了办公室。

王导：晓峰，这一阶段你的实习表现非常好，各部门都夸你聪明好学，进步很快。从今天开始你就可以到场景部实习了。

晓峰：每天有这么多优秀的老师指导我，进步当然快了。不过，我听说场景的设计制作也不简单。

王导：那是当然了，在场景设计制作中包含的学问也很多。这里就是场景部了，主要负责动画中场景的设计及制作。通常在大型动画的前期阶段，场景设计师会根据分镜头台本及导演的阐述来规划设计总体的场景，通过前期的场景设定，每一集甚至整部动画中出现的各个单元场景的数量、场次、风格色彩、总体空间造型等都将被确定下来。然后，根据动画的需要，可以用平面图、立面图、氛围效果图等不同的形式表现出来。其中，氛围效果图是最常用的，因为它能够以最直观的形式表现出场景效果。

晓峰：那么，在动画中需要一个单元场景的不同角度时应该怎么办呢？

王导：这就是场景绘制师的工作了，一般动画进行到这个时候就进入了中期的制作阶段。场景绘制师会根据各个单元场景的总体设计效果图及分镜头台本，进一步绘制出每个镜头的场景，用来配合动画角色的表演。

晓峰：原来是先有总体设计再有每个场景的绘制。那场景设计都包含哪些知识呢？

王导：首先要知道像场景的作用、特点这样的初级知识，在此基础上还要懂得光线、色彩、透视、镜头等一些更专业的知识，这样才能完美地达成分镜头台本及导演对场景的要求。

晓峰：看来场景设计真的不简单，我可要多下点功夫学习一下。

3.2　项目基础

3.2.1　场景

1. 场景的概念

动画场景设计就是指在动画中，随着故事情节的展开，除角色造型以外，围绕在角色周围，与角色发生关系的所有景、物的造型设计。即角色所处的场所环境及陈设道具，甚至包括作为社会背景出现的群众角色，都属于场景设计，是场景设计要完成的任务。

2. 场景的作用

动画片的场景是叙述故事、展开剧情、刻画角色的空间环境，能够交代故事发生的历史背景、自然环境及社会环境。通常根据剧情的需要，场景被划分为一个一个的单元进行设计制作。场景在动画中的作用主要有以下几点。

（1）交代时空

场景最重要的作用就是交代时间与空间关系，这种时空关系包括叙事空间及想象空间。叙事空间是指角色活动的环境空间，其作用在于交代故事发生的地点和时间。想象空间是指由叙事空间中的各种造型因素综合引发的情调和氛围，主要通过观众的联想和心理来构建，形成一个具有抽象思维特征的空间环境形象。

（2）营造氛围

在场景设计中根据情节的要求，通常需要通过场景营造出特定的气氛效果和情绪基调。这也是场景设计不同于环艺设计之处，场景设计要从剧情、角色出发，与角色的情感相呼应，从而准确地传达出各种复杂的情绪氛围。

（3）刻画角色

动画中的角色可以是人物、动物、植物，还可以是生活用品、交通工具、建筑设施等，一切有无生命的对象都可以作为角色来塑造刻画，可以说具有广泛性的特点。角色刻画除了直接通过角色的一系列活动、动作、语言等展现角色的性格特点、精神面貌和心理活动外，还可以通过动画的场景来刻画衬托。

（4）强化冲突

在每一部动画片中，都存在对立的角色派系，即正面角色派系和反面角色派系。通常又利用一条或多条线索激发对立角色派系之间的矛盾，通过矛盾的发生，发展及不断的激化推动情节的演变，完成对故事的叙述，所以说矛盾冲突是一部动画的内在灵魂线索。场景通过衬托、渲染等方式可以强化这种矛盾冲突。

3. 场景的特点

场景在动画中具有时间性、运动性的特点。

（1）时间性

动画是时间和空间共存的艺术，它不同于绘画、摄影艺术所表现的瞬间凝固的形象，是没有时间延续过程的，是固定的镜头、停止的动作。在动画中表现的时间是延展的，是运动的镜头、连续的动作。而场景是体现动画时间、空间发展变化的最佳载体。所以在动画场景设计时一定要考虑时间变化的因素。

另外，从播放角度看，动画中的时间还可以分为播映时间、事件时间和叙事时间。播映时间就是指片长，常规电视动画的片长一般为 5min、10 min 或 20 min 左右，电影动画的片长为 80 min 左右。事件时间是指在影片中事件展开的实际时间，包括角色活动过程时间、动作时间等。叙事时间是指用视听语言对动画内容进行交代、描述和表现的时间。

（2）运动性

动画是动的艺术，其剧情阐述、美感表达要依靠场景、角色的运动来实现。动画场景的空间造型是在运动的过程中展现连续的空间环境变化，从而配合角色的表演，交代剧情的发展。场景失去运动性就不能形成动画中完整的时空变化。

4．场景的分类

动画场景按照空间角度可分为内景、外景和内外结合景；按照故事题材的角度可分为现实生活类、古代生活类、科幻类、魔幻类等；按照表现的内容可分为自然风景类、城市建筑类、意象空间类和抽象气氛场景类；按照绘画风格可分为写实版与 Q 版。

5．场景的构思方法

场景构思应在总体空间造型统一的原则下进行，并以此指导每一个单元场景的设计绘制。场景设计既要有高度的创造性又要有很强的艺术性，动画场景设计的构思方法主要有以下几点。

（1）具备整体造型意识

通常一部动画的制作是由许多人员共同参与完成的，需要大家以导演的意图为主，在创作意识上取得统一的认同，这种认同就是整体造型意识，这也是先决的场景创作原则。

（2）紧扣主题确定基调

在进行场景设计的时候，要紧紧把握住动画的主题，因为那是动画作品的内在灵魂。在此基础上还要确定场景的基调，所谓基调就是动画反映出的总体感情情绪，可以把它理解为动画的主旋律，或浪漫、或悲壮、或讽刺、或颂扬等。

（3）选择独特恰当的造型形式

在一部优秀的动画中，场景应该是内容与形式的完美结合，即通过独特恰当的造型形式来反映内容。因为场景的造型形式能够直接体现出动画的绘画风格、整体空间结构、色彩基调及内涵思想，所以作为设计者应努力探索动画的整体与局部、局部与局部之间的关系，用最典型恰当的造型形式创作场景，从而衬托角色的表演，反映动画的主题基调。

6．场景设计的构图方法

动画中的场景是动态运动的，但追其本源是由多幅静态的图画通过连续的播放形成的。这多幅静态的图画就直接涉及构图的问题，构图是指画面的整体布局，通过形式美法则的指导，做到在动画场景画面构图处理时景物穿插合理、主次和谐、疏密得当、层次分明、空间清晰、色彩协调。

（1）形式美法则在场景设计中的应用

形式美法则主要包括变化与统一、对比与调和、节奏与韵律、对称与均衡、比例与尺度。

1）变化与统一。统一指场景画面中各个组成部分的内在联系。变化指各个组成部分的区别。变化与统一就是在场景画面造型中首先遵循统一的规律法则，使整体的造型元素彼此间产生和谐的美感效果，具有统一的风格，同时又利用变化的法则加强多样性的特点，丰富画面的视觉效果。

2）对比与调和。对比指在场景画面中利用相异的元素来组织造型，并通过对相异元素的力度控制来加强视觉效果。例如，造型元素的大小、轻重、高低、明暗等对比。调和是指在场景画面中使用相同或相近的元素来组织造型，以最低限度地减少差异，使画面整体具有较明显的协调性。对比与调和的运用就是在场景设计整体统一的情况下丰富视觉变化。

3）节奏与韵律。节奏是造型元素有规律有秩序的变化和重复。场景画面造型的节奏完全取决于秩序规律的组织模式，而韵律是节奏的运动变化，韵律通常体现在一系列的场景画面变化中。

4）对称与均衡。对称是在场景画面中围绕假定的中轴线，配置同形同量同色的造型元素，使画面效果完全对称。均衡是在场景画面中围绕假定中心点，配置异形异量异色或同形异量异色等造型元素，使画面造型达到视觉平衡。

5）比例与尺度。在场景设计中，比例与尺度不仅是形体的量化标准，更是美感特征的数据化、理性化表现。它在作为形体的量化标准时，提供景物造型的尺寸标准，是景物大小、高矮、前后的对比参照。作为美感特征体现时，则是画面效果的理性表达。

（2）点线面在场景设计中的应用

在场景的构图中，点线面是最基本的造型元素。可以说场景造型万变不离其宗，追本溯源都能找到点线面的运用。

1）点。点是一切形态的基础，是最小的空间单位，也是线的开端和终结，两个线段的相交处也能构成点。其界定取决于所处的具体位置及与周围元素的对比关系，相对较大则失去了点的性质变成面。所以，只要与周围其他造型元素相比，具有凝聚视觉作用的形体，我们都可以称之为点。

点在场景设计中的构成有很多种方法。以同样大小的点作等距离的排列，会产生井然有序、规整一致的美感，但同时也会显得单调和呆板；以不同大小的点作等间隔的排列，不仅能产生丰富的变化，而且显得活泼跳跃；以不同明度、纯度的点作重叠排列，可以产生丰富的场景层次；如果以大小不同的点作不同间隔的排列，则可以产生更加丰富的变化，构成最复杂的空间变化效果。

虽然点是在场景造型元素中最小的视觉单位，但它的位置排列与整体的画面空间构成关系相当密切。因此在动画场景设计中，有许多画面是以点为元素来构成的。

2）线。线是点移动的轨迹，是勾勒形体的轮廓，是支撑形体的骨架，是限定形体的外延与边界。线只有位置和长度，而不具有宽度和厚度。从场景造型的角度看，线具有显性和隐性两种形式。

线无论粗细曲直，都给人以明确的视觉效果，具有比点更强的感情和性格特点。在各种线型中，直线能表现出力量的美感。其中，粗直线使人感觉强劲有力，同时也有粗笨、钝重的感觉。细直线则使人感觉纤细、敏锐；曲线较直线具有更加温和的感情特征。几何曲线是借助尺规工具绘制出的具有秩序感、柔美感的线型。自由曲线则是最具活力的线型，它由设计者徒手绘出，具有自由、活泼、奔放的特征。

线还具有明确的方向性及丰富的变化性，其在粗细、方向、角度、距离及间隔等方面的变化，可以产生不同的方向感。其连断、重复、交叉又能产生丰富多彩的场景构图效果。

因为线的造型具有非常丰富的表现力，所以在很多动画中，场景的造型都利用了线的视觉特征，因此，线也是在动画场景造型中常用的元素。

3）面。面是线移动的轨迹，由长度和宽度构成。面具有多种形态，这些不同的形态取决于它的外轮廓线。在场景画面中，正方形的面显得稳定、平和、规矩；圆形的面流畅、圆润、温和；三角形的面尖锐、突出、不稳定。在这些基本形面的基础上加以变化，就能产生丰富的场景造型效果。

7. 场景的空间表现

场景的空间是由景物的形与形之间包围界定出的环境形态，是通过二维平面来表现三维空间的效果，场景的空间既是角色生存的环境，也是角色表演的舞台。

（1）场景空间的分类

在动画中，从空间角度可将场景分为内景、外景、内外结合景。内景是被包围在形体内部的空间，如室内、车内、山洞里等场景，这些是一种封闭且空间较小的环境。外景是被隔离在形体外部的一切空间，是一种开放较大的空间，甚至包括宇宙空间。内外结合景是将内景和外景置于同一个空间中，便于随着故事情节的展开，在内景与外景之间转换。

（2）空间形态的心理感受

空间形态是指空间的形状，不同的空间形状可以导致人们产生不同的心理感受。高而纵直的空间具有向上延伸的视觉导向，会显得场景高大雄伟。矮而宽的空间具有横向延伸的视觉导向，场景看起来广袤宽阔。

（3）塑造场景空间的方法

在场景的设计中可以采用加强景深、透视比例、遮挡移动、光影对比、镜头组接等方法塑造场景空间。

1）利用景深体现空间的前后距离。景深是指在场景画面中体现的前后距离。加强景深就是加强场景中的纵深感，通过这种方法可以在视觉上拉开景物间的距离，有效地增强场景的空间感和层次感。

2）利用遮挡的方式表现空间。在场景中还可以用遮挡的方式表现场景空间。例如，在动画场景中一个物体的局部被另一个物体所遮盖，就可以判断出被遮挡的物体离观察者较远，随着角色或镜头的活动，遮挡的过程不断改变，就能更进一步地使观察者轻松判断出物体的前后空间关系。

3）利用光影对比塑造场景空间。利用光影对比关系塑造场景空间。在明亮光线照耀下的景物较昏暗光线下的景物，具有明显的视觉突出感。小而亮的景物会引领视觉向场景空间的纵深探索，大而亮的景物会最先吸引关注。恰当地运用明亮、昏暗的光线对比会塑造出强烈的空间关系。

4）利用镜头组接表现场景空间。镜头组接的方式也可以表现场景空间的变化。也就是用连续组接的多个镜头画面，表现同一个场景空间的不同角度，利用角度的变化推进空间的变化，从而塑造出三维立体的空间效果。

3.2.2 场景的色彩表现

色彩作为一种造型语言具有强烈的表现力，动画中的色彩表现与绘画、设计艺术中的色彩表现类似，场景的色彩表现要注意以下几个方面。

1. 色彩基调的应用

场景的色彩基调是指色彩之间相互搭配所呈现出来的场景整体色彩倾向。它是由色彩三要素（色相基调、明度基调、纯度基调）中的一个要素为主所形成的色彩关系。

（1）色相基调

色相基调是指以一种色相为主的色彩倾向，分为暖色调、中性色调和冷色调。在场景设计中，绝对暖色调通常色彩纯度都很高，会使场景画面效果热烈、炫目。绝对中性色调由无彩色的黑和白与高比例的中性色群相混合得到，画面色彩效果沉静、祥和，给人以中性、柔和、梦幻、甜美的感觉。而冷色调中的绝对冷色调，其色彩纯度通常不高，明暗变化不大，画面色彩效果阴冷、神秘。偏冷色调的色彩纯度偏低，画面色彩效果含蓄、清冷，易变化，具有平静寒冷的色感，接近于阴天效果。

（2）明度基调

明度基调是指以明暗关系为主所显示的色彩倾向。以明度为导向的基调，包括高明基调、中明基调和低明基调。这三个明度基调互相比较能显示各自的特性，而每种基调本身，由于所使用的三个明度阶段的相互差别很小而显得含糊。这说明在场景色彩搭配时，色彩之间的明度差别越小，颜色相似的感觉越强，画面中庸而不醒目。反之，明度差别越大，颜色对比的感觉越强，画面视觉越突出。

（3）纯度基调

纯度基调是指以纯度的对比为主显示的色彩倾向。以纯度为导向的基调，有高纯度基调、中纯度基调和低纯度基调。高纯度基调由高比例纯色组合，坚定明快、华贵艳丽，给人以热烈、疯狂的画面感觉。中纯度基调由高比例中纯色组合，给人以稳定、厚实丰富的画面感觉。低纯度基调由高比例低纯色组合，飘动而朦胧，给人以安静典雅、柔和飘逸甚至超脱的画面感觉。

2. 色彩对比的应用

色彩对比是指两种以上的色彩，由于相互之间的作用影响而显示出差异的现象。色彩间差别的大小，决定着对比的强弱，所以色彩差别是场景画面对比的关键。色彩对比包括色相对比、明度对比和纯度对比。

（1）场景的色相对比

色相对比是因色相之间的差别形成的对比。在 24 色相环中，相隔 15°的为邻近色相对比；而相隔 45°～60°的是类似色相对比；相隔 120°的是对比色相对比；相隔 180°的为互补色相对比。不同的色相对比方式，能带给我们丰富多彩的画面视觉效果及心理感受。

1）邻近色相对比。在邻近色相对比中，对比的色相差别很小。虽然是不同色相，但却相似，所以对比非常弱，这样的场景具有明显的统一性，同时在统一中又不失对比的变化。

2）类似色相对比。类似色相对比是使用非常邻近的色，如红与橙、橙与黄、黄与绿，是一种较弱的色相对比效果，但比邻近色相对比明显。

3）对比色相对比。对比色相对比，如玫红/黄/青；红/黄绿/青；橙/绿/青紫；黄橙/青绿/紫等。是一种强对比，画面感觉更鲜明强烈、饱和，具有华丽、饱满、欢乐、活跃的色彩效果，能使人感到兴奋和激动。

4）互补色相对比。互补色相对比是处于色相环直径两端色彩的对比，是一种最强的色相对比。如红与绿、黄与紫等，能使色彩对比达到最大的鲜艳度。它能强烈刺激人的感官，较对比色相的对比更完整强烈、富于刺激性，这种场景画面具有饱满、活跃、紧张和力量的特性，表现出一种或幼稚或原始粗犷的美感。

（2）场景的明度对比

明度对比是以色彩的明度差别关系而形成的对比效果。色彩间明度差别的大小，决定明度对比的强弱。明度对比在场景设计中具有重要的地位。在动画场景设计中，景物的层次感、体积感、空间关系主要靠色彩的明度对比来实现。

（3）场景的纯度对比

色彩之间鲜、浊程度差别的对比称为纯度对比。纯度对比既可以体现在单一色相中，也可以体现在不同色相中。

在场景设计中，如果选用主色的纯度基调位于纯度色标中的 1～4 级，则为高纯度，当其在场景画面中占 70%左右时，就构成高纯度基调，即鲜调。给人以积极、活泼、快乐和强烈的画面感觉，如果运用不当也会产生恐怖、疯狂、低俗和刺激等画面效果；如果场景主色在 5～8 级则为中纯度，当其在场景画面中占 70%左右时，就构成中纯度基调，即中调。给人以温和、中庸、文雅和柔软的画面感觉。如果在 9～12 级则为低纯度，当其在画面中占 70%左右时，就构成低纯度基调，即灰调。给人以平淡、消极和无力的画面感觉，但也有自然、简朴、超俗、安静和随和的画面效果。如果应用不当则会引起脏、土气、悲观和伤神等画面感觉。

当确定场景画面主色的纯度基调后，就要选择恰当的配色。如果选用配色的纯度级差超过 8 级，整幅场景画面就构成纯度的鲜强对比；配色的纯度级差在 5～8 级，场景画面为纯度的鲜中对比；纯度级差在 4 级以下，场景画面为纯度的鲜弱对比。

3．色彩调和的应用

在场景设计中，还存在着画面色彩是否协调的问题，也就是画面色彩调和的问题。色彩调和是指色彩的秩序关系、量比关系应该符合色彩的审美规律和视觉的心理要求。场景设计的画面调和要从整体色彩效果出发，调和的色彩首先应该具有统一感，同时还要避免单调，既调和统一整体，又要保持局部对比。色彩调和一般分为类似调和以及对比调和两个方面。

（1）类似调和

类似调和的画面强调色彩要素中的一致性关系，其中包括同一调和与近似调和两种形式。同一调和是指在色相、明度和纯度三种色彩要素中，有一种或两种要素始终不变，只变化其中一种或两种要素，称为同一调和画面。近似调和是指在色相、明度和纯度三种色彩要素中，有某一种或两种要素近似，变化其他一种或两种要素。

（2）对比调和

对比调和画面是以对比变化为主进行组合的色彩关系。在对比调和中，色相、明度、纯度三种色彩要素都可以处于对比状态，因此场景色彩构成的效果更加鲜明、生动和活泼。对比调和在强调变化的同时不能使色彩组合失去秩序与和谐。

3.2.3 场景的光线表现

光线是在场景设计中不可缺少的元素，一切景物因其存在而得以显现。它可以表现景物的体积感、质感及空间层次，从而塑造出空间关系，是一种画面造型语言。不同的光线类型及角度会形成场景画面不同的色阶层次，营建出不同的画面基调和情景气氛。场景画面还可以通过不同的采光方向表现出角色的不同心理情绪，达到刻画角色的目的，还可以起表现主题、制造悬念和推进剧情发展的作用。

1．场景光线的类型

（1）自然光

自然光又称室外光，是指模拟接近自然界原貌的真实光线效果。自然光效的运用使得画面中表现的一切看起来就像是大自然中的一样，更具有逼真的感染力和质朴的美感。场景画面在运用自然光时，要求画面上出现的光线都必须有现实来源，例如，阳光、月光和闪电光等。

（2）人造光

人造光指人为制造出的光照效果。人造光线的运用能营造出真实生活中的光感，同样也要有光线的来源，例如，灯光和烛光等。

2．场景光线的角度

光线按照照射角度的不同，可以划分为直射光线、散射光线和混合光线。

（1）直射光线

直射光线是指光源直射被摄对象，光线有明显的投射方向。采用直射光线的画面会使被摄对象形成明显的受光面，背光面及投影，产生强烈的明暗反差，因而能够清晰地展现场景对象的外部轮廓、表面质感及体积感。

（2）散射光线

散射光线没有明显的投射方向，光线照射均匀，色温偏冷，反差小，光线影调及画面层次柔和细腻，通常用来模拟阴天的场景效果。同时，由于在场景对象上不产生明显的受光面、背光面与投影，所以不利于表现对象的立体效果及空间关系，常作为辅助光应用。

（3）混合光线

混合光线是既包含直射光线又包含散射光线的混合照明光线。混合光线兼有两种光线的造型特点，只是当在画面中同时出现两个以上光源时，需要对亮度进行调节，区别出主光与辅助光，才能使画面具有整体感。

3．场景光线的影调

光线影调是指由总体光线调度形成的最终画面光影效果。从画面的总体明亮度来看有亮调、暗调和中间调之分；从画面内部的明暗对比来看有硬调、软调和中间调之分。亮调的画面给人明快和优雅等积极的感受，暗调的画面则通常给人压抑和恐怖等消极的感受，而中间调则给人平实和安慰的感觉。硬调的画面明暗差异强烈，给人或利落或突兀的感觉；软调的画面明暗差异较小，给人温馨和浪漫的感觉，中间调相对而言比较平和及柔美。

4．镜头的采光方向

镜头的采光方向是指摄影机在拍摄时镜头选取光线的方向。一般分为水平方向与垂直方向。

1）水平方向采光包括顺光、侧光和逆光3种。顺光是镜头拍摄方向与光线照射方向一致，也称正面光。侧光是光线投射方向与摄影机镜头方向成90°左右，是常用的镜头采光方式。逆光是光线投射方向与摄影机镜头方向相对，也称背面光。

2）垂直方向采光包括顶光和底光。顶光的光源位于被摄对象的垂直上方。在顶光的照射下，被摄对象的垂直面远亮于水平面，通常用来表现特定的氛围，容易形成强烈的戏剧效果。底光的光源位于被摄对象的下方，又称脚光。通常用于表现特定的光效或渲染特殊气氛，例如，恐怖、惊险，或丑化人物造型。

镜头的采光方向受场景采光方向的制约。例如，总体场景为室内空间 A，分场景 B 是背对门面向室内，分场景 C 是背对室内面向门。如果总体场景采用由门向室内方向的平行直射光线，则当摄影机面对分场景 B 拍摄时，这个镜头的光线方向就是顺光。而当面对分场景 C 拍摄时，镜头的光线方向就是逆光。

5．特殊光效

（1）阴影

阴影是被摄对象在光线照射下产生的投影。是在动画场景设计中一种常见而又独特的光处理手段，能够塑造景物的立体效果及空间层次。由于受光线强度和天气等因素的影响，阴影会产生变化。

（2）追光

追光是通过追光灯发射出来的光柱对角色进行追踪，能够在场景画面上形成强烈的视觉中心。追光夸张、独特的效果是突出主题的一种有效手段。

（3）戏剧光效

戏剧光效是与自然光效相对而言的，它不受现实光线来源的束缚，可以随意想象并处理光线效果。能够达到塑造形象、烘托气氛的目的。

3.3　任务 1　古典建筑

3.3.1　任务热身

1．写实场景的特点

写实场景要尊重客观实际，无论是景物的风格样式、尺寸比例还是色彩氛围都应尽量画得逼真。在绘制写实场景时可以大量借鉴实物素材，例如，照片、写生资料都能保留大量的原始信息，在绘制时只要仿照这些资料并适当加以变化提炼，就会绘制出理想的写实场景。

2．透视

（1）透视的概念

透视一词是从拉丁词"Perspclre"，即"看透"翻译过来的，将一个透明的平面放置在眼睛的正前方，透过平面去看景物，把看到的景物毫不错位地描画在这个平面上，就得到了该景物的透视图。但在现实中是不可能这样画的，因此，就采用一种有规律的画法，在图纸上绘制出三维立体空间景物的效果，其应用的原理及规律就是透视。

（2）透视的基础

动画中使用的透视原理比较简单，涉及的基本概念如下。

○　视点即观察者的眼睛。
○　基面是观察者站立的地面。
○　视点与基面的垂直落点为足点。
○　画面是观察者与描绘对象之间假想的透明平面，也就是画图的图纸。
○　视中线是视点与画面的垂直连线。
○　心点是视点在画面上的垂直落点。
○　视平线是在画面上过心点的水平线。
○　正中线是在画面上过心点的垂直线。
○　60°视域圈是从视点出发，夹角为 60°，并以视中线为轴，延伸落到画面上的圆锥，在60°视域圈的范围内绘制的对象，看上去不会产生类似相机广角镜头的形变（见图 3-1）。

在掌握以上基本概念后，就可以研究在动画场景中常用的透视方法，主要有平行透视、成角透视和倾斜透视等。

3．平行透视

（1）平行透视的概念

当所绘制的场景物体有一条边或面，平行于画面就构成平行透视。在绘制平行透视场景时，所绘物体平行于画面的边及垂直于基面的边，都保持原来的形态；只有垂直于画面的边（与画面呈 90°的边）发生改变，一律消失到画面的心点上（见图 3-2），心点是平行透视的灭点。因为只有心点这一个灭点，所以平行透视又称为一点透视。

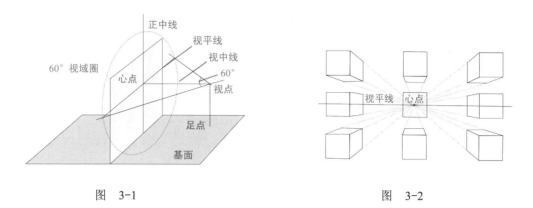

图　3-1　　　　　　　　　　　　　　　　　　图　3-2

（2）平行透视的基本画法

1）在画面上确定视平线及心点的位置。通常将心点放在画面对角线的交点上，然后过心点做一条水平的平行线，即视平线。这样绘制出的场景画面均衡对称、稳定协调（见图 3-3）。如果将视平线确定在画面中偏上的位置，则画面下部空间充足，有利于表现画面下方的景物，反之则有利于表现上方的景物；如果将心点放在场景画面的偏左侧，右侧的画面空间就很充足，适合展现右侧景物较多的场景画面，反之则利于展现左侧的画面景物。

2）结合平行透视的原理规律，判断物体关键面及边的透视变化。其中，平行于画面的面及水平边，在绘制时与画面的水平边框线平行；垂直于基面的面及垂直边，在绘制时与画面的垂直边框线平行；垂直于画面的面及直角边，一律都向心点连线消失。注意，物体在视平线上方的，直角边向下往心点连线消失，反之向上往心点连线消失；物体在正中线左侧的向右，往心点连线消失，反之向左往心点连线消失，越贴近视平线或正中线的面看起来越小，在完全贴紧时则变为一条线依附在视平线或正中线上（见图 3-4）。

3）根据实际物体的大小尺寸及比例关系，确定恰当的物体厚度，同样按照步骤 2）中面及边的判断方法，画出平行边及垂直边。这样平行透视的物体就绘制好了（见图 3-5）。

4）在物体原始形态的基础上，进一步添加装饰线条，直到符合场景画面的要求（见图 3-6）。

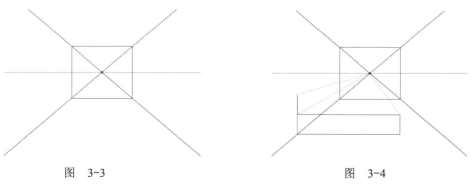

图　3-3　　　　　　　　　　　　　　　　　　图　3-4

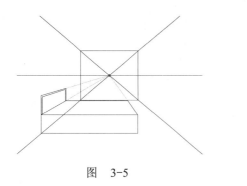

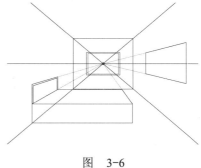

图　3-5　　　　　　　　　　　　图　3-6

3.3.2　任务目标

1）掌握写实版场景绘制的特点。

2）强化平行透视的绘制技法。

3.3.3　任务实施

1）设置舞台。双击桌面 Flash 软件图标运行程序。在操作界面右侧的"属性"面板中单击"大小"后的"编辑"按钮，在弹出的"文档属性"对话框中设置舞台"尺寸"为1024px×768px，"背景颜色"为白色。

2）设置透视辅助线。选择"视图"→"标尺"命令，打开水平及垂直标尺，画出平行透视的心点（见图 3-7）。

3）绘制房子轮廓。设置好透视辅助线后，单击"直线工具"，在舞台内绘制出房子的大致轮廓。再单击"钢笔工具"，绘制出房子顶部的轮廓（见图 3-8）。

4）填充房顶及房檐的颜色。单击"油漆桶工具"，在"颜色"面板中设置房顶颜色为"R"204、"G"204、"B"204，房檐颜色为"R"153、"G"153、"B"153，填充颜色。这样房顶及房檐就绘制完成了（见图 3-9）。

5）绘制瓦片和门并填充颜色。单击"直线工具"，在舞台中绘制出瓦片和门的轮廓线，再使用"选择工具"调整各部分的位置。最后单击"油漆桶工具"，在"颜色"面板中设置门框的颜色为"R"88、"G"37、"B"3，门上窗框的颜色为"R"140、"G"56、"B"0，门上窗纸的颜色为"R"90、"G"90、"B"90，填充颜色（见图 3-10）。

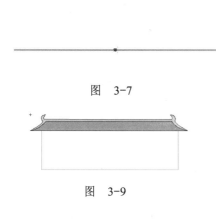

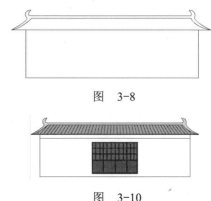

图　3-7　　　　　　　　　　　　图　3-8

图　3-9　　　　　　　　　　　　图　3-10

6）绘制房子并填充颜色。单击"直线工具"，在舞台中绘制出房子表面各部位的分隔线。然后设置墙面的颜色为"R"204、"G"0、"B"0，暗面的墙面颜色为"R"153、"G"0、"B"0，墙底颜色为"R"153、"G"153、"B"153，暗面颜色为"R"51、"G"51、"B"51，填充颜色（见图3-11）。

7）绘制窗户和窗花并填充颜色。单击"直线工具"，在房子墙面门的两侧各绘制出两扇窗户的轮廓线。并设置窗框颜色为"R"90、"G"32、"B"0，窗框暗面颜色为"R"0、"G"0、"B"0，窗花的颜色为"R"158、"G"85、"B"3，填充颜色（见图3-12）。

 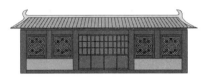

图 3-11　　　　　　　　　　　　图 3-12

8）绘制房前阴影并填充颜色。使用"直线工具"绘制出地面阴影的大致轮廓，并设置颜色为"R"20、"G"20、"B"20，填充颜色（见图3-13）。

9）绘制填充房子前的地面。单击"直线工具"，在舞台中绘制出地面及门前小路的大致轮廓，然后单击"油漆桶工具"，在"颜色"面板中设置地面的颜色为"R"51、"G"51、"B"51；路的颜色为"R"70、"G"70、"B"70；路与地面夹缝的颜色为"R"102、"G"102、"B"102，填充颜色（见图3-14）。

 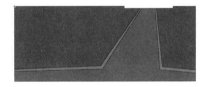

图 3-13　　　　　　　　　　　　图 3-14

10）绘制房前小树并填充颜色。单击"钢笔工具"，在舞台中绘制出树冠和树干的外轮廓。并设置树冠的边线颜色为"R"0、"G"47、"B"0（见图3-15），填充颜色为"R"0、"G"97、"B"0，亮面的树叶颜色为"R"73、"G"124、"B"12，树干的填充颜色为"R"57、"G"16、"B"0（见图3-16）。根据树的位置绘制出阴影部分，并设置填充颜色为"R"67、"G"67、"B"67（见图3-17）。

图 3-15　　　　　　图 3-16　　　　　　图 3-17

11）绘制房前地面上的草丛并填充颜色。单击"钢笔工具"，在适当的位置绘制出草丛的大致轮廓，并设置边线颜色为"R"0、"G"47、"B"0，填充色设置为"R"0、"G"97、"B"0，草丛亮面的颜色为"R"73、"G"124、"B"12（见图3-18）。

12）绘制假山并填充颜色。单击"钢笔工具"，在舞台中绘制出假山和阴影的大致轮廓。阴影颜色填充为"R"0、"G"0、"B"0（见图3-19），再填充假山上的暗面颜色为"R"51、"G"51、"B"51，阴影面颜色为"R"99、"G"97、"B"99，假山颜色为"R"120、"G"122、"B"120（见图3-20）。

13）绘制墙壁并填充颜色。单击"直线工具"，在舞台中绘制出墙的大致轮廓。然后单击"油漆桶工具"并进行填充，在"颜色"面板中分别设置"R"153、"G"153、"B"153为墙面颜色，设置"R"156、"G"158、"B"156为瓦片颜色，设置"R"204、"G"204、"B"204为墙顶颜色，设置"R"102、"G"102、"B"102为墙底和瓦的阴影部分颜色（见图3-21）。

14）绘制背景效果。绘制出背景颜色以及月亮、星星和云朵，并调整好各自的位置（见图3-22）。

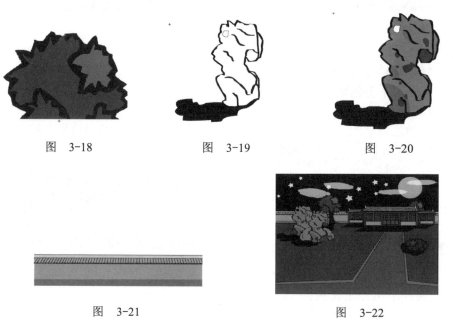

图 3-18   图 3-19   图 3-20

图 3-21   图 3-22

3.3.4 任务评价

通过对写实场景的绘制，使读者了解并掌握场景的制作方法，并对各部分的造型从风格、基调和色彩等方面进行综合把握。在该任务的制作过程中，可以进一步强化场景设计的构图方法及平行透视的基本技法，从而使读者具备写实版场景的设计制作能力。

3.4 任务2 温馨小屋

3.4.1 任务热身

1. Q版场景的特点

Q版场景简洁可爱，卡通感很强。在绘制时不要求高度逼真，可以用提炼概括的手法作简单化处理，也可以添加适当的想象进行夸张变形。例如，在绘制商业街的门面时，可以把外形简化处理成矩形，并将门窗画成宽大的玻璃幕，并配一些牌匾广告，还可以用车辆行人、气球彩带增加商业氛围；在绘制野外风景时，可将树冠简化成椭圆形，再添加一些花草就可以了。总之，要抓住外形特点进行简化，并对主要特征夸张变形。

2．景别

（1）景别的概念

景别是指摄影机镜头涵盖的区域范围，即画面包括的范围。景别的大小是由摄影机同被摄对象间的距离决定的，当然变焦距摄影机也可以通过对焦距的调节来拍摄不同的景别。

（2）景别的分类及特点

1）景别的分类。在一般情况下将景别分为远景、全景、中景、近景及特写等几种标准。对各种景别的划分通常以镜头表现对象在镜头中出现的范围大小为依据。通常将远景、全景统称为大景别，而将中景、近景和特写统称为小景别（见图3-23）。

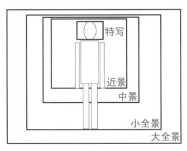

图 3-23

2）景别的特点。景别具有相对性和运动性的特点。首先，景别的划分依据只是大概的参考标准，在实际应用中很多镜头无法准确地确定是哪种景别。其次，景别是随着镜头表现对象的改变而改变的。

（3）景别的使用

从壮阔的大远景到夸张的大特写，不同的景别各有不同的作用。镜头的景别是通过对表现主体进行不同幅面范围的选取，来表现不同的情感内涵及角色的内心活动，从而推动剧情的发展。一般，全景、中景和近景是为了展现角色的具体部分，使观众容易看清楚、看明白故事。所以，虽然从表面上看，景别是一个塑造空间的元素，但实际上也是一种叙事的方法，更是一种表意的方式。

1）远景。远景在镜头画面中展现出宏伟壮阔的场面。通常在远景中只包含景物，不出现角色，如果出现角色，体现在画面上也只是非常小的一个点。远景展现的场面范围广阔，气氛浓郁，气势雄壮，具有较强的抒情效果。

远景一般在开篇、结尾或段落开始时使用。在作为开篇画面时，展现宏大的场面，用来交代故事发生的地点和地理环境，烘托整个影片氛围；在作为结尾画面时，呼应开篇，使得整部影片结构完整，情绪前后贯通，给观众回味的空间。

2）全景。全景又可分为大全景和小全景。

在大全景中包括角色全身及角色周围宽阔的环境空间，只是环境空间所占的面积很大，角色的面积很小，角色的面部特征不易区分，但可以完整展现角色全身的行为动作，能够体现角色与角色之间、角色与所处空间环境的关系，从而构成情节关系。这是其他景别难以完成的。

小全景镜头的表现范围刚好包括角色的全身。与大全景相比，角色的行为动作及面部表情在小全景中能得到更明显的体现。角色的行为动作是表现角色性格、情绪以及心理感受的重要方式，是角色内心情感外化的最直接的载体。

远景注重画面的宏大气势和对氛围的烘托，大全景注重画面空间的相互关系，小全景则更注重画面内角色之间的关系以及角色与环境的相互关系。

3）中景。中景通常表现角色膝盖以上的部分，所以能将角色的行为动作表现得淋漓尽致。在中景镜头中，空间环境的整体形象不再是镜头表达的中心，重要的是情节和动作，能够展现角色的视线、表情、动作以及角色之间的交流。

4）近景。近景是表现角色腰部以上的部分或物体局部的景别。在近景中环境因素退居于更次要的位置，角色占据了画面的大部分面积。角色上半身的动作、手势以及面部表情的细微变化，眼神、视线的游移等都能够在画面中体现出来，可以准确地表现和刻画角色的内心。

在动画中也常用近景来表现某物体的局部，对景物的细节进行细致刻画，通过展现景物的细节使观众感受到景物的魅力或者达到传递具体信息的目的。与表现角色一样，近景镜头拉近了观众与表现主体之间的距离，更容易感染观众的情绪。

5）特写。特写是指展示角色肩部以上或物体细小局部的景别。在特写镜头中，环境空间几乎不可见，角色的细微表情或者事物的细部特征被放大描绘。

在特写景别中，角色性格、角色情绪和角色内心得到进一步强化揭示。而在特写用于表现事物时，通常是对事物最具特征、最关键的部位进行拍摄，从而传达一定的情感，表示特定的意义。

特写镜头经常与主观镜头和反应镜头搭配运用。如果以特写的角色面部表情接下一个镜头，则下一个镜头通常表现的是角色的主观镜头，即镜头画面中表现的是角色自身所看到的主观内容；如果特写镜头与上一个镜头连用，则具有两种可能性，一是该特写镜头是上一个镜头内角色的主观镜头，二是该特写镜头表现的是角色对上一个镜头的反应镜头。

相对特写而言，还有一种更加近距离放大表现角色或物体的某个细部的景别，即大特写。例如，在画面中只出现角色的双眼、手或者笔、杯子等物体的局部，这种清晰展示对象细部特征的景别就是大特写，又称细部特写。大特写可以将特写镜头中已经表现出的激烈情感更进一步推到巅峰，深深震撼观众的心灵。大特写与特写在运用上并无本质区别，只是在展现情感的程度上更加强烈。

6）景别的综合运用。景别是通过对表现对象的范围进行选取，决定展示的重点。不同的景别及使用顺序的不同，表达出的意义可能完全不同。所以，确定每个镜头的景别是导演在分镜头剧本创作时的重要考虑因素，每一个景别的选择要根据每种景别的作用和剧本表达的内容、情感来确定。

根据影片的不同需要，景别可能会有不同的处理方法，但有两点需要注意。一是在景别选用时，要以叙述与表现内容为选择的出发点，以景别的作用为选择准则。二是景别的连接必须遵循一定的规则，即还要充分考虑镜头的运用，关于镜头的运用，将在本项目的任务 3 中详细介绍。这种规则简单来说就是相连的景别既要有大小的变化，又要有内在承接的逻辑性。

3．成角透视

（1）成角透视的概念

当所绘制的场景物体没有任何一面平行于画面时就构成了成角透视。在绘制成角透视场景时，主要是成角边，即除 90° 以外所有与画面成角度的边发生改变。在物体中心线左侧的成角边向视平线右侧的右灭点消失，在物体中心线右侧的成角边向视平线左侧的左灭点消失。因为成角透视有左、右两个灭点，所以又称为二点透视（见图 3-24）。

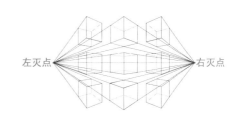

图 3-24

（2）成角透视的基本画法

1）确定视平线及左、右灭点。过视平线的中心点绘制一条垂直的中心线，并在视平线下方的中心线上任意选取一点，由该点向画面的左右两侧连线，最终会在视平线上得到左、右两个交点，即左、右灭点（见图 3-25）。

2）结合成角透视的原理，判断物体关键面及边的透视变化。在所绘物体靠近观察者这一面，会有一条由两个转折面相交构成的中心线。这条中间线垂直于基面，平行于画面。在中间线左侧的成角线，一律向视平线的右灭点消失，在中间线右侧的成角线，一律向视平线的左灭点消失（见图 3-26）。

3）根据实际物体的大小尺寸及比例关系，确定恰当的物体厚度，同样按照步骤 2）中成角边的判断方法，分别向左、右灭点连线消失。这样成角透视的物体基本形状就绘制好了。接着绘制房顶部分（见图 3-27）。

4）在物体原始形态的基础上，进一步添加装饰线条，直到符合场景画面的要求（见图 3-28）。

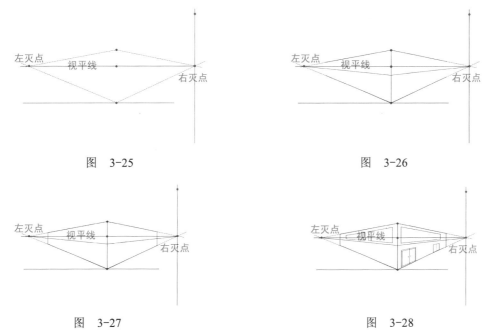

图　3-25   图　3-26

图　3-27   图　3-28

4．圆的透视

（1）圆的透视原理

在场景画面中，物体经常出现圆形的形状。例如，内景中圆形的桌面、天花板的灯饰、半圆的床头，外景中圆弧形的拱门、圆形的亭子等。这些都涉及圆的透视，圆的透视主要按照"方中求曲"及"八点绘圆"的原理绘制。

（2）圆的透视画法

1）无论圆出现在平行透视还是成角透视中，都要把圆看成立方体的一个矩形面，在这个矩形面中绘制出圆。以平行透视中的圆为例，首先按照平行透视的原理画出立方体的透视，即"方中求曲"先画方（见图3-29）。

2）将要画圆的这个矩形面的四边中心点找到（水平方向的中心点透视关系位置偏上），再将这四个点分别做水平、垂直方向的连接（垂直方向的两点连接后消失于心点），这时该矩形面变成田字格透视的形态（见图3-30）。

3）在矩形面的原边上以中心点为分界，按照3:7和7:3的比例做两条向心点消失的线（见图3-31），这两条线与矩形的对角线又相交出四个点，用圆滑的曲线将这四个点与田字格的四个点连接起来，就构成透视形变后的圆形，即"八点绘圆"（见图3-32）。最后保留圆的外形，将多余的线条删除即可。

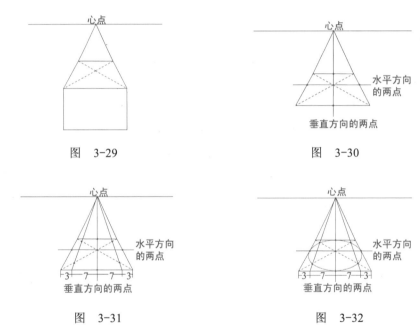

图　3-29　　　　　　　　　　图　3-30

图　3-31　　　　　　　　　　图　3-32

3.4.2　任务目标

1）掌握Q版场景的绘制特点。

2）强化成角透视的绘制技法。

3.4.3　任务实施

1）运行程序。在操作界面右侧的"属性"面板中单击"大小"后的"编辑"按钮，在弹出的"文档属性"对话框中设置"尺寸"为 1024px ×768px，"背景颜色"为白色。

2）设置舞台属性。在 Flash CS4 中默认的舞台"大小"为 550px×400px，"背景颜色"为白色。现在将舞台"尺寸"更改一下，单击激活操作界面右侧的"属性"面板，单击"大小"后的"编辑"按钮，在弹出的"文档属性"对话框中设置"尺寸"为 1024px×768px。"背景颜色"仍使用默认的白色，不需改变。在设置完成后单击"确定"按钮，舞台即变为 1024px×768px。

3）设置辅助线。选择"视图"→"标尺"命令，打开水平及垂直标尺。将舞台的边缘范围标示出来（见图 3-33）。

4）绘制小屋的大致轮廓。设置好透视辅助线后，单击"钢笔工具"，并在界面右侧的"属性"面板中设置"笔触"为 0.01。按照成角透视辅助线，绘制出小屋的大致轮廓（见图 3-34）。

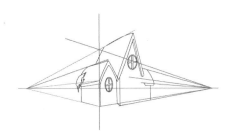

图　3-33　　　　　　　　　　　　　　图　3-34

5）绘制小屋的外形轮廓。在工具箱中选择"钢笔工具"，在舞台上绘制小屋的外形轮廓（见图 3-35）。

6）绘制屋顶并填充颜色。单击"油漆桶工具"，在相应的屋顶区域内点击填充所需的颜色，分别在"颜色"面板中设置左侧屋顶的颜色为"R"204、"G"255、"B"255，中间屋顶的颜色为"R"204、"G"255、"B"204，右侧屋顶的颜色为"R"204、"G"255、"B"255（见图 3-36）。

图　3-35　　　　　　　　　　　　　　图　3-36

7）绘制屋檐及屋顶阴影并填充颜色。单击"钢笔工具"，在适当的位置分别绘制出左、中、右屋顶的阴影轮廓。然后单击"油漆桶工具"，在相应的阴影区域内点击填充所需的颜色，分别在"颜色"面板中设置左侧屋顶阴影部分颜色为"R"101、"G"210、"B"216；中间屋顶阴影部分颜色为"R"128、"G"219、"B"223；右侧屋顶阴影部分颜色为"R"191、"G"226、"B"227；左侧小屋侧面屋檐颜色为"R"145、"G"207、"B"208；全部屋檐正面的颜色统一设置为"R"119、"G"196、"B"198（见图 3-37）。

8）填充小屋墙面的颜色。单击"油漆桶工具"，在相应的区域内点击填充所需的颜色，在"颜色"面板中分别设置小屋侧立面墙的颜色为"R"204、"G"204、"B"204；左侧小屋拐角的颜色为"R"194、"G"165、"B"193；小屋正立面墙颜色为"R"172、"G"

168、"B"189（见图3-38）。

9）绘制小屋墙面的阴影部分并填充颜色。单击"钢笔工具"，在墙面的适当位置绘制出阴影部分的大致轮廓。单击"油漆桶工具"，在相应区域内点击填充所需的颜色，在"颜色"面板中分别设置左侧小屋侧立面墙的阴影颜色为"R"181、"G"176、"B"196；中间小屋侧立面墙的阴影颜色为"R"176、"G"176、"B"176；小屋正立面墙的颜色为"R"146、"G"137、"B"184（见图3-39）。

10）填充烟筒亮面的颜色。单击"油漆桶工具"，在烟筒的相应区域内点击填充所需的颜色。在"颜色"面板中分别设置烟筒檐颜色为"R"255、"G"255、"B"104；烟筒檐下方的小长方形颜色为"R"204、"G"204、"B"0；烟筒身的颜色为"R"255、"G"207、"B"83（见图3-40）。

图　3-37

图　3-38

图　3-39

图　3-40

11）填充烟筒暗面的颜色。单击"油漆桶工具"，在烟筒暗面的相应区域内点击填充所需的颜色。在"颜色"面板中分别设置烟筒檐暗部的颜色为"R"255、"G"255、"B"45；烟筒檐下方的小长方形颜色填充与步骤10）中的颜色相同；烟筒身暗部的颜色为"R"255、"G"198、"B"45（见图3-41）。

12）填充烟筒上裸露的砖瓦效果。单击"油漆桶"工具，在烟筒相应的区域内点击填充所需的颜色。在"颜色"面板中分别设置大片砖瓦的颜色为"R"225、"G"160、"B"121；细小砖瓦的颜色为"R"204、"G"204、"B"204（见图3-42）。

图　3-41

图　3-42

13）填充窗户的颜色。单击"油漆桶工具"，在窗户相应的区域内点击填充所需的颜色。在"颜色"面板中设置窗户的颜色为"R"255、"G"253、"B"215（见图3-43）。

14）绘制门廊的外轮廓。单击"钢笔工具"，绘制出木门、小窗户、门把手、挡水檐、木桩及门廊上稻草的外轮廓，将笔触粗细设置为0.01。最后使用"选择工具"进行适当调整（见图3-44）。

图　3-43

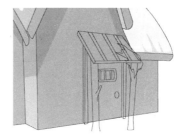

图　3-44

15）填充挡水檐及稻草的颜色。单击"油漆桶工具"，在相应位置点击填充所需的颜色。在"颜色"面板中设置浅色挡板的颜色为"R"204、"G"204、"B"153；隔条颜色为"R"219、"G"185、"B"113；稻草亮部颜色为"R"255、"G"255、"B"0。深色挡板颜色为"R"209、"G"165、"B"71；挡板立面颜色为"R"122、"G"92、"B"31；稻草暗部颜色为"R"202、"G"202、"B"0（见图3-45）。

16）填充门和门框的固有色。单击"油漆桶工具"，在门的相应位置单击填充所需颜色。在"颜色"面板中设置门的整体颜色为"R"204、"G"255、"B"0；门框左边侧面的颜色为"R"153、"G"153、"B"255；正面的颜色为"R"204、"G"204、"B"255（见图3-46）。

图　3-45

图　3-46

17）绘制挡水檐的投影并填充颜色。单击"钢笔工具"，分别画出挡水檐在墙壁、门框、门上的投影轮廓。单击"油漆桶工具"，在相应的投影区域单击填充所需的颜色。在"颜色"面板中设置门上的投影颜色为"R"173、"G"217、"B"0；左边门框上的投影颜色为"R"132、"G"132、"B"255；右边门框上的投影颜色为"R"185、"G"185、"B"255；墙壁上的投影颜色为"R"125、"G"119、"B"153（见图3-47）。

18）填充木桩的固有色。单击"油漆桶工具"，在木桩上单击填充所需的颜色。在"颜色"面板中设置木桩的颜色为"R"155、"G"114、"B"36（见图3-48）。

19）绘制挡水檐在木桩上的投影并填充颜色。单击"钢笔工具"，绘制出木桩上的投影轮廓。在颜色面板中设置木桩上的投影颜色为"R"107、"G"79、"B"24（见图3-49）。

20）填充门上小窗户的颜色。因为门窗被门檐遮挡完全处在暗部中，所以只填充其投影色。在"颜色"面板中设置小窗户玻璃的颜色为"R"204、"G"204、"B"0，窗框的颜色为"R"83、"G"83、"B"166(见图3-50)。

21)填充门把的固有色,绘制暗部并填充颜色。单击"油漆桶工具",填充门把固有色,设置填充颜色为"R"204、"G"204、"B"255。然后单击"钢笔工具",绘制出门把阴影部分,并填充暗部颜色为"R"151、"G"151、"B"255(见图3-51)。

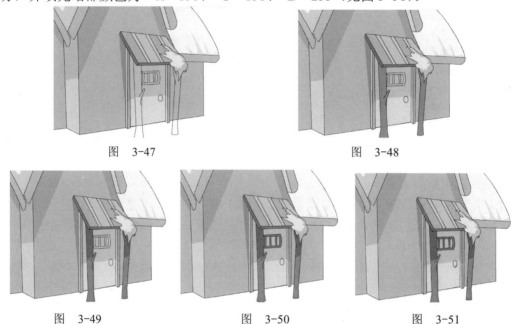

图 3-47   图 3-48

图 3-49   图 3-50   图 3-51

22)绘制墙面上裸露的砖瓦并填充颜色。单击"钢笔工具",在墙壁的适当位置绘制出大致轮廓。按照房檐在墙面上的阴影投影分别进行颜色的填充,设置并填充砖瓦的固有色为"R"224、"G"171、"B"172,砖夹缝的固有色为"R"204、"G"204、"B"204;砖瓦的暗部颜色为"R"216、"G"150、"B"152;砖夹缝的暗部颜色为"R"172、"G"172、"B"172(见图3-52)。

23)绘制墙围并填充颜色。使用"钢笔工具"绘制出墙围的大致轮廓,使用"选择工具"调整不规则砖块的形状及位置。使用"油漆桶工具"填充墙围底色及砖块,设置砖块的颜色为"R"139、"G"177、"B"177,墙围底色为"R"204、"G"204、"B"204(见图3-53)。

图 3-52

图 3-53

24)绘制木质梯子并填充颜色。使用"钢笔工具"绘制出梯子的大致轮廓,使用"选择工具"进行调整。单击"油漆桶工具",分别在相应区域内点击填充梯子的各部分颜色。设置木梯主干正立面颜色为"R"219、"G"184、"B"111;主干侧立面颜色为"R"164、

"G" 123、"B" 40；横梁颜色为 "R" 220、"G" 186、"B" 116；阴影处横梁颜色为 "R" 209、"G" 165、"B" 71。完成绘制木梯（见图 3-54）。

25）绘制左边房檐上的稻草并填充颜色。使用 "钢笔工具" 绘制出稻草的大致轮廓，单击 "油漆桶工具"，在相应的区域内点击填充稻草的固有色及阴影色。稻草的固有色为 "R" 255、"G" 255、"B" 0。稻草的阴影色为 "R" 202、"G" 202、"B" 0（见图 3-55）。

图　3-54

图　3-55

3.4.4　任务评价

通过对 Q 版场景的绘制，使读者了解并掌握 Q 版场景的特点与绘制方法，准确把握在 Q 版场景中色彩的对比与调和的关系。此任务在景别的分类中属于全景，使读者明确景别的含义，更能准确把握景别在场景设计中的运用。充分运用成角透视的基本技法完成 "温馨小屋" 的绘制，使读者具备 Q 版场景的设计制作能力。

3.5　任务 3　摩天大厦

3.5.1　任务热身

1. 镜头的角度

在利用镜头叙事和表意的过程中，除了镜头景别的变化，镜头的角度也是其中的重要因素。镜头角度是摄影机相对被摄对象而言，在水平方向或垂直方向上，由不同的高度和方向位置形成的拍摄角度。

（1）水平角度

从水平方向来看，镜头的角度变换来自于摄影机机位及其拍摄方向与表现主体的相对位置关系。镜头水平角度的变化有正面、背面、侧面、前侧面和后侧面几种图。

1）正面角度。当摄影机位于表现主体正面前方，并正对主体拍摄时，表现角色或景物正面形象的就是正面角度。正面角度使观众直面角色，镜头有直接、亲切的感觉。如果正面角度与小景别结合使用，则更能清楚地看到剧中角色的表情，体会到角色心理和情感的变化。

2）背面角度。当摄影机位于主体背面进行拍摄时就是背面角度。背面角度就是在镜头中表现角色或景物的背面形象。在以背面角度表现角色时，观众无法像正面角度那样直面角色的表情，角色的轮廓成为表现的主体，角色轮廓形成的姿态成为表现角色情感和内心的载体。

3）侧面角度。当摄影机位于主体侧面进行拍摄时就是侧面角度。侧面角度就是在镜头中表现主体正侧面和后侧面的镜头角度。侧面镜头对表现对象的侧面轮廓特征和动作姿态有独特的艺术魅力，是以第三方的视点来看角色的表情或行为。侧面镜头中的角色具有明确的方向性，即角色视线的方向。

4）前侧面角度。前侧面角度就是摄影机镜头在面对被摄对象的正面至侧面之间的某点上进行拍摄。前侧面角度能够更全面地表现对象的整体特征。在表现角色时，角色五官按前 3/4 侧面的黄金角度得以展现，各部位的线条产生透视变化，有利于加强角色的立体感及角色与空间关系的纵深感。

5）后侧面角度。后侧面角度就是摄影机镜头在被摄对象的背面至侧面之间的某点上进行拍摄。后侧面角度表现的是角色背侧面，同样具有侧面镜头与背面镜头的表意性，在立体感和透视感的塑造上效果明显。

（2）垂直角度

从垂直方向来看，摄影机的角度变化来自于摄影机相对表现主体在高度与方向上的调整变化。镜头垂直角度的变化分为平视、仰视、俯视和鸟瞰。在动画片中，俯视和仰视角度往往有特定的表现意义与用途。

1）平视。当摄影机处于与被摄对象相当的高度上时，在以水平方向进行拍摄时就构成平视角度。平视角度能忠实地再现表现对象，镜头效果就像平常人们平视前方的视觉效果，在画面中不会产生强烈的透视变化，这是最普通平常的视觉角度，很少有特殊的表现性，一般不产生强烈的戏剧化效果。

2）仰视。以平视角度为基准，摄影机在表现主体的下方拍摄就构成仰视角度。在仰视镜头中，如果表现带有地平线的景物，地平线通常处于画面下方，因而地面景物在低矮的地平线上显得高耸、威严，天空在画面上占有大部分比例，前景的景物在天空的映衬下更显高大、有力。

3）俯视。以平视角度为基准，摄影机在表现主体的上方拍摄就构成俯视角度。在俯视镜头中，如果表现带有地平线的景物，地平线通常被置于镜头画面的上方，地面景物占据画面中的绝大部分，天空常常只占极小的一部分。而且俯视镜头经常与全景和大全景结合使用，表现广阔的场面，能详实地交代出地面景物的位置、相互关系、规模大小及多层景物的层次感。

4）鸟瞰。当俯视镜头出现在表现对象的绝对上空时，就成为鸟瞰镜头。以鸟瞰的角度观察地面的景物会表现出平时难以见到的全貌，使观众翱翔于场景之上俯视一切，营造出视野开阔、气势磅礴的视觉效果。

（3）倾斜角度

倾斜角度是一种特殊的镜头表现方式，倾斜镜头会将自然状态中的水平线和垂直线变为不平稳的斜线。

当用倾斜角度展现角色处于倾斜环境之中时，会给观众以不安和不稳定的感觉，从而表现出角色当时处于危机状态。例如，在场景中使用一系列倾斜角度的镜头表现房间的倾斜，体现了环境的危险，极具动感。

2．运动镜头

电影艺术中的运动镜头是指通过摄影机的连续运动或连续改变光学镜头的焦距所拍摄

得到的镜头。运动镜头存在的意义在于它模仿了人眼观察现实影像的方式。

　　在 Flash 动画中实际上不存在真实的拍摄镜头，而是借鉴了电影艺术中的镜头表现手法，通过不同场景画面运动的这种特定的制作手段模拟出运动镜头，从而将导演头脑中摄影机镜头的运动表现出来，给观众造成视觉上画面的连续动感，就像是镜头在运动。运动镜头主要有推、拉、摇、移、跟、甩和晃等。

　　（1）推镜头

　　在真实电影场景的拍摄中，有两种推镜头的方式，一种是指被摄对象固定，将摄影机由远而近推向被摄对象；另一种是指通过变焦距的方式，使画面的景别发生由大到小的连续变化。这是模拟一个前进的观察者观察事物的方式。推镜头就是镜头面对表现对象逐渐推进。在推镜头过程中，被摄对象面积越来越大，逐渐占据整个画面，而场景画面包含的范围会越来越小。通过推镜头，导演有意识地引导观众视线接近主体或者投向某个注意中心，第一使观众产生身临其境的感觉，第二让观众在不知不觉中接受影片的情绪和观点。

　　推镜头的过程，是由全局推向主体的过程，所以，推镜头通常用来引导观众的视线，彰显表现对象全局中的局部，表达重点是整体中的细节，以此强调重点形象或者突出某些重要的戏剧元素。

　　推镜头有快推和慢推之分。推镜头的速度不同，能够影响镜头节奏，并表达出各自不同的效果。快推镜头中画面变换较快，有紧张急促、震惊慌乱的效果。

　　（2）拉镜头

　　拉镜头与推镜头一样，也有两种形式。一种是被摄对象固定，将摄影机逐渐远离被摄对象；另一种是指运用变焦距的方式，使画面的景别发生由小到大的连续变化。这是模拟一个观察者逐渐远离表现对象时的观察方式。拉镜头就是镜头面对表现对象逐渐远离。在拉镜头的过程中，被摄对象面积越来越小，其他部分逐渐进入画面，所以场景画面包含的范围会越来越大。

　　拉镜头经常用来表现镜头主体与环境的关系，镜头从某一主体对象逐渐拉开，周围的环境逐步展现出来，由此展现空间里主体对象所处的环境及其与环境的关系。拉镜头在表现主体与环境关系的同时通常会出现戏剧性的效果，由于拉镜头是从小景别拉向大景别，在镜头落幅时的大景别表现出之前镜头起幅时小景别中没有表现出的空间和内容。所以，在镜头拉起之后，观众看到意料之外的镜头内容，达到一种意想不到的戏剧效果，为影片下面的叙事设置悬念。俯视角度的拉镜头有时擅长表现角色的内心情感。

　　在拉镜头时，画面景别由小景别到大景别越来越大，镜头情绪趋于客观，有退出现场的结束感，因而经常被用作一个场景或段落的结尾。有时利用拉镜头的这种特点，将镜头落幅画面叠化至另一个场景的起幅画面，可以开始另一个场景或段落的叙事，完成转场。

　　拉镜头与推镜头一样，镜头的速度快慢变化也可以产生不同的节奏感。能很好地诠释叙述内容之后的表现意义，推拉镜头速度的表现作用即在于此。

　　（3）摇镜头

　　摇镜头是指摄影机位置固定不动，摄影机镜头围绕被摄对象做各个方向的摇动拍摄，得到的运动镜头形式。如果说拉镜头是从纵深的角度展示环境，摇镜头则是环顾周围环境的空间展现方式。摇镜头根据水平、垂直和倾斜的不同视轴方向，通常可以分为水平摇、垂直摇和斜摇等几种形式。摇镜头在实际运动中经常与其他摄影机运动方式混合使用。

　　摇镜头擅长展示广阔的空间。固定镜头在表现场景时会受到镜头画框的局限，而摇镜头可以通过摄影机的摇动突破画框的限制，在运动中展示广阔的空间。摇镜头模拟角色的主观视线更加真实。通过摇镜头还能达到变换镜头主体的目的，摇镜头就像模拟人们的转头动作，使视线从一处投向另一处，随着镜头的落幅达到变换镜头主体的效果。

摇镜头的最大特点就是会造成透视上的强烈变化，因此在 Flash 动画中表现摇镜头是比较困难的。要表现摇镜头，首先绘制一幅足够长的场景图，其次在场景中要描绘出足够的透视变化。由于透视变化是连续的，所以在起幅和落幅之间的部分，必然会产生变形的弧度，即曲线透视的变化。

（4）跟摇镜头

摇镜头还有一种特殊的形式就是跟摇，即摄影机跟随主体的运动而改变拍摄方向，这就是跟摇镜头。跟摇镜头能表现主体的运动及速度，主体大小的变化赋予画面丰富的视觉变化，摄影机的摇动又使得主体的运动和空间表现连续而完整。

（5）移镜头

移镜头是指在被摄对象固定，焦距不变的情况下，摄影机作某个方向的平移拍摄。移镜头按照拍摄移动方向的不同，可以分为横移、竖移、斜移、弧移和跟移。

1）横移。横移即摄影机在水平方向上对着被摄对象作横向移动拍摄。其镜头效果体现在画面中，是被摄对象由左侧或右侧移入画面，然后在入画的相反方向移出画面，即右入左出，左入右出。由于横移是水平方向的运动，所以也称平移。

2）竖移。竖移指摄影机在垂直方向上对着被摄对象作纵向移动拍摄。其镜头效果表现在画面中，是被摄对象由上方或下方移入画面，然后在入画的相反方向移出画面，即上入下出，下入上出。

3）斜移。斜移是摄影机在倾斜方向上对着被摄对象作斜向移动拍摄。其镜头效果表现在画面中，是被摄对象由画面斜向的一角移入，然后由该斜向的另一角移出画面。

4）弧移。弧移是摄影机对着被摄对象作弧形轨迹的移动拍摄。其镜头效果表现在画面中，是被摄对象由画面的一侧移入，经过一条弧形的运动轨迹线后移出画面。

5）跟移。跟移是被摄对象在画面中的相对位置基本保持稳定，背景作移动处理。

以上各种移镜头方式在动画中有不同的美感表现力与作用，移镜头可展现连续空间的丰富细节。在移镜头时画面连续不断地扩展，表现出长卷式的空间，虽然摇镜头也可以突破画框局限，表现开阔空间。但是与摇镜头不同的是，移镜头表现的开阔空间更注重将这个连续空间的景色或者角色细节逐一展现出来给观众看，而摇镜头则是更注重整个空间的开阔性或者整体气势的表现。

移镜头也可以表现角色的主观视线，逐一展现角色所观察到的内容。移动镜头经常用在一个场景或者段落的开始，通过展现场景引出叙事。镜头起幅从场景上移、下移或斜移，落幅时就引出该场景中的主要角色，从而开始叙事。移镜头也常用来辅助转换场景，例如，镜头从船的底部上移至空中，再叠化至另一个场景的天空，最后下移至建筑物，完成场景的转换。

移镜头与摇镜头的区别在于，移镜头模拟的是在行进中观察事物，所以会呈现出丰富的细节；而摇镜头模拟的是在某一个固定的位置上举目四望，所以呈现出的是对整体空间的环视。

（6）跟镜头

跟镜头一般指摄影机镜头与被摄对象的运动方向一致且保持等距离运动。跟镜头能保持对象的运动过程的连续性与完整性，跟镜头的镜头效果有时与移镜头相似，二者的区别在于，跟镜头的画面始终跟随着运动中的被摄对象，而移镜头通常表现背景。跟镜头能在展现角色运用的同时表现角色的神态和交流，跟镜头还可以引出新的场景，从而展开新的叙事。

（7）甩镜头

当镜头从一个物体飞速摇向另一个物体时，这种快速摇镜头称甩镜头，又称扫摇镜头。这种镜头可以通过视觉上的快速变化，加强画面的突破性和意外性。

甩镜头能利用扫摇达到在镜头内部转换镜头表现主体的目的，同时还可以表达紧张、激烈的气氛，创造出动荡不安的视觉效果，将紧张不安的感受外化为视觉语言，并传达给观众。甩镜头还可以将两个画面不露痕迹地连接起来。由于镜头速度快，观众丝毫感觉不到这两个镜头的组接，快速扫过的画面使得镜头的连接更为流畅。

（8）旋转镜头

旋转镜头有两种拍摄方式，一是摄影机机位不动，镜头自身进行 360°旋转拍摄，二是摄影机围绕被摄对象作旋转拍摄。

旋转镜头通常用作角色的主观镜头，以创造出真实可信的镜头效果。观众仿佛与角色一起感受周围景物的旋转变化。旋转镜头还具有特殊的表现用途，例如，在《超人总动员》中，当超人收到秘密作战邀请时，又感到生活充满了希望与幸福，这时摄影机模拟他的视角旋转拍摄，镜头的旋转既表现出超人心中的喜悦，又展现出墙上那些超人在辉煌之时的各种纪念品，从而表达出超人对自我价值实现及成功的渴望。

（9）晃动镜头

晃动镜头是指摄影机做前后、左右的摇摆拍摄。一般用来模拟地震、晃动、乘车、乘船和骑马等画面效果，或表示角色头晕、精神恍惚等主观感受。

（10）综合运动镜头

综合运动镜头就是指在一个镜头中，将推、拉、摇、移等多种摄影机运动方式有机地结合起来使用，镜头的运动呈现多放性的特点，镜头中的景物呈现多层次、多角度、多景别的特点，镜头的空间表现范围和内容大大拓展，为主体服务的同时增强画面的结合表现力。在这种综合镜头下，场景画面的处理难度就更高了，需要各种透视技法的配合使用。但在绘制中，只要把握住场景中的各组成部分，理解不同镜头下的透视变化，再加以综合绘制，就能达到理想的运动镜头画面。综合性的镜头运用主要有以下两种结合方式。

○　两种或两种以上的镜头运动方式同时进行，例如，摄影机一边移动，一边推进或拉出。

○　两种或两种以上的镜头运动方式先后衔接运用，例如，将推镜头、拉镜头结合起来使用的推拉镜头。在这种镜头中，摄影机前后运动，使场面变化自然流畅，无论推拉，都有利于视觉的转换。

将上面两种镜头综合运动方式结合起来，并在此综合镜头延续的过程中，衔接另外的镜头运动方式，就可在一个镜头中构成复杂的连续变化。当然，在实际动画制作的过程中，运动镜头的综合运用方式极其多变，只要结合景别、镜头、透视等视听语言知识，灵活地处理好它们的内在关系，就能获得炫目的画面视觉效果。

3．镜头速度

镜头速度是指影片中角色或者景物运动的速度。在实拍电影中，正常的摄影机镜头速度是以 24 格/秒进行拍摄，再以同样的速度放映到银幕上，就能够得到适应视觉的运动速度。如果摄影机镜头拍摄速度小于 24 格/秒，便形成快镜头。反之，大于 24

格/秒，便形成慢镜头。慢镜头与快镜头存在的意义，在于能够展现影片中特殊的表现意图。当使用慢镜头时，动作的速度便会相应慢下来，能够表现出在正常速度时不能看到的某些细节，从而突出强调这些细节，表达出在正常镜头速度下，观众无法捕捉到的画面信息。同样，快镜头也以压缩现实时间，在超越时空及动作表现方面具有无与伦比的艺术魅力。

（1）慢镜头

慢镜头最基本的功能是表现在正常镜头运动速度中观众无法捕捉到的动作信息，从而表现特定的内容。慢镜头还擅长体现角色的超凡能力，主要是通过慢镜头呈现被摄对象的分解动作，表现出角色动作的美感、力度，展示角色的超凡能力。慢镜头与特写一样，能够将角色的情绪放大展现。例如，在《五岁庵》中，女孩吉美与吉松在河边开心地玩耍，这时就用慢镜头展现缓缓升起又飘落的叶子和开心的笑容，让他们快乐的情绪肆意飘洒。使观众走进他们欢快的世界与他们一起分享快乐。

（2）快镜头

快镜头有压缩时间的作用，表现超越现实空间的画面视觉效果。快镜头还可以夸张地表现角色或物体的运动速度，形成特殊的喜剧效果。

4. 倾斜透视

（1）倾斜透视的概念

由于倾斜透视有三个灭点，所以又称为三点透视。倾斜透视主要用于绘制高层建筑或高大的物体。倾斜透视按照观察位置及视线方向的不同可分为俯视透视与仰视透视两种。在用仰视绘制场景时，能够使表现对象显得雄伟高大，会使观众产生压力及渺小感；而在用俯视绘制场景时，由于表现对象处于下方，适合展示其全貌，会使观众有凌驾于一切之上的感觉。无论俯视还是仰视都要在平行透视或成角透视的基础上绘制，只是在仰视时，垂直于基面的线消失于视平线上方的灭点，在俯视时这些线消失于视平线下方的灭点。

（2）仰视透视

1）平行透视中的仰视画法。平行透视中的仰视，是观察者在与表现对象构成平行透视的状态下，抬头向上方观察对象。在绘制时先要按照平行透视的规律方法，确定表现对象中的水平线和直角线，其中水平线仍平行于画面和基面；直角线消失于心点。接着再按照仰视透视的规律方法，画出垂直线，而这些垂直线一律向视平线上方的天点消失。要注意的是在仰视透视中，视平线在画面的下方。天点在正中线的上方，具体的位置由观察者与表现对象间的倾斜角度确定，倾斜角度越大，天点离心点越远。倾斜角度越小，天点离心点越近（见图3-56）。

2）成角透视中的仰视画法。成角透视中的仰视，是观察者在与表现对象处于成角透视的状态下，抬头向上方观察对象。在绘制时先要按照成角透视的规律方法，确定表现对象中的成角线，让其向左或右灭点消失。再按照仰视透视的规律方法，画出垂直线。而这些垂直线一律向视平线下方的天点消失。要注意的是在仰视透视中，视平线在画面的上方，天点在正中线的下方。同样，其具体的位置由观察者与表现对象间的倾斜角度确定，倾斜角度越大，天点离心点越远。倾斜角度越小，天点离心点越近（见图3-57）。

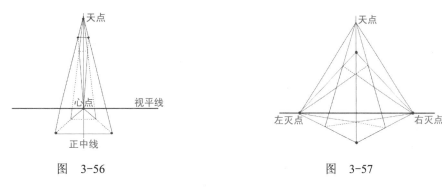

图　3-56　　　　　　　　　　　图　3-57

（3）俯视透视

1）平行透视中的俯视画法。平行透视中的俯视与仰视一样，也是观察者与表现对象构成平行透视的状态，不同之处在于观察者是低头向下方观察对象。绘制时也要先按照平行透视的规律方法，确定表现对象中的水平线和直角线，其中水平线仍平行于画面和基面；直角线消失于心点。然后再按照俯视透视的规律方法，画出垂直线，而这些垂直线要向视平线下方的地点消失。同样视平线也在画面的上方，地点在正中线的下方。这里要说明的是无论天点还是地点都是位于过心点的正中线上的点，只是被视平线分割，位于视平线之上的叫天点，位于视平线之下的叫地点。地点具体的位置也由观察者与表现对象间的倾斜角度确定，倾斜角度越大，地点离心点越远；倾斜角度越小，地点离心点越近（见图 3-58）。

2）成角透视中的俯视画法。成角透视中的俯视，也是观察者与表现对象处于成角透视的状态，只是低头向下方观察对象。绘制时对于成角线的处理，也是按照成角透视的规律方法，让其向左或右灭点消失。而对于垂直线则要向视平线下方的地点消失。视平线也是在画面的上方，地点在正中线的下方。其具体位置的确定与平行透视中的俯视一样，这里不再赘述（见图 3-59）。

图　3-58　　　　　　　　　　　图　3-59

（4）特殊透视场景的绘制

在动画中，有时需要绘制一些特殊的场景。为了减轻场景绘制的工作量，通常在一个场景中综合运用多种透视，从而满足场景透视变化及摄影机拍摄的需要。

1）变为倾斜透视画面的处理。当摄影机固定在一点，从下向上摇镜头拍摄一个高层建筑时，首先展现在画面中的是高层建筑的底部，而随着镜头上摇，画面产生倾斜透视变化，高层建筑产生透视形变的中上部逐渐出现在画面中。当然可以绘制两个场景分别表现高层建筑的底部和高层建筑的中上部，但无疑场景的工作量加大了。如果使用特殊场景的处理方法，将这两个场景结合在一起绘制就简单多了。方法是先画好高层建筑的底部，再绘制高层建筑中上部的倾斜透视形变部分。例如，在平行透视的底部上方接着绘制的倾斜透视，当镜头平视拍摄时，先使用底部的平行透视场景部分，而在镜头上摇时，直接使用该场景画面的上部倾斜透视部分，这样仅用一个场景就完美地解决了这个问题（见图 3-60）。

图　3-60

　　2）斜转角的镜头画面透视。在影片中，有时要达到一定的特殊效果，镜头需要扭转倾斜，从而使最终银屏上的物体发生倾斜，产生一种不对称的动感效果。斜转角的镜头透视与一般镜头透视没有不同，在绘制时可以先作正常镜头画面透视，再用斜转角镜头截取。

3.5.2　任务目标

　　1）掌握倾斜透视的绘制技法，特别强化仰视的作图规律。
　　2）加强对特殊场景处理技巧的训练。

3.5.3　任务实施

　　1）运行程序。在操作界面右侧的"属性"面板中单击"大小"后的"编辑"按钮，在弹出的"文档属性"对话框中设置"尺寸"为 1024px×768px，"背景颜色"为白色。
　　2）绘制主体大楼并填充颜色。单击"直线工具"，在舞台内绘制出大楼的大致轮廓，在绘制时注意透视关系的把握。然后再单击"油漆桶工具"，并在"颜色"面板中设置大楼的整体颜色为"R"110、"G"218、"B"202（见图 3-61）。
　　3）绘制楼底大门并填充颜色。单击"直线工具"，在舞台内绘制出大门的整体轮廓，包括门框及玻璃。然后单击"油漆桶工具"，在"颜色"面板中设置门上玻璃的颜色为"R"229、"G"253、"B"231，门框的颜色为"R"48、"G"162、"B"163，门玻璃两侧立面墙的颜色填充为"R"54、"G"135、"B"129（见图 3-62）。

图　3-61

图　3-62

　　4）绘制楼体中间的大扇窗户并填充颜色。单击"矩形工具"，在舞台中绘制一个长方形，然后单击"直线工具"，在矩形中绘制 2 条均匀分布的水平直线和 4 条均匀分布的垂直直线，并把相交的多余直线删除。最后单击"油漆桶工具"，在"颜色"面板中设置窗户玻璃的颜色为"R"219、"G"254、"B"224（见图 3-63）。
　　5）绘制楼体两侧的小窗户并填充颜色。单击"矩形工具"，在舞台中绘制一个长方形，然后单击"选择工具",调整小窗户的形状,使用"直线工具",在梯形中画出窗户的形状,并填充颜色为"R"219、"G"254、"B"224(见图3-64)。

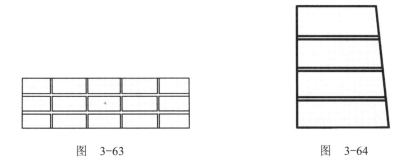

图　3-63　　　　　　　　　　　　　　图　3-64

6)绘制楼体墙面装饰并填充颜色。单击"矩形工具",在舞台中绘制一个长方形,再利用"选择工具"调整形状,然后单击"油漆桶工具",在"颜色"面板中设置墙面装饰的颜色为"R"0、"G"0、"B"0(见图3-65)。

7)组合主体大楼。把所有元件组合在一起,形成主体大楼的最终效果(见图3-66)。

图　3-65　　　　　　　　　　　　　　图　3-66

8)绘制主体大楼两侧的墙面并填充颜色。单击"矩形工具",在舞台中绘制一个长方形,使用"直线工具",绘制出一条直线(见图3-67)。然后单击"油漆桶工具",在"颜色"面板中设置墙面的颜色自上而下分别为"R"110、"G"218、"B"202和"R"48、"G"162、"B"163(见图3-68)。

图　3-67　　　　　　　　　　　　　　图　3-68

9)绘制两侧墙面的玻璃门并填充颜色。单击"直线工具",在舞台中绘制出玻璃门的大致轮廓,单击"椭圆工具",绘制出门把的轮廓。然后单击"油漆桶工具",在"颜色"面板中设置防雨檐的颜色为"R"48、"G"162、"B"163,再设置防雨檐的暗面颜色为"R"54、"G"135、"B"129,最后设置玻璃门的颜色为"R"215、"G"249、"B"244,门把的颜色为"R"204、"G"204、"B"204(见图3-69)。

10)绘制两侧墙面的橱窗并填充颜色。单击"矩形工具",在舞台中绘制一个矩形,然后单击"油漆桶工具",在"颜色"面板中设置玻璃窗的颜色为"R"211、"G"250、"B"

254（见图 3-70）。

图　3-69　　　　　　　　　　　　　　　　图　3-70

11）绘制橱窗内的模特并填充颜色。单击"钢笔工具"，并将线条颜色的不透明度调整为 35%，在舞台中绘制出模特的大致轮廓。然后单击"油漆桶工具"，在"颜色"面板中设置"R" 0、"G" 0、"B" 0，顶部的颜色不透明度为 23%；设置上身的颜色为"R" 126、"G" 134、"B" 135，同时调整不透明度为 27%；设置底部的颜色为"R" 102、"G" 51、"B" 0，同时调整不透明度为 57%（见图 3-71）。

12）绘制窗帘并填充颜色。单击"钢笔工具"，在舞台中绘制出窗帘的大致轮廓，调整不透明度为 35%。然后单击"油漆桶工具"，在"颜色"面板中设置窗帘的颜色为"R" 102、"G" 0、"B" 51，同时调整不透明度为 53%（见图 3-72）。

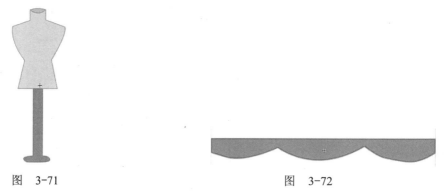

图　3-71　　　　　　　　　　　　　　　　图　3-72

13）绘制桌子并填充颜色。单击"椭圆工具"，在舞台中绘制出桌面的轮廓，单击"矩形工具"，绘制出桌子腿的轮廓，用"钢笔工具"，绘制出桌面的厚度，并设置不透明度为 35%（见图 3-73）。单击"油漆桶工具"，在"颜色"面板中设置桌子的颜色为"R" 132、"G" 79、"B" 0，同时调整不透明度为 53%（见图 3-74）。

14）绘制椅子并填充颜色。单击"直线工具"，在舞台中绘制出椅子的大致轮廓，不透明度为 35%；单击"油漆桶工具"，在"颜色"面板中设置椅子的颜色为"R" 132、"G" 79、"B" 0，调整不透明度为 63%（见图 3-75）；设置底围颜色为"R" 170、"G" 102、"B" 0，同时调整不透明度为 74%（见图 3-76）。

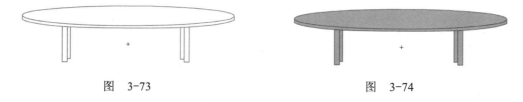

图　3-73　　　　　　　　　　　　　　　　图　3-74

图　3-75

图　3-76

15）绘制远处的建筑并填充颜色。单击"直线工具"，在舞台中绘制出远处建筑的大致轮廓，并设置边线颜色为"R" 77、"G" 77、"B" 77。单击"油漆桶工具"，在"颜色"面板中设置远处建筑的颜色为"R" 67、"G" 125、"B" 113，调整不透明度为 81%（见图 3-77）。

16）将各个部件进行适当调整组合，完成绘制（见图 3-78）。

图　3-77

图　3-78

3.5.4　任务评价

通过对建筑的绘制，使读者了解并掌握商业建筑类场景的特点与绘制方法，此任务通过把平行透视与仰视透视相结合的手法完成特殊场景的制作。

项目 4 动画动作设计制作

4.1 项目情境

上周晓峰成功地完成了场景部的实习任务，今天王导又带他来到了动画制作部实习。现在王导正在向晓峰介绍动画制作部的情况。

王导：晓峰，现在你看到的就是动画制作部。这里主要负责整部动画片的中期制作工作。其中一部分是原画，另一部分是动画。首先，原画部要完成动画中的原画绘制任务，也就是绘制角色的关键性动作画面，然后动画部再为绘制好的原画添加中间动画。中间动画也称作中间画或中间张。

晓峰：噢。那绘制原画和动画有什么方法呢？

王导：这个问题问得好。不论是原画还是中间画都有其特定的绘制方法和规律，只有懂得这些规律和方法，才能画好原画和中间画。晓峰，这一阶段你就好好地向这里的原画师和动画师们学习吧。

晓峰：看来原画和动画的绘制也有很多讲究啊！我得好好学学。

4.2 项目基础

4.2.1 分镜头台本

分镜头台本也称作分镜头脚本，主要包含镜头号、时间秒数、画面、配音对白、特效和制作说明等内容。在 Flash 动画的制作过程中，有时会将台本直接涵盖在 Flash 文件中，将台本画面单独存放于一层中，通过帧的拖动就会直观地看到动画演绎的过程，其实就是一个线条粗略版的 Flash 动画雏形。

4.2.2 原画与动画

1. 原画与动画

原画师根据导演的分镜头台本及角色设计图，设计绘制出角色的关键性动作姿势草图，这个关键性的动作草图就被称为原画。在前后两张原画的基础上绘制的表示次重要的过渡动作被称为小原画。

广义的动画是泛指动画这种艺术形式或整部动画片。狭义的动画专指为原画添加中间动作画面的环节。在 Flash 动画中，主要通过 6 种基本的动画方式制作中间画，分别是逐帧动画、传统补间动画、补间形状动画、引导层动画、遮罩层动画及 Flash CS4 中新增的补间动画。这里除了逐帧动画需要依次绘制中间动画内容外，其他 5 种都由计算机按操作指示，自动生成中间动画。

2．运动规律与原动画

在动画中，经常看到人物、动物等角色利用肢体动作来表演，或者通过环境、道具来烘托动画气氛。前者如角色人物挥动手臂告别，动物角色奔跑追逐，后者如闪电下雨，汽车急刹车等，这些在原画绘制及动画制作的过程中，都有一定规律可循。这些能够反映自然界物体运动及自然现象变化的特征规则就是运动规律。运动规律主要包括一般运动规律、人的运动规律、动物的运动规律和自然现象的运动规律等。只有在熟练掌握这些运动规律后，才能进一步根据情节的需要，丰富夸张动作，让动作更有特色，更贴近生活，使动画更能吸引观众。

4.2.3 动画的时间与节奏

在动画的制作过程中，对时间与节奏的控制是极其重要的。原画与动画的位置间距、数量、帧数和持续时间决定了一部动画片的节奏速度和风格情调。在一部引人入胜的动画中，必然有着精彩的节奏把握和准确的时间控制，单一的时间节奏也必然造成单调乏味的动画效果。所以，对于画多少张画面，每张画面画些什么，持续多长时间，总体时间是多少等涉及时间、节奏的问题要在动画制作之前就确定下来，这也是在前期分镜头台本制作时要落实的一项重要内容。

1．帧与时间换算

在 Flash 动画中帧是最基本的时间单位，在时间轴中每一格就是一帧。Flash 软件默认的帧频是 12 帧/s，也就是说当播完 12 帧后正好经历 1s 的时间，一帧即 1/12s 的时间长度。例如，在 24 帧/s 的帧频下，角色用 36 帧完成一套动作，换算成时间单位就是角色用 1.5s 的时间完成一套动作。一般 Flash 动画是以 24 帧/s 制作的，若用于网络播放则 12 帧/s 即可，若用于电视台播放则要用 25 帧/s 制作。

◁)) 小提示

　　世界各国视频播放的标准主要有 3 种。中国、丹麦、印度等国是 PAL 制式，通用的是 25 帧/s；美国、日本、韩国、加拿大等国是 NTSC 制式，通用的是 30 帧/s。捷克、法国、希腊等国是 SECAM 制式，通用的是 25 帧/s。当 Flash 动画在电视台播放时，帧频是 25 帧/s，舞台宽高尺寸为 720px×576px。

2．节拍控制

在传统动画中，拍数是指绘制的每张画面所拍摄的格数。以 24 帧/s 为例，如果一幅画面拍一格，1s 就需要 24 幅画面，这就是"一拍一"的节拍控制；如果一幅画面拍二格，1s 就需要 12 幅画面，这就是"一拍二"的节拍控制；如果一幅画面拍三格，1s 就需要 8 幅画面，这就是"一拍三"的节拍控制（见图 4-1）。

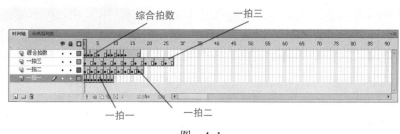

图 4-1

对于 Flash 动画来说，"一拍一"的节拍就是逐帧动画方式。但是在 Flash 动画中，通常根据实际需要综合运用各种节拍。在确定好动画的总体时间长度后，要把每一组镜头的动作分解开来，确定到每一秒每一帧具体画什么；各动作持续时间多长，占用多少帧；在哪一帧插入对白、音效；镜头景别在何时何帧使用衔接等，只要在动画制作完成后与总体时间准确吻合，符合视觉习惯，充分满足表意的需要即可。

4.2.4 元件与实例

1. 元件的类别

元件有图形元件、按钮元件和影片剪辑元件 3 种类型。这 3 种元件一旦创建就会自动添加到当前文件的库面板中，可以在当前动画或其他动画中重复使用（见图 4-2）。

图形元件适用于静态图形图像，是最基础的元件。可以通过属性面板调节色彩效果和循环。但是图形元件不能引用 ActionScript。

按钮元件用来制作交互按钮。共有 4 帧，分别是弹起状态、指针经过状态、指针按下状态和指针点击区域。前 3 帧的 3 种状态是按钮在鼠标不同操作情况下的显示面貌，第 4 帧的指针点击区域在动画输出后限定了鼠标点击时的反应范围，帧上的对象并不显现出来。但是在时间轴上不会连续播放这 4 帧，也就是说不能在时间轴上直接观看交互效果，而是要在测试后通过鼠标的移

图 4-2

动或点击作出反应。按钮元件可以通过属性面板调节色彩效果、显示、音轨和滤镜。按钮元件可以引用 ActionScript。关于按钮元件的详细内容将在项目 6 中进一步介绍。

影片剪辑元件用来创建循环播放的动画片段。它可以包含交互功能、声音或嵌套其他影片剪辑，是功能最多的元件。它也可以通过"属性"面板调节 3D 定位、查看、色彩效果、显示和滤镜等选项。同按钮元件一样，它可以引用 ActionScript，但是不能在时间轴上同步播放，即受主场景时间轴的控制。

◁)) 小提示

> 按钮元件和影片剪辑元件不能在时间轴上同步显示效果。即当它们脱离自身的创建环境后，放置在时间轴上，不能像图形元件一样随着时间指针的拖动就能观看同步效果，必须按<Ctrl+Enter>组合键，也就是选择"控制"→"测试影片"命令后，才能在测试环境下观看交互或播放的效果。

2．创建与修改元件

创建新元件有 3 种方法，一是选择"插入"→"新建元件"命令，二是按<Ctrl+F8>组合键，三是单击"库"面板下方的"创建新元件"按钮，这 3 种方法都会弹出"创建新元件"对话框（见图 4-3）。在该对话框中的"类型"下拉列表中，可以选择一种新建元件的类型，即图形元件、按钮元件或影片剪辑元件。同时，可以在"名称"文本框中为新建元件命名。单击"确定"按钮后，就进入到新建元件的绘制编辑界面，这个绘制编辑界面不像场景中的舞台有尺寸限制，它只有一个十字形的标志显示中心位置，但是这个界面的背景颜色会和场景的舞台颜色相同。在界面左上方的"场景"标示后面会显示当前元件的属性图标及名称。在这个界面里就可以进行元件的绘制编辑。在新元件绘制编辑好后，可以单击界面左上方的"场景"标示，脱离该元件的绘制编辑界面，切换回主场景中。

在动画的制作过程中，有时需要将舞台上绘制好的基本图形对象转换成元件，这时只要全选这个对象，再选择"修改"→"转换为元件"命令或按<F8>键，就能弹出"转换为元件"对话框（见图 4-4），其中的设置内容与"创建新元件"一样，单击"确定"按钮就可以将对象转换为元件。

图　4-3

图　4-4

在修改元件时，可以在库中双击要修改元件前的属性图标，也可以直接在场景中双击要修改的元件，或者单击库面板下方的"属性"按钮，同样能够进入元件的绘制编辑界面进行修改。

3．交换元件

场景中的实例可以被替换成另一个元件的实例，并保持原实例的属性，这就是元件的交换。首先选中舞台上要被替换的小鸟实例，在"属性"面板中更改"色彩效果"选项下的"亮度"，使其变暗。再单击"属性"面板中的"交换"按钮；也可以选择"修改"→"元件"→"交换元件"命令；或者在实例上单击鼠标右键，在打开的快捷菜单中选择"交换元件"。这 3 种方法都可以弹出"交换元件"对话框（见图 4-5），在其中选择用来替换的"小鸟 2"元件，然后单击"确定"按钮。此时可以看到舞台上的原实例已经被新实例替换，并保留了原实例的亮度属性效果。

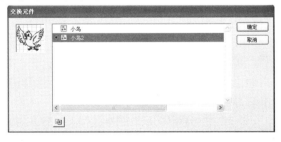

图　4-5

4．实例与属性

（1）实例

将元件从库中拖至舞台上就称为实例。一个元件可以被多次拖至舞台，进行重复使用，也就是说库中的一个元件可以在舞台上产生无数个实例。而且只要选中舞台上的实例，属性面板就会根据该实例原始元件的类别，显示这个实例相应的属性，从而进行不同的效果调整。但是调整后只是实例发生改变，其存放于库中的原始元件并不改变。相反，如果改变库中的原始元件，舞台上相对应的实例都会随之改变。

（2）实例的属性

图形元件的实例属性包括位置和大小、色彩效果、循环；影片剪辑元件的实例属性包括位置和大小、3D定位和查看、色彩效果、显示、滤镜；按钮元件的实例属性包括位置和大小、色彩效果、显示、音轨、滤镜。关于实例各种属性的使用设置将在后面各项目中陆续介绍。

（3）实例的排列、组合、对齐、分离

在绘制动画场景时，有时需要把实例复制多个并进行排列、组合和对齐等操作。下面通过"背景"例子，说明实例相关操作的具体方法。

1）实例的复制排列。首先选中舞台上的草丛实例，然后在按<Alt>键的同时拖动该实例，就会复制一个相同的草丛实例（见图4-6）。使用同样的方法，复制草丛的阴影后，发现阴影排列在草丛的上方，挡住了草丛。此时选中阴影，选择"修改"→"排列"→"下移一层"命令，就会将阴影排列到草丛的后面（见图4-7）。

图 4-6　　　　　　　　　　　　　图 4-7

2）实例的组合。现在将草丛及阴影全部选中，选择"修改"→"组合"命令，或按<Ctrl+G>组合键，将它们组合。这时再复制出来的就是包括草丛及阴影的整组对象。但是成"组合"后的对象是不能创建补间动画的。当需要修改组内对象的内容时，可以选择"编辑"→"编辑所选项目"命令，或直接使用工具箱中的"选取工具"双击组合对象进入这个组。当进入组内编辑模式时，页面上不属于该组的部分将变淡，而且不可编辑修改（见图4-8）。在编辑修改结束后，选择"编辑"→"全部编辑"命令，或单击舞台左上方的"场景"标示，可退出组内编辑模式回到主场景中。如果要取消对象的组合，则选择"修改"→"取消组合"命令，或按<Ctrl+Shift+G>组合键，取消它们的组合，使所有对象回到组合前的单独状态。

3）实例的对齐。现在将组合后的草丛和阴影复制多个，并选中所有草丛和阴影。选择"窗口"→"对齐"命令，打开"对齐"面板。先单击对齐面板内的"相对于舞台"按钮，这样就能以舞台中心为基准，进行各种对齐，否则就会以元件自身的坐标系进行对齐，然后单击"水平下齐"按钮，此时所有草丛都靠舞台下方水平对齐了（见图 4-9）。

图 4-8

图 4-9

4）实例的分离。选中组合后的草丛和阴影。选择"修改"→"分离"命令，或按<Ctrl+B>组合键，取消它们的组合。多次执行"分离"命令会使实例变为麻点状的图形。

5."库"面板

（1）库的使用

Flash 中所有的图形元件、按钮元件和影片剪辑元件都存放于 Flash 的库中（见图 4-10）。选择"窗口"→"库"命令或按<Ctrl+L>组合键，都能够打开库面板。当需要使用库中的元件时，只要把元件从库中拖曳到舞台上即可。

○ "新建元件"按钮：单击该按钮，会弹出"创建新元件"对话框。

○ "新建文件夹"按钮：单击该按钮，将在"库"面板中建立一个文件夹，可以通过文件夹对不同的元件进行分类管理。

○ "属性"按钮：单击该按钮会弹出"元件属性"对话框，在该对话框中可以更改元件的名称及类别，并能通过其中的"编辑"按钮进入元件的编辑修改状态。

图 4-10

○ "删除"按钮：选中库中的元件，再单击该按钮就会删除这个元件。

○ "下拉菜单"按钮：单击该按钮会弹出下拉菜单，可以对库及元件作更详细的管理和设置。

○ "选择其他库"卷展栏：当在 Flash 中同时打开多个文件时，在当前文件的库中单击"选择其他库"卷展栏后的三角形按钮会打开卷展栏，可以在里面选择其他 Flash 文件的库，并将库内元件通过拖曳到舞台上的方法加载到当前文件中。

○ "固定当前库"按钮：单击该按钮，在对打开的 Flash 文件进行文件间切换时，当前文件的库不会随文件的切换而改变。

○ "新建库面板"按钮：单击该按钮，会弹出一个同样的"库"面板。

（2）库的其他操作

○ 导入到库：在动画制作中，有时需要把外部的图形、声音等对象导入到 Flash 中。选择"文件"→"导入"→"导入到库"命令，就会弹出"导入到库"对话框，在其中找到对象并双击就可以把外部对象导入到库中存放。

○ 打开外部库：选择"文件"→"导入"→"打开外部库"命令，会弹出"作为库打开"对话框，双击 Flash 文件，则该 Flash 文件的库就会被打开。

📢 小提示

"打开外部库"命令，打开的是外部 Flash 文件中的库，而不是 Flash 文件自身。

○ 打开公用库：选择"窗口"→"公用库"→"声音"命令，会打开 Flash 软件预置的"声音"公用库。同样，选择"按钮""类"命令，也会打开相对应的公用库。

4.3 任务 1 圣诞祝福

4.3.1 任务热身

1. 常用运动规律

（1）预备动作

动画角色有时在做动作之前，需要先做一个预示性的准备动作，这个准备动作就是预备动作。例如，动画角色向前伸手之前的手臂回收动作（见图 4-11）、跑步前的腿和胳膊的向回运动都属于预备动作（见图 4-12）。预备动作使角色的动作更清晰突出，富有韵味，能吸引观众的注意力，帮助观众更好地理解动作的含义，有助于观众对情节的分析。

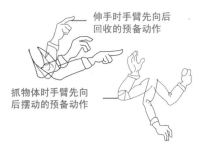

图 4-11   图 4-12

（2）追随动作

在动画制作中经常会遇到如头发、胡子、飘带、动物尾巴及耳朵等附属物追随主体的运动，这种随主体运动变化的动作就是追随动作。追随运动能表现动作的细节变化，使动作显得非常流畅细腻，增强真实性及信服感。例如，当一个披着斗篷的人从高处跳下来时，随着人的运动状态的改变，作为附属物的斗篷会相对慢一些地追随着人的运动，当人停止运动时斗篷仍持续运动一段时间再停止（见图 4-13）。不同附属物受主体动作程度及自身的重量、质量和柔韧度等影响，所做的追随运动的时间和速度均不一样。

图 4-13

（3）变形与夸张

在动画中常抓住情节或动作的特色部分进行变形与夸张处理，使动作更富于动感，角色的个性情感更典型细腻。它能表现许多电影或真实生活中无法表达的内容，使情节阐述更加淋漓尽致。

夸张主要有情节夸张、动作夸张和表情夸张（见图 4-14）。例如，在表现角色逃跑时，先给出逃跑前的预备动作，接下来仅绘制一些速度线来表现逃跑的速度，最后只看见一些线条和尘土，表明角色已经快速跑出（见图 4-15）。这里虽然没有角色具体的逃跑动作，却已经使观众明白了角色要做什么。

图 4-14

图 4-15

2. 人物的运动规律

动画中人物的走、跑、跳等动作是以现实生活中的动作姿态为基础的，遵循一定的规律表现出它们的差异，从而塑造出角色的典型性格特征及动作特征。

（1）行走的规律

人走路时身体略向前倾，左右脚交替向前迈出，在脚落地及抬起时都是脚跟先动，迈出腿悬空跨步，手臂配合同侧腿作相反方向挥动。在 Flash 动画中，行走时一只脚向前迈出一步称为单步，需要 5 帧画面。而左右脚交替各迈出一步形成一个完整的步伐，称为完步，需要在单步的基础上再加 3 帧，也就是 8 帧画面来完成（见图 4-16）。

在制作行走动画时，还要注意头顶最高点的动势线问题。美式行走的动势线呈波浪状，适合起伏大的行走动画。日式行走的动势线呈缓山形，适合制作较平稳的行走动作（见图 4-17）。

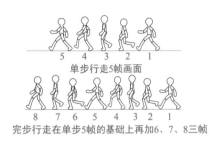

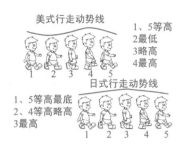

图 4-16   图 4-17

如果表现角色走时带有特点及感情色彩，则要加以变形夸张处理。例如，表现角色垂头丧气地走，可以降低重心，低头塌背，双手僵直不动，迈步缓慢；表现趾高气扬地走，可以昂头抬下颌，挺胸收腹，加大双臂挥动的幅度和双腿抬起的高度。总之，不论制作哪种风格的行走动画，都要根据角色的性格及当时的心理情绪来灵活处理。

📢 **小提示**

> 动势线只是用来辅助在制作行走动画时身体的高低对位，在完成的动画中并不出现。

（2）跑的规律

在制作人奔跑的动画时，身体要前倾，双手握拳，双臂弯曲抬起前后摆动，挥动要更有力。双脚跨度及腿的弯曲幅度要大，蹬地的弹力要强，在蹬地脚离地后迅速弯曲向前运动，动势线呈波浪状，起伏更大更剧烈（见图 4-18）。跑步动作也可以作各种各样的夸张，例如，在快速奔跑时尽量让脚尖沾地，而在狂奔时双脚几乎没有落地的时候。这些都需要在实际应用中根据具体的情况进行处理。

（3）跳的规律

在 Flash 动画中需要 9 帧完成跳跃动作，人在跳跃时，身体的重心不像跑步那样简单地前倾，而是随着跳跃运动的变化，身体姿势及重心随时调整改变（见图 4-19）。另外，还有一些诸如从高处跳下、跑跳（见图 4-20）等动作也要在跳的基本规律上加以变化。

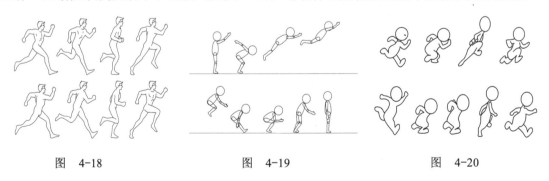

图 4-18   图 4-19   图 4-20

3. Flash 逐帧动画

（1）逐帧动画的特点

Flash 逐帧动画是基本的动画形式之一。在逐帧动画中每帧都是关键帧，并且每个关键帧都相连，通过每一关键帧中对象的逐渐改变来完成动画效果（见图 4-21）。Flash 逐帧动

画适合于表现人物或动物的行走、跑跳、表情变化等动作形态逐渐改变的动画。相对于 Flash
的其他几种动画形式来讲，需要逐帧绘制对象或进行改变调整，比较费时费力。但是其细
腻、逼真的动画效果却是其他动画形式无法比拟的。

逐帧动画，帧帧相连，每帧都是关键帧

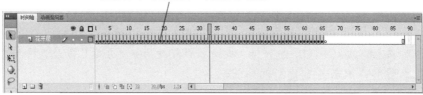

图　4-21

（2）创建逐帧动画

下面通过"逐帧花开"例子，说明制作逐帧动画的具体操作方法。首先，选中"图层
1"，在第 1 帧上单击鼠标右键，在弹出的快捷菜单中选择"插入空白关键帧"命令，并在
舞台上绘制花开动画的花蕾初始形态（见图 4-22）。然后，在第 2 帧上单击鼠标右键，在
弹出的快捷菜单中选择"插入关键帧"命令，这时第 2 帧舞台上会出现第 1 帧的花蕾初始
形态，根据动画需要在舞台上调整修改这个初始形态，让其进一步产生开放的变化。最后，
按照第 2 帧的操作方法，在后面的帧中依次修改花蕾的形态，直到花朵完全开放。拖动时
间轴上的红色时间指针，可以看到从花蕾开放到形成花朵的逐渐变化过程（见图 4-23）。

图　4-22

图　4-23

🔊 小提示

如果动画对象的形态变化非常大，基本不能沿用前一帧的对象形态，可以在帧上单
击鼠标右键时在弹出的快捷菜单中选择"插入空白关键帧"命令。此时，在舞台上不会
出现前一帧的对象形态，根据动画需要绘制对象即可。

4. Flash 补间形状动画

（1）补间形状动画的特点

Flash 补间形状动画可以制作由一个形状对象转变为另一个形状对象的动画效果。对象
间的形状及颜色转变是逐渐发生的，并且这种变化的中间帧画面由 Flash 自动完成，不需
要像逐帧动画那样通过手动绘制调整。需要注意的是，只有使用基本绘图工具时绘制的对
象之间才能产生补间形状动画，这种基本图形对象被选中后呈现"麻点状"，即有许多麻

点覆盖在对象上。

🔊 **小提示**

如果选中舞台上的对象后，其外部显示蓝色的线框，说明该对象的属性是元件的实例或通过激活工具箱下方的"对象绘制"按钮后绘制得到的对象，而这两种属性的对象是不能创建补间形状动画的。如果想要使用这两种属性的对象创建补间形状动画，需要在选中这个对象后，按<Ctrl+B>组合键，或选择"修改"→"分离"命令，将其分离成"麻点状"的基本图形，然后再创建补间形状动画。

（2）创建补间形状动画

下面通过"圆与星"例子，说明制作补间形状动画的具体操作方法。首先，选中"图层1"，在第1帧上单击鼠标右键，在弹出的快捷菜单中选择"插入空白关键帧"命令，在舞台上绘制粉色的圆形。接着，在第20帧上单击鼠标右键，在弹出的快捷菜单中选择"插入空白关键帧"命令，并在舞台上绘制黄色的星形（见图4-24）。然后，在第1～20帧之间的任意一帧单击鼠标右键，在弹出的快捷菜单中选择"创建补间形状"命令。观察时间轴第1～20帧之间的区域已经以绿色显示，并且中间多了一条两端带有箭头的黑色实线，表示形状补间动画已经创建成功。如果出现的是虚线，表示动画创建失败，可以在第1～20帧之间的任意一帧单击鼠标右键，在弹出的快捷菜单中选择"删除补间"命令，再对前后两个关键帧进行修改。最后，单击时间轴下方的"绘图纸外观"按钮，启用观察多个帧功能。拖动时间指针，会发现自动生成了由粉色圆形到黄色星形的补间形状动画，不论是形状还是颜色都是逐渐变化过渡的（见图4-25）。

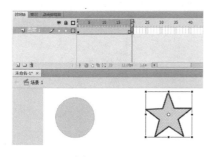

图 4-24

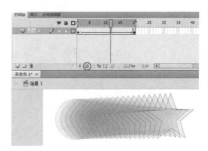

图 4-25

（3）形状提示点的使用

因为补间形状动画的中间形变部分是由 Flash 自动创建的，所以对于一些复杂图形对象之间创建的补间形状，效果不是很理想，不能体现出形状逐渐逼真变化的特点。如果想要控制中间补间部分的形变按照预定的想法变化，就要使用形状提示点，在形变的前后两个关键帧上制定补间变化的对应点，标志形变起始形状和结束形状中点的对应位置，按点对点的要求创建形变，从而使补间的形状变化生动逼真。

下面通过"礼盒与小兔子"例子，说明形状提示点使用的具体操作方法。首先，在图层的第1帧单击鼠标右键，在弹出的快捷菜单中选择"插入空白关键帧"命令，在舞台上绘制红色的礼物包装盒（见图4-26）。接着，在第30帧单击鼠标右键，选择"插入空白关键帧"命令后，绘制浅粉色的小兔子（见图4-27），在第1～30帧之间的任意一帧单击鼠标右键，在弹出的快捷菜单中选择"创建补间形状"命令，拖动时间指针观察，发现由礼盒到小兔子的补间形状变化十分凌乱，不够逼真。

图 4-26　　　　　　　　　　　　　　　　　　图 4-27

现在选中第 1 帧，选择"修改"→"形状"→"添加形状提示"命令，也可以按 <Ctrl+Shift+H>组合键，添加形状提示点（见图 4-28）。这时在第 1 帧的礼盒上会添加一个形状提示点，调整这个提示点到合适的位置。再选中第 10 帧，会发现小兔子上也出现一个同样的提示点，调整这个提示点到形变相对应的位置。依照此方法再添加几个提示点，并调整好前后对应位置。最后，拖动时间指针，再观察由礼盒到小兔子的补间形状变化，整个过程既形象又逼真（见图 4-29）。要注意形状提示点是用小写英文字母按照 a、b、c、d、e、f 等顺序依次标示的。

图 4-28

没有添加形状提示点，形变过程混乱

添加形状提示点，形变过程生动逼真

图 4-29

5．Flash 补间动画

（1）补间动画的特点

在 Flash CS4 中，新增了补间动画功能，它与以前版本中的传统补间动画相比有了很大的变化。首先，它涉及"属性关键帧"的概念问题。在以前版本中的"关键帧"是指元件在时间轴上出现的第 1 帧，这一帧可以是时间轴上的任意位置。而"属性关键帧"是指用户在创建补间动画并更改这个元件的某个属性值时，定义这个值的帧，这一帧位于时间轴上关键帧的右侧（见图 4-30）。

图 4-30

另外，补间动画是将补间直接应用于对象而不是关键帧，能够实现对个别动画属性的全面控制，还可以使用贝塞尔手柄轻松地更改运动路径。

影片剪辑、按钮元件、图形元件、文本对象可以针对空间位置、旋转角度、缩放、滤镜（图形元件没有滤镜属性）和颜色效果创建补间动画。

（2）创建补间动画

下面通过"热气球"例子，说明制作新补间动画的具体操作方法。首先，选中"图层1"的第 1 帧，将库中的"热气球"图片拖入舞台，调整好大小后放置在舞台左上角。接着在第 1 帧上单击鼠标右键，在弹出的快捷菜单中选择"创建补间动画"命令，此时会弹出提示对话框（见图 4-31），询问是否"将所选的多项内容转换为元件以进行补间"。因为 Flash 要求进行补间动画的对象必须是元件，所以单击"确定"按钮即可自动将对象转换为元件并创建补间动画。在成功创建补间动画后，时间轴也相应有所变化，帧被自动延时至第 24 帧，而且这些帧会由灰色变为蓝色（见图 4-32）。

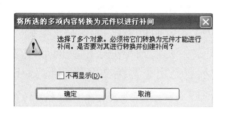

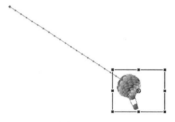

图 4-31 　　　　　　　　　　　　　　　　图 4-32

（3）调整修改补间动画

1）控制补间动画的帧数。如果希望控制补间动画的帧数，按<Ctrl+Z>组合键撤销上述操作，再单击第 50 帧，按<F5>键插入帧，然后在这 50 帧内的任意一帧上单击鼠标右键，在弹出的快捷菜单中选择"创建补间动画"命令。现在将时间指针放在第 50 帧上，向舞台的右下角拖动"热气球"并按<Shift>键将其等比例放大，"热气球"的运动路径被显示出来（见图 4-33），软件自动生成了"热气球"由小变大的，由远及近的动画效果。

2）利用"属性"面板调整补间动画。因为远处的物体比较模糊，所以现在还需要修改一下第 1 帧中远处的"热气球"。选中第 1 帧舞台上的"热气球"，在"属性"面板中添加"模糊"滤镜，拖动时间指针，发现第 50 帧内的"热气球"也模糊了，现在选中第 50 帧舞台上的"热气球"，将其"模糊"滤镜的数值改为 0，"热气球"由模糊变清晰了（见图 4-34）。

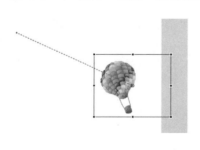

图 4-33 　　　　　　　　　　　　　　　　图 4-34

在"属性"面板中还可以对补间动画进行如下修改。"缓动"选项用来设置动画播放过程中的速率，双击缓动数值可以直接输入 −100～100 之间的数字，数字为 0 时正常播放，负数时先慢后快，正数时先快后慢。"旋转次数/其他旋转"选项设置影片剪辑实例的角度和旋转次数。"方向"选项设置按顺时针还是逆时针旋转或无旋转。在选中"调整到路径"复选框后，补间对象会随着运动路径随时调整自身方向。"选取位置"设置选取在舞台中的位置，改变选取位置，路径线条也随之移动。"同步图形元件"复选框使图形元件实例的动画和主场景时间轴同步，如果元件中动画序列的帧数不是文件中图形实例占用帧数的偶数倍，则使用同步。

3）利用时间轴面板调整补间动画。

选择帧和补间范围。可以通过时间轴面板上的单个帧和补间范围来对补间动画进行编辑调整。如果要选择整个补间范围，则单击该范围内的任意一帧。如果要选择多个补间范围（包括非连续范围），则按<Shift>键并单击每个范围。如果要选择补间范围内的单个帧，则在按<Ctrl>键的同时，单击该范围内的帧。如果要选择范围内的多个连续帧，则在按<Ctrl>键的同时，在范围内拖动鼠标。如果要选择不同图层上多个补间范围中的帧，则在按<Ctrl>键的同时，依次单击需要选中的帧。如果要选择补间范围中的单个属性关键帧，则按<Ctrl>键并单击该属性关键帧，然后可以将其拖动到新位置。

编辑帧和补间范围。在选中帧和补间范围后可以对其进行移动、复制和删除等操作。如果要移动补间范围，选中后拖动该范围。如果要直接复制某个范围，则在按<Alt>键的同时，将该范围拖到时间轴中的新位置，或复制并粘贴该范围。如果要删除整个补间范围，在该范围内的任意一帧上单击鼠标右键，在弹出的快捷菜单中选择"删除帧"或"清除帧"命令（清除帧将使该帧变为空白关键帧，帧的总数保持不变）。如果要将某个补间范围更改为初始状态，则在该范围上单击鼠标右键，在弹出的快捷菜单中选择"删除补间"命令。如果要反转某个补间动画的方向，则在该补间动画的补间范围内单击鼠标右键，在弹出的快捷菜单中选择"运动路径"→"反向路径"命令，补间动画的目标实例将呈反方向运动。除此之外，还可以对多个补间范围进行编辑。如果要移动两个连续补间范围的分隔线，则拖动该分隔线。如果要将某个补间范围分为两个单独的范围，则在按<Ctrl>键的同时，单击范围中的单个帧，再在该帧上单击鼠标右键，在弹出的快捷菜单中选择"拆分动画"命令，两个补间范围将具有相同的目标实例（如果选择了多个帧则无法拆分动画，如果拆分的动画应用了缓动，这两个较小的补间可能不会与原始补间具有完全相同的动画）。如果要合并两个连续的补间范围，则在按<Shift>键的同时，依次选中这两个范围，在该范围上单击鼠标右键，在弹出的快捷菜单中选择"合并动画"命令。

查看和编辑补间范围的属性关键帧。如果要查看某个补间范围中的属性关键帧以了解不同属性，则在该范围上单击鼠标右键，在弹出的快捷菜单中选择"查看关键帧"命令，并从子命令中选择属性类型。如果要把属性关键帧转换为普通帧，则按<Ctrl>键并单击该属性关键帧以将其选中，再单击鼠标右键，从弹出的快捷菜单中选择"清除关键帧"命令中的属性类型。如果要彻底清除，则选择"删除帧"命令。如果要向补间范围添加特定属性类型的属性关键帧，则按<Ctrl>键并单击该帧，再单击鼠标右键，从弹出的快捷菜单中选择"插入关键帧"→"属性类型"命令。如果要在补间范围内添加具有所有属性类型的属性关键帧，则单击该帧，选择"插入"→"时间轴"→"关键帧"命令，或者按<F6>键。如果要将某个补间范围转换为逐帧动画，则在该范围上单击鼠标右键，在弹出的快捷菜单中选择"转换为逐帧动画"命令。如果要将某个属性关键帧移动到同一补间范围或其他补间范围内的另一个帧中，则按<Ctrl>键并单击该属性关键帧以将其选定，然后在按<Alt>键的同时，将其拖动到新位置。

复制粘贴补间动画属性。可以将选定帧中的属性复制到另一帧中，在粘贴时会仅将属性值添加到选定帧中。按<Ctrl>键并单击该帧以选中它，单击鼠标右键，在弹出的快捷菜单中选择"复制属性"命令，然后再选中另一帧，单击鼠标右键，从弹出的快捷菜单中选择"选择性粘贴属性"命令，在弹出的对话框中选中想要粘贴的属性，单击"确定"按钮。如果要粘贴被复制的帧中所有的属性，则在弹出的快捷菜单中选择"粘贴属性"命令。

4）修改补间的运动路径。如果需要让"热气球"做曲线运动，则可以通过修改运动路径的方法实现。单击"选择工具"，移动鼠标靠近运动路径，当光标变为带有弧线的箭头时拖动鼠标即可将直线运动路径修改为曲线运动路径（见图 4-35）。如果光标变为带有十字形的箭头，则可以整体移动运动路径，此时"热气球"也跟随移动。

另外还可以通过以下操作来修改补间运动路径。一是在补间范围内任意一帧中更改对象位置。二是使用"选取工具""部分选取工具"或"任意变形工具"更改路径的形状或大小。三是使用"变形"面板或选择"修改"→"变形"命令。四是使用"动画编辑器"。五是将自定义笔触作为运动路径应用。

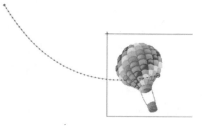

图 4-35

下面仍通过"热气球"例子，说明将自定义笔触作为运动路径的具体操作方法。首先删除"热气球"原有的运动路径，然后在新建图层上使用"钢笔工具"或"铅笔工具"绘制非闭合的曲线路径，剪切该路径并粘贴在"热气球"图层的舞台上，现在"热气球"就会沿着自定义路径运动（见图4-36）。在将自定义路径粘贴到补间范围上时，Flash 会默认将属性关键帧设置为浮动性关键帧。浮动性关键帧是与时间轴中的特定帧无任何联系的关键帧。Flash 自动调整浮动关键帧的位置，使整个补间中的运动速度保持一致。选中补间范围单击鼠标右键，在弹出的快捷菜单中选择"运动路径"→"将关键帧切换为非浮动"命令（见图4-37），可将关键帧切换为非浮动状态，这时各个帧分布不均匀，运动速度也不一样。

图 4-36　　　　　　　　　　　　　　　　　　图 4-37

5）应用补间动画到其他对象上。可以把制作好的补间动画效果应用到其他对象上。首先选择"窗口"→"动画预设"命令，打开"动画预设"面板。选中时间轴上的任意一帧或舞台上的实例、运动路径，单击"动画预设"面板上的"新建动作"按钮，在弹出的"将预设另存为"对话框中输入名称（见图 4-38），单击"确定"按钮，这样自定义的"热气球"就会出现在"动画预设"面板中了。接着，新建一个文件，导入"蜜蜂"图片，选中该对象，在动画预设面板中选中"热气球"，单击"应用"按钮，同样会弹出对话框，单击"确定"按钮，Flash 自动将蜜蜂对象转换为元件并创建补间动画（见图 4-39）。

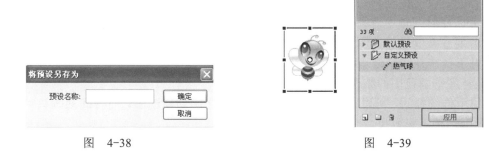

图 4-38   图 4-39

6. Flash 传统补间动画

（1）传统补间动画的特点

传统补间动画是利用动画对象的起始关键帧和结束关键帧建立补间，这些补间同样是由 Flash 自动运算创建的。传统补间动画可以做出位置、大小和旋转等变化的动画效果。

（2）创建传统补间动画

下面通过"老爷车"例子，说明制作传统补间动画的具体操作方法。首先，选中"图层 1"的第 1 帧，将库中"老爷车"影片剪辑元件拖入舞台并调整好大小。使用"对齐"面板将老爷车对准舞台中心（见图 4-40）。接着在第 50 帧插入关键帧，在按<Shift+Alt>组合键的同时将老爷车以中心为准等比例放大。选中第 1～50 帧内的任意一帧单击鼠标右键，在弹出的快捷菜单中选择"创建传统补间"命令，此时帧上补间范围呈蓝紫色，且有一条两端带有箭头的黑色实线，表明传统补间动画创建成功（见图 4-41）。拖动指针观察，可看到老爷车迎面驶来。

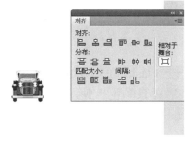

图 4-40   图 4-41

（3）传统补间动画和新补间动画的区别

通过"热气球"和"老爷车"的例子，可以看出新补间动画和传统补间动画的区别主要有以下几点。

1）传统补间使用关键帧，而补间动画只能有一个关键帧，即一个与之关联的对象实例，并使用属性关键帧而不是关键帧。

2）两种动画都只允许特定的元件对象进行补间，若应用补间动画，则在创建动画时会将不允许的对象类型转换为影片剪辑元件，而应用传统补间会将这些对象类型转换为图形元件。

3）补间动画将文本视为可补间的类型，不会将其转换为影片剪辑元件，而传统补间会将文本转换为图形元件。

4）在补间动画上不允许使用脚本，传统补间允许使用脚本。

5）补间目标上的任何对象脚本都无法在补间动画范围的过程中更改。

6）可以在时间轴中对补间动画范围进行拉伸和调整大小，并将它们视为单个对象。

7）若要在补间动画范围中选择单个帧，必须按<Ctrl>键单击帧。

8）对于传统补间，缓动可应用于补间内关键帧之间的范围，但对于补间动画，缓动可以应用在补间动画范围的整个长度中。

9）利用传统补间，可以在两种不同的色彩效果之间创建动画，而补间动画只可以对每个补间应用一种色彩效果。

10）只可以使用补间动画来为 3D 对象创建动画效果，无法使用传统补间为 3D 对象创建动画效果。

11）只有补间动画才能保存为动画预设。

4.3.2 任务目标

1）掌握 Flash 动画中角色行走动作和运动动作的运动规律及制作技法。

2）掌握角色表情的规律和制作技法。

3）熟练运用 Flash CS4 传统补间动画、新补间动画等功能制作动画。

4.3.3 任务实施

1.《圣诞祝福》动画分析

圣诞节来到了，圣诞老人准备派发礼物。驯鹿拉着雪橇飞向天际，突然驯鹿拉着雪橇和圣诞老人一同从天空中坠落下来。当圣诞老人坐在地上头冒金星时，一对驯鹿却对着圣诞老人坏笑起来。原来这是两只驯鹿的恶作剧，是送给圣诞老人的一份圣诞礼物与祝福。

2．运行程序并设置舞台

运行 Flash CS4 软件，在启动界面中新建一个 Flash 3.0 版本的文档。首先在"属性面板"中将舞台"尺寸"更改为 1024px ×768px。"背景颜色"使用"R"255、"G"204、"B"102。接着打开标尺，拖曳出辅助线，标示出舞台的四边位置。最后选择"文件"→"保存"命令，将其命名为"圣诞祝福"并保存。

🔊 **小提示**

> 用辅助线标示出舞台的四边位置，能很好地界定舞台范围。这样在制作场景放大等镜头时，就能清晰地看到舞台范围，便于场景及角色的对位。

3．调用相关文件的库中元件

选择"文件"→"打开"命令，在"打开"对话框中，选择"项目素材/项目 4/圣诞祝福"文件夹中的"雪夜小屋""雪橇""驯鹿"和"圣诞老人"这 4 个 Flash 源文件，接着单击对话框中的"打开"按钮，将其全部打开。然后激活"圣诞祝福"文件的库，在库中依次选择"雪夜小屋""雪橇""驯鹿"和"圣诞老人"这 4 个文件的库，分别将"背景""圣诞老人侧面""圣诞老人身体""圣诞老人正面"和"小屋"元件调入到"圣诞祝福"库中（见图 4-42）。

4．制作片头

1）新建"片头老人动作"元件。选择"插入"→"新建元件"命令，在打开的"创建新元件"对话框中，选中"名称"文本框中的"元件 1"文字，将元件名称更改为"片头老人动作"，"类型"改为"影片剪辑"，单击"确定"按钮（见图 4-43），进入元件的绘制编辑界面。

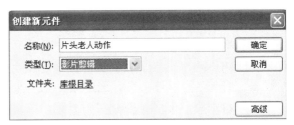

图　4-42　　　　　　　　　　　　　　　图　4-43

2）制作"片头老人动作"元件。首先在时间轴左侧的图层区双击"图层 1"文字，重命名为"身体"。选中第1帧，将"圣诞老人正面身体"元件拖入到舞台中心位置，按<Ctrl+B>组合键将身体分离。然后选择圣诞老人的左侧胳膊，按<Ctrl+X>组合键将其剪切下来。新建图层"胳膊"，拖动到"身体"图层的下方，选中第 1 帧并按<Ctrl+Shift+V>组合键，在舞台上原位置粘贴圣诞老人的左胳膊，使用"任意变形工具"，以胳膊的肩关节为中心旋转，调整胳膊成挥手动作的初始状态。接着在第 6 帧单击鼠标右键，在弹出的快捷菜单中选择"插入关键帧"命令，同样以肩关节为中心旋转左胳膊，调整到向右挥手的动作位置，在第 1～6 帧中任意选择一帧，创建传统补间，完成第一次挥手动作（见图 4-44）。依照此方法在第 11～16 帧、第 16～21 帧、第 21～26 帧之间做出反复挥手的动作。最后按住<F5>键将身体图层延时到第 26 帧，与左胳膊的动作同步，整个挥手动作完成。

3）制作片头文字。新建图层"文字"，选中第 1 帧，使用"文本工具"在舞台右侧输入片头文字"圣诞祝福"。在"属性"面板中将"字符"选项的"大小"设置为200 点，"颜色"为"R"255、"G"102、"B"0，并在"滤镜"选项中添加"投影"滤镜，为文字制作白色模糊的投影。在第 13 帧插入关键帧，将文字水平拖曳到圣诞老人的头顶上方，单击第 1～13 帧中的任意一帧创建传统补间。拖动红色的时间指针观察效果，文字已从右侧进入，并停在圣诞老人的头顶上方。接着在第 14 帧、第 20 帧和第 26 帧分别插入关键帧，将第 14 帧文字稍微放大一点，在第 20 帧将文字"投影"滤镜的"模糊"数值调大为 40 像素，最后在第 14～20 帧、第 20～26 帧中分别创建传统补间。文字的投影模糊效果先是逐渐扩散后又回到原始状态（见图 4-45）。拖动时间指针观察片头文字的动画效果，文字从右侧进入并停在圣诞老人的头顶上方，在放大的同时逐渐模糊，最后清晰。

图 4-44   图 4-45

4）制作片头转场。新建图层"黑转场"，在第 24 帧插入关键帧，绘制一个覆盖整个舞台的无边线黑色矩形，全选后按<F8>键，将其转换为"黑转场"影片剪辑元件，并在"属性"面板"色彩效果"选项中调整"样式"的"Alpha"值为 0%。在第 33 帧插入关键帧，将黑色矩形的"Alpha"值改为 100%（见图 4-46），创建传统补间，拖动时间指针观察转场效果，随着黑色矩形逐渐清晰将其图层下方帧内的内容完全覆盖，转场效果完成。

5）在场景中应用"片头"元件。单击舞台左上角的"场景 1"文字，回到主场景界面，将"图层 1"重命名为"片头"。选中第 1 帧，将刚才制作好的"片头老人动作"影片剪辑元件拖入舞台中心。在库中找到"背景组合"图形元件，拖入到第 1 帧的舞台上。调整背景及圣诞老人的大小和位置，并延时到第 33 帧（见图 4-47）。

图 4-46   图 4-47

5. 制作背景移动的动画

在"片头"图层上方新建图层"背景"。在第 34 帧插入关键帧，将库中"背景组合"图形元件拖至舞台处，放大图片并将图片的右下角对准舞台。选中第 34 帧，创建补间动画并延时至 73 帧，此时时间轴的该部分帧区域内显示的是浅蓝色的补间范围，表示创建的是 FlashCS4 中新增的补间动画。选中第 73 帧，将舞台上的背景图片放大后向舞台右上角拖动，此时时间轴第 73 帧上产生一个黑色菱形小点，表示补间成功。最后将补间延时到第 115 帧。观察动画效果，背景渐渐放大最后停止不动（见图 4-48）。

图 4-48

6. 制作雪橇移动动画

在"背景"图层上方新建图层"雪橇"。在第 34 帧插入关键帧，将库中"驯鹿雪橇组合"图形元件拖至舞台，缩小后放置在舞台的左下角。注意，要将驯鹿移到舞台外侧，舞台内仅能看到雪橇整体。在第73帧插入关键帧，调整驯鹿雪橇的位置，使驯鹿雪橇的整体显现在舞台的左下角，最后创建传统补间动画。这时观察动画效果，驯鹿雪橇应依照背景移动的速度、角度向右上移动，形成驯鹿和背景一起移动的整体动画效果（见图4-49）。

7. 制作驯鹿表情动画

在"雪橇"图层的第114帧插入关键帧，放大驯鹿雪橇，重点突出后面驯鹿的头和身体。在第126帧插入关键帧，使用"椭圆工具"在后面驯鹿的右眼内绘制黑色眼珠。采用逐帧动画的方式，依次在第127～130帧和第132帧内插入关键帧，分别调整眼珠的位置，制作出驯鹿眼睛向右转动及鼻孔喷气的动画效果（见图4-50）。注意眼睛及喷气的动画效果要体现出驯鹿有预谋的心理活动。

图　4-49

图　4-50

📢 小提示

注意在绘制驯鹿的眼珠前，要单击激活工具箱下方的"对象绘制"按钮，这样眼珠就能显现在驯鹿头部的上层，否则绘制出来的眼珠只具有麻点状的基本图形特性，在Flash软件中基本图形排列在元件下层，不能直观地看到。也可以先在舞台空白处绘制眼珠，再进行组合，这样眼珠也能显现在驯鹿头部的上层。

8. 制作圣诞老人走近雪橇并放包裹的动画

1）制作圣诞老人行走动画。单击"库"面板下方"新建元件"按钮，新建一个"老人行走"图形元件。将"图层1"重命名为"身体"，选中第1帧，从库中拖曳"老人侧面组合"图形元件到舞台中心并分离。在第3～25帧内选择任一帧插入关键帧，调整每个关键帧内身体各部分的位置，使圣诞老人逐渐向前行走。具体行走姿态可参照人物的动作规律制作（见图4-51）。接着在第32帧插入关键帧，剪切圣诞老人的胳膊后延时至40帧（见图4-52）。

1帧　3帧　5帧　7帧　9帧
11帧　13帧　15帧　17帧
19帧　21帧　23帧　25帧

图　4-51

图　4-52

2）制作老人胳膊动画。在"身体"图层的上方新建图层"胳膊"，在第 32 帧插入空白关键帧，在原位置粘贴胳膊，在第 37 帧插入关键帧，将胳膊调整到抬起的动作位置，在第 40 帧插入关键帧，将胳膊调整到落下的动作位置，分别创建传统补间。

3）制作放包裹动画。新建图层"包裹"，并拖曳到"身体"图层的下方。在第 32 帧、第 34 帧、第 37～40 帧插入关键帧，以包裹口为旋转位移中心点，调整每帧中包裹的位置，使其由后向前运动。拖动时间指针观察动画效果，可看到圣诞老人走近雪橇并把包裹放在雪橇上（见图 4-53）。具体的动作位置也标示出来了（见图 4-54）。

图 4-53

图 4-54

4）在场景中应用"老人行走"元件。回到主场景界面，在"雪橇"图层上方新建图层"圣诞老人"。选中第 74 帧，将"老人行走"图形元件拖入舞台中心。观察动画效果，圣诞老人走近雪橇并将包裹放在雪橇上。

9．制作老人驾车的动画

新建图层"圣诞老人 2"，拖动到"雪橇"图层下方。选中第 114 帧插入空白关键帧，将库中的"老人侧面组合"图形元件再次拖到舞台中，调整大小及位置，使圣诞老人的上半部分身体露在雪橇上方，形成老人坐在雪橇中的效果，然后分离元件。在第 120 帧和第 123 帧插入关键帧，分别调整胳膊的位置，第 120 帧让胳膊处于抬起的动作状态，第 123 帧处于斜放在身体前侧的状态。观察动画效果，老人坐在雪橇上，挥手示意驯鹿拉车，驯鹿却打着响鼻斜眼看着他（见图 4-55）。

10．制作"背景 2"移动的动画

1）制作老人驾车时的近景背景。在"背景"图层上方新建图层"背景 2"，选中第 114 帧插入空白关键帧，将库中的"背景组合"图形元件再次拖至舞台，放大背景使舞台仅现背景的中间偏下部分。

2）制作雪橇飞向天空的背景。接着选中第 139 帧和第 193 帧插入关键帧，在第 193 帧调整背景向右下方移动，创建传统补间（见图 4-56）。

3）制作老人摔落的晃动场景。接着在第 270～278 帧上都插入关键帧，使用键盘上的左方向键和右方向键逐帧微调背景，使其左、右移动形成晃动镜头的视觉效果。

4）制作老人落地后的场景。单击鼠标右键选中第 270 帧复制帧，再单击鼠标右键选中第 285 帧粘贴帧，延时至第 432 帧。

图　4-55　　　　　　　　　　　　　　　　　图　4-56

11．制作雪橇飞行的动画

1）制作雪橇飞向天空的动画。在"背景 2"图层上方新建图层"雪橇飞 1"。选中第201 帧插入空白关键帧，将库中的"雪橇剪影 1"图形元件拖入舞台，放大到舞台的 1/4 左右，并调整到右下角位置，延时至第 208 帧。选中第 201～208 帧中的任意一帧单击鼠标右键创建补间动画。将第 208 帧中的雪橇剪影缩小，并拖曳到月亮的右下侧，此时舞台上将显示补间动画的红色运动路径，如果对雪橇飞行的路线效果不满意，可以拖动运动路径调整，也可以打开时间轴右侧的"动画编辑器"，对"属性关键帧"进行更详细的修改编辑（见图 4-57）。最后观察动画效果，雪橇从舞台右下角飞向月亮，且逐渐缩小。

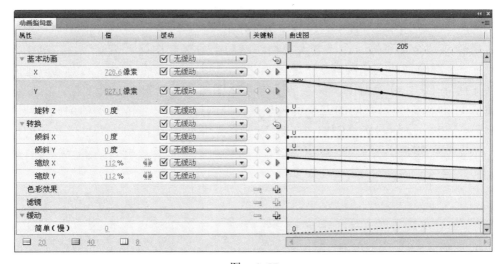

图　4-57

2）制作雪橇飞出舞台天空的动画。在"雪橇飞 1"图层上方新建图层"雪橇飞 2"，选中第 209 帧插入空白关键帧。将库中"雪橇剪影 2"图形元件拖入舞台，比第 208 帧中的"雪橇剪影 1"略小一些，更接近月亮，延时至第 248 帧，同样创建补间动画。分别在第 215 帧、第 224 帧和第 234 帧按照下降抛物线的运动轨迹，调整"雪橇剪影 2"的大小及位置，形成向左飞出舞台天空的动画效果（见图 4-58）。注意，要使第 215 帧和第 224属性关键帧的运动速度慢一些，从第 234 属性关键帧开始再快一点，如果对手动调整的效果不满意，可以通过"动画编辑器"中的"缓动"选项进行详细调整。

3）制作雪橇坠落的动画。选中"雪橇飞 1"图层，先在第 209 帧插入空白关键帧，避免出现前面帧内容的延时问题。接着在第 273 帧插入空白关键帧，将库中"雪橇剪影 3"拖入舞台的左上角，延时至第 284 帧，创建补间动画。在第 276 帧、第 278 帧和第 281 帧依次拖动"雪橇剪影 3"（见图 4-59），调整其大小位置及运动路径，注意第 281 帧是动作的转折帧，从这帧起雪橇开始坠落。同样可在"动画编辑器"中进行详细调整。观察动画效果，随着背景的晃动，雪橇从左上角天空飞入并沿着舞台垂直中心线坠落。

图 4-58   图 4-59

12．制作老人落地后的动画

1）制作老人头部动作。新建"老人与礼物"图形元件，将"图层 1"重命名为"老人礼物"。选中第 1 帧，将库中"老人正面坐"图形元件拖入舞台中心，调整大小后分离元件。在第 28 帧和第 30 帧插入关键帧，将第 28 帧中的老人头部向下移动一点，拖动时间指针观察，老人有点头的动作效果。延时至第 48 帧。

2）制作头顶金星飞舞。在"老人礼物"图层上方新建图层"蓝圈"。在第 1 帧的舞台上绘制一个椭圆形的蓝色圆圈，"笔触"为 8，"样式"为锯齿线、点刻线。延时至第 48 帧（见图 4-60）。在"蓝圈"图层的上方新建图层"金星"，在第 1 帧、第 6 帧、第 11 帧和第 15 帧绘制大小不同的三个黄色星形，调整好位置，形成转动的动画效果。全选第 1～15 帧，单击鼠标右键复制帧，在第 20 帧单击鼠标右键粘贴帧将星形旋转的动作持续下去，直到第 48 帧为止，这样金星就持续旋转了。蓝圈与金星的位置搭配要有旋转动感（见图 4-61）。

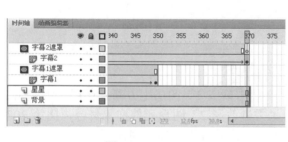
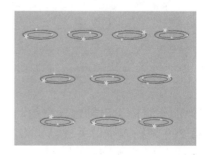

图 4-60   图 4-61

3）制作"掉落礼物"。在"金星"图层上方新建图层"掉落礼物"，在第 10～25 帧制作礼物从舞台外上方掉落并砸到老人头顶的动画。在第 28～35 帧制作礼物落地的动画。在第 38～48 帧制作礼物落地滚动动画（见图 4-62）。礼物的落地滚动运动过程要符合弹性运动规律（见图 4-63）。

图　4-62

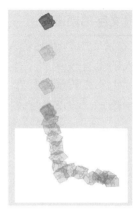

图　4-63

4）在场景中应用"老人与礼物"元件。回到主场景界面，在"圣诞老人"图层的第114 帧插入空白关键帧，防止前面帧的内容延时。在第 285 帧插入空白关键帧，将制作好的"老人与礼物"图形元件拖入舞台，调整大小后放置在雪橇前面。复制"老人与礼物"图形元件内"老人礼物"图层的第 1 帧，在第 333 帧粘贴帧，延时至第 384 帧。观察动画效果，圣诞老人坐在地上头冒金星，礼物从天而降，砸在老人头顶后滚落到地上，最后圣诞老人呆坐在地上。

13．制作驯鹿笑的表情

1）制作鹿眼珠转动。新建"驯鹿笑"图形元件。将"图层 1"重命名为"驯鹿"，选中第 1 帧将"驯鹿雪橇组合"拖入舞台中心，调整大小后延时至第 60 帧。在"驯鹿"图层的上方新建图层"眼睛"，在第 1 帧中为驯鹿绘制眼珠，接着在第 6 帧、第 11 帧、第 14帧、第 17 帧和第 28 帧插入关键帧，分别调整两只驯鹿的眼睛位置，形成对视的动画效果。在第 30 帧将眼睛的位置调到眼眶左侧，形成向左看的视觉效果。同样延时至第 60 帧。

2）制作鹿咧嘴笑。在"眼睛"图层的上方新建图层"嘴"。在第 24 帧插入空白关键帧，将库中"嘴 3"图形元件拖到两只驯鹿的脸部，调整位置及大小。在第 27 帧插入空白关键帧，将库中"嘴 1""嘴 2"图形元件分别拖到两只驯鹿的脸上。注意要和第 24 帧中的嘴形对位，延时至第 60 帧（见图 4-64）。驯鹿的表情要体现顽皮的性格（见图 4-65）。

图　4-64

图　4-65

3）在场景中应用"驯鹿笑"元件。在"雪橇"图层的第 317 帧插入空白关键帧，将制作好的"驯鹿笑"图形元件拖入舞台，调整大小位置，使其位于圣诞老人身后（见图 4-66）。观察动画效果，可看到两只驯鹿对视后咧嘴一笑并望向左侧的圣诞老人。

14．制作渐显文字的动画

1）制作文字效果。在"圣诞老人"图层的上方新建图层"文字"。在第 352 帧插入空白关键帧。在老人的上方使用"文本工具"输入"祝你圣诞快乐"。在"属性"面板中将"字符"选项的"大小"设置为 87，"颜色"为"R"255、"G"0、"B"0 的红色，并在"滤镜"选项中添加"发光""斜角"滤镜（见图 4-67）。延时至第 384 帧。

图　4-66　　　　　　　　　　　　　　　　　图　4-67

2）制作文字渐显动画。在"文字"图层的上方新建图层"遮罩"。选中第 235 帧插入空白关键帧，将"黑转场"图形元件拖入舞台，放置在文字的左下方（见图 4-68）。在第 376 帧插入关键帧。向右调整"黑转场"位置，使其覆盖整个文字，在该图层的控制区单击鼠标右键，在弹出的快捷菜单中选择"遮罩层"命令，将该图层转换为遮罩层。观察动画效果，可看到文字从左向右逐渐显现（见图 4-69）。

图　4-68　　　　　　　　　　　　　　　　　图　4-69

15．制作片尾转场效果

在"遮罩"图层的上方新建图层"转场"。选中第 371 帧插入空白关键帧，将"黑转场"影片剪辑元件拖入舞台并覆盖整个舞台，在"属性"面板中将"Alpha"值调为 0%，在第 384 帧插入关键帧，将"Alpha"值调为 100%，创建传统补间动画（见图 4-70）。复制第 371 帧的"黑转场"并粘贴在第 385 帧，将库中"片尾底纹"图形元件拖至中心位置并调整大小，最后延时至第 432 帧。观察转场效果，圣诞老人和驯鹿逐渐被黑色覆盖，片尾底纹出现（见图 4-71）。

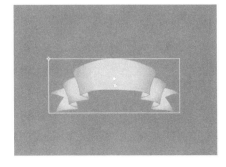

图　4-70　　　　　　　　　　　　　　　　　　图　4-71

16．制作片尾动画

1）制作片尾驯鹿表情。新建"驯鹿结尾表情"的图形元件，将"图层 1"重命名为"鹿"。选中第 1 帧，将库中"驯鹿雪橇组合"元件拖入舞台中心，分离元件后删除驯鹿的身体及雪橇，只保留两只驯鹿的头部，延时至第 25 帧。在"鹿"图层的上方新建图层"嘴"，在第 5 帧和第 6 帧插入空白关键帧。在第 5 帧拖入"嘴 3"图形元件，在第 6 帧拖入"嘴 1""嘴 2"图形元件，分别调整每帧中"嘴"的位置，形成张嘴说话的动画效果，延时至第 25 帧。

2）在场景中应用"驯鹿结尾表情"元件。在"转场"图层的上方新建图层"片尾"，在第 390 帧插入空白关键帧，将"驯鹿结尾表情"图形元件拖入舞台，放置在片尾底纹的中间偏上位置（见图 4-72）。最后在"转场"图层的第 419 帧中输入文字"再见"（见图 4-73）。

图　4-72　　　　　　　　　　　　　　　　　　图　4-73

17．测试动画

选择"控制"→"测试影片"命令，或按<Ctrl+Enter>组合键，对动画进行整体测试，最后按<Ctrl+S>组合键将文件保存。

4.3.4　任务评价

本任务主要讲解了角色动作、角色表情等运动规律，以及运用 Flash CS4 软件的传统补间动画、新补间动画等相关功能制作动画的详细方法，使读者掌握在动画中角色表现的常用技法，熟悉动画制作的流程和方法。

4.4 任务2 春回大地

4.4.1 任务热身

1. 一般运动规律

（1）曲线运动规律

曲线运动规律在动画中的应用非常广泛，它能表现出各种质地轻薄柔软、细长物体的动作特点，产生柔和、圆滑和优美的效果。曲线运动主要分为弧形运动、波形运动和 S 形运动 3 种。

1）弧形运动。弧形运动是指物体的运动轨迹成弧线形。例如，抛出后下落的球体、发射的炮弹（见图 4-74），人的腿和手臂的挥动（见图 4-75）等。表现弧线运动一要注意弧线的轨迹和弧度大小的前后变化，二是要体会实际运动过程中的速度变化，在制作动画时，根据每个分解动作的加速、减速变化来具体控制弧形运动的速度与轨迹。

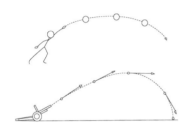

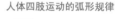

人体四肢运动的弧形规律

图 4-74

图 4-75

2）波形运动。动画中随风飘舞的窗帘、彩带、旗子，汹涌的海浪等都是波形运动；只要运动形态呈波形就属于波形运动（见图 4-76）。在制作时可以在物体的根部假想出一个接一个向前滚动的小球，随着小球的滚动，物体边缘逐渐发生形变，小球滚动到的位置，其顶部边缘就会突出，两侧则凹陷。当一个个小球依次向前滚动时，就会产生连续不断的波峰、波谷变化，将这种连续的波峰、波谷变化用逐帧的形式表现出来，波形运动就产生了（见图 4-77）。

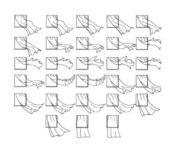

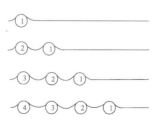

图 4-76

图 4-77

3）S 形运动。在动画中松鼠、牛马等动物的尾巴甩动呈 S 形运动。在甩出时尾巴的形态是正 S 形，在甩回来时是反 S 形，一正一反尾巴尖的运动轨迹正好连接成"8"字形（见图 4-78）。一些像海鸥、老鹰等翅膀较长的禽鸟，在翅膀上下挥动时，也呈 S 形的曲线运动（见图 4-79）。

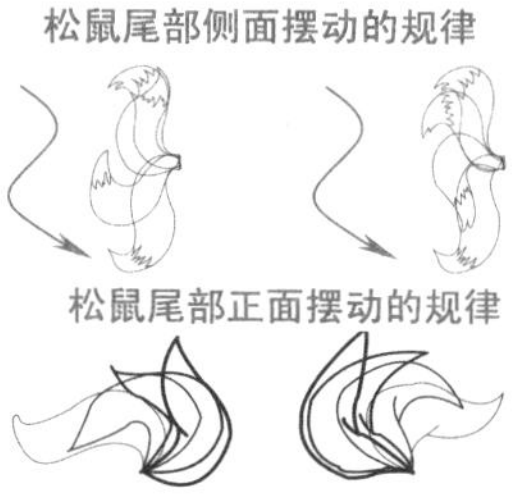

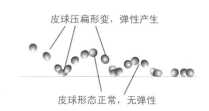

图　4-78

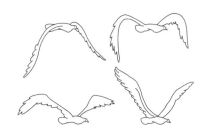

图　4-79

（2）弹性运动规律

弹性运动在动画中很常用。例如，制作皮球弹跳，在下落及弹起时受引力及弹力的影响，皮球出现拉长变化；在落地的瞬间产生弹性形变，皮球被压扁；当弹到最高点时，皮球恢复至正常形态（见图 4-80）。同理，动画中的人物或拟人角色的弹跳也是在这个规律的基础上进行夸张变形的（见图 4-81）。

图　4-80

图　4-81

（3）惯性运动规律

在 Flash 动画中制作人跑步急停、汽车急刹车等要运用惯性运动的规律。通常借助夸张的造型方法来表现。例如，紧急制动使汽车改变原先向前运动的状态，外观挤压变形。但由于惯性，车仍保持继续向前的运动趋势，车会向前倾斜，车尾抬高（见图 4-82）。另外，物体惯性运动的变形程度受物体质量大小的影响，质量越大惯性越大。

2．动物的运动规律

动物在动画片中出现的频率非常高，有时完全是以原生形态出现，有时又是以拟人化的形态出现。对于以拟人化形态出现的动物，其运动动作和性格情感要借鉴、采用人类的运动规律及处理方式。但无论以哪种形式出现，都需要针对不同动物的生理结构和自然运动特征来分析其运动规律，再针对故事情节设计动作。

（1）兽类的运动规律

兽类动物分为跖行、趾行和蹄行三种。跖行兽类如熊、

图　4-82

135

猿猴等脚掌上长着厚厚的肉，行走时脚掌完全着地，缺少弹性，因此跑不快。趾行的兽类有虎、豹、狗等，它们利用趾部站立行走，前肢的掌部、腕部和后肢的趾部、跟部是离地的，所以奔跑迅速。蹄行兽类中奇蹄的有马和犀牛等，偶蹄有牛、羊、鹿和骆驼等。它们用坚硬的蹄行走奔跑，有些体态轻盈、四肢修长的蹄行动物如马、鹿等比体型笨重、四肢粗壮的牛、河马等跑得快而灵活。

1）兽类走路规律。兽类走路的基本运动规律主要有 4 点。一是四条腿做对角线式的两分两合行走，例如，马走路开始起步时，如果右前足先向前迈步，对角线的左后足就会跟着向前，接着是左前足向前走，对角线的右后足跟着向前，这时一个行走的完步就完成了，接着按此规律继续循环马就持续地向前走了（见图 4-83）。二是在前肢后腿运动时，关节的屈伸方向是相反的。在前腿抬起时，腕关节向后弯曲，在后腿抬起时，踝关节向前弯曲，马、狗等表现得尤为明显。三是在走路时由于腿关节的屈伸运动，身体稍有高低起伏变化。为配合腿部运动，保持身体平衡，头部会上下略有点动，在前足跨出时头低下，在前足着地时头抬起。四是跖行、趾行兽类关节轮廓不明显，而蹄行兽类的关节就比较明显，轮廓清晰，显得僵直（见图 4-84）。

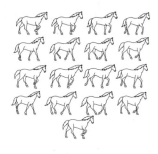

图 4-83

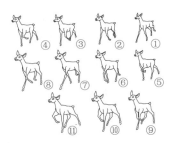

图 4-84

2）兽类奔跑规律。在兽类奔跑时四条腿的运动规律与走路时的交替分合相似，但是跑得越快，四条腿的交替分合就越不明显（见图 4-85）。在快跑时会变成前后两条腿同时屈伸，身体上下起伏及跨出的步伐更大，常常只有一只蹄与地面短暂接触，甚至是呈腾空跳跃的状态，给人以蹦蹿出去的感觉（见图 4-86）。

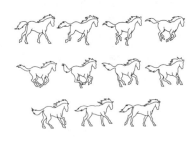

图 4-85

图 4-86

（2）禽鸟类的运动规律

1）鸟类的运动规律。在鸟类飞行时腿部紧贴身体，翅膀上下扇动，身体随之起伏变化。在翅膀向下时头部略向上抬起；在翅膀向上时，头部略低或平直。鸟类翅膀的整个挥动过程像大的波形运动（见图 4-87）。当然，不同鸟类的飞行也存在差异。例如，麻雀、燕子等身体小巧，动作灵活，翅膀不大，扇动频率与飞行速度很快，有时基本上看不到翅膀的中间动作。所以在制作小型鸟类的扇翅动作时，可以在翅膀周围加上速度线（见图 4-88）；而有些鹰、大雁、海鸥等阔翼类的鸟类，它们的体态较大，翅膀大而宽，飞行时动作较慢，有时利用风力在空中作很长时间的滑翔，不需要扇动翅膀。它们的动作伸展完整，姿态优美（见图 4-89）。

图　4-87　　　　　　　　　图　4-88　　　　　　　　　图　4-89

2）禽类的运动规律。有些鸟类如鸡、鸭、鹅，经过人类饲养后已不能在空中飞翔，只能做几下短暂的扑翼飞起动作。它们在行走时靠两只脚交替向前迈出（见图 4-90），尾部随着迈出的腿向同侧扭动，在每次脚落地时，头部就会向下一点随后再抬起（见图 4-91）。

图　4-90　　　　　　　　　　　　　　　　图　4-91

（3）鱼类的运动规律

鱼类在水中游动时，身体两侧有规律地交替伸缩，所产生的力向鱼的身体及尾部传递过去，形成波浪式的运动方式。鱼鳍起着平衡稳定的作用，而头部的轻微摆动促成尾部有力的甩动（见图 4-92）。通常体型大的鱼动作慢且稳，在游动时运动轨迹曲线弧度较大。体型小的鱼动作快而灵活，常有停顿和窜出的动作，有时靠尾部摆动游动（见图 4-93）。

（4）爬行类的运动规律

爬行类动物主要有鳄鱼、龟、蜥蜴和蛇等。蛇爬行通常呈 S 形的运动轨迹，头稍离地，依靠胸部鳞片收缩与地面接触的摩擦行进，在运动时身体呈波形有规律地摆动。鳄鱼和乌龟有四只短腿，支撑着笨重的身体贴地爬行，都呈对角线式走法（见图 4-94）。

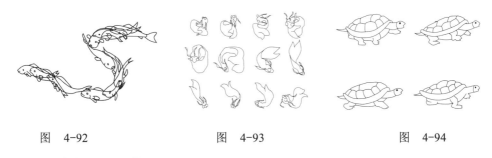

图　4-92　　　　　　　　　图　4-93　　　　　　　　　图　4-94

（5）昆虫类的运动规律

昆虫种类繁多，基本上分为两类：一种是善于飞行的，例如，蝴蝶、苍蝇、蚊子和蜻蜓等；一种是不善于飞行的，以爬行为主，例如，蚂蚁和甲虫等。

飞行类昆虫的共同特征是振翅飞行。振翅频率及飞行速度都很快。例如，蜻蜓，体轻翅膀大，当翅膀扇动时就显得特别剧烈，还经常按照曲线运动路线飞行，所以有翩翩飞舞的感觉（见图 4-95）。蝴蝶和蜜蜂在飞行时振翅快，基本看不到翅膀的清晰形状，在动画中可以用添加虚影线的方式表现。爬行类昆虫多数依靠胸廓下部的六足爬行。例如，甲虫在爬行时把六足按三角形分成两组互换步伐行进，并以中足为支点，身体稍微转动。左前足、右中足、左后足为一组，右前足、左中足、右后足为另一组。每爬一步，由一组的三足支撑身体，另一组三足同时向前迈步，左右两足交替向前移动（见图 4-96）。有些蟋蟀、蚱蜢和螳螂等昆虫善于跳跃，这类昆虫的六足中，前四足较小，后两足粗壮有力，在跳跃时一般呈抛物线运动（见图 4-97）。

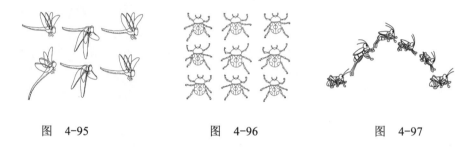

图　4-95　　　　　　图　4-96　　　　　　图　4-97

3．Flash 运动引导层动画

（1）运动引导层动画的特点

运动引导层动画能够使对象沿着指定的路径进行运动。可以直接在主场景中制作引导层动画，也可以利用元件嵌套的方式，将引导层动画制作成图形或影片剪辑元件，再应用到主场景中（由于影片剪辑元件的属性功能较多，所以推荐使用影片剪辑元件制作引导层动画）。

（2）创建运动引导层动画

下面通过"气泡"例子，说明利用元件形式制作引导层动画的具体操作方法。首先在新文件中新建"气泡"图形元件，选中"图层 1"的第 1 帧，绘制一个气泡（见图 4-98）。再新建"气泡运动"影片剪辑元件，将库中"气泡"图形元件拖入"图层 1"的第 1 帧的舞台的下方。在第 35 帧插入关键帧，将气泡移动到舞台上方，在第 1～35 帧中的任意位置单击鼠标右键创建传统补间，气泡向上运动（见图 4-99）。在该图层的名字上单击鼠标右键，在弹出的快捷菜单中选择"添加传统运动引导层"命令，此时在该图层的上方将新建一个运动引导层（见图 4-100）。

图　4-98

图　4-99

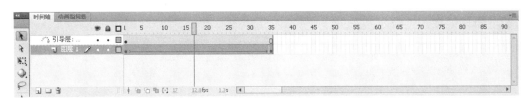

图 4-100

选中引导层的第 1 帧，使用"钢笔工具"绘制一条纵向的曲线钢笔路径作为运动的引导线，延时至第 35 帧（见图 4-101）。回到"图层 1"的第 1 帧，使用"选择工具"将气泡移至引导线的下端，并使气泡中心对齐于下端端点（见图 4-102）。使用同样的方法再将第 35 帧内的气泡对齐于引导线的上端端点。拖动时间指针观察动画效果，可看到气泡已经沿着弯曲的引导线从下向上运动。现在引导层动画已经完成。

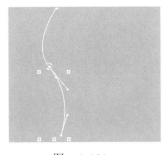

图 4-101

图 4-102

回到主场景，选中"图层 1"的第 1 帧，将刚才制作的"气泡运动"影片剪辑元件拖入舞台，调整好位置大小，为丰富动画效果，可以拖曳多个气泡到舞台上，并使用"任意变形工具"调整个别气泡的旋转角度（见图 4-103）。另外还可以通过"属性"面板中"Alpha""色彩""高级"（见图 4-104）等选项对气泡做各种各样的调整。

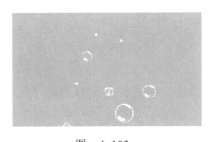

图 4-103

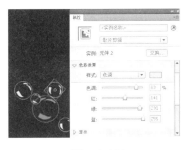

图 4-104

（3）调整修改运动引导层动画

如果想要调整修改运动引导线，直接删除重画或使用"选择工具"调整引导线即可，只是在调整完后，注意将被引导对象的位置重新对齐于引导线的两端。如果想要调整修改被引导对象，可先删除创建的传统补间，再分别修改对象。如果想要断开"对象"所在图层和运动引导层的链接，可以采用把图层拖到引导层上方的方法（见图 4-105），或者在引导层图层名字上单击鼠标右键，在弹出的快捷菜单中选择"属性"命令，这时会打开"图层属性"对话框（见图 4-106），在"类型"选项后选中"一般"单选按钮，再单击"确定"

按钮即可断开链接。

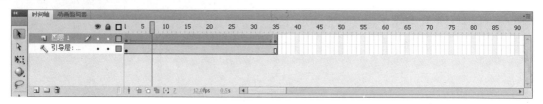

图 4-105

图 4-106

4.4.2 任务目标

1）掌握在 Flash 动画中动物角色的动作规律及制作技法。

2）熟练掌握引导层动画的制作方法。

4.4.3 任务实施

1.《春回大地》动画分析

春天来了，树洞里一只兔子伸出头来探寻春的气息。此时一只蝴蝶翩翩飞过，小兔子好奇地看着这只蝴蝶，随后它钻出树洞追逐着蝴蝶。突然它停了下来，看到有一只小兔子蹲在前面的湖边，原来这只小兔子正望着水中的金鱼。此刻雁群从它的头顶飞过，在湖面上留下投影，小兔子抬起头来望着在天空中逐渐飞远的大雁。一切是那么美好，春天又悄悄地回到大地。

2．运行程序并设置舞台

运行软件。设置舞台"尺寸"为 1024px×768px。"背景颜色"使用"R"227、"G"238、"B"202。打开标尺设置辅助线，标示出舞台的四边位置。最后选择"文件"→"保存"命令，将其命名为"春回大地"并保存。

3．调用相关文件的库中元件

选择"文件"→"打开"命令，在"打开"对话框中，选择"项目素材/项目4/春回大地/"文件夹中的"春回大地背景""蝴蝶飞""兔子"和"大树"这 4 个 Flash 源文件，接着单击对话框中的"打开"按钮，将其全部打开。然后单击激活"春回大地"文件的库，在库中依次选择这 4 个文件的库，分别将其中的元件调入到"春回大地"库中。

4．制作片头

1）制作"蝴蝶飞舞"元件。新建"蝴蝶飞舞"影片剪辑元件。将"图层 1"重命名为"蝴蝶"，选中第 1 帧，将库中"蝴蝶"影片剪辑元件拖入舞台右侧。在第 80 帧插入关键帧，将"蝴蝶"拖至舞台左侧，创建传统补间（见图 4-107）。在该图层控制区单击鼠标右键，在打开的快捷菜单中选择"添加传统运动引导层"命令，此时在"蝴蝶"图层的上方将新建一个"引导层"。选中第 1 帧，使用"钢笔工具"绘制引导"蝴蝶"飞行的路径（见图 4-108），并延时至第 80 帧。使用"选择工具"，分别将第 1 帧和第 80 帧内的"蝴蝶"对准飞行引导路径的两端。观察动画效果，蝴蝶按照引导路径飞舞。

2）制作"兔追蝶"元件。新建"兔追蝶"图形元件。选中第 1 帧，将制作好的"蝴蝶飞舞"元件拖入舞台偏左的位置。再将库中"兔子跑组合"图形元件拖入舞台偏右的位置（见图 4-109），延时至第 60 帧。

图　4-107　　　　　　　图　4-108　　　　　　　图　4-109

3）制作片头文字。新建"春"图形元件。选中第 1 帧，使用"文本工具"输入文字"春"，在"属性"面板"字符"选项中将"颜色"设置为"R"51、"G"204、"B"0，还可以在"系列"中选择一种自己喜欢的字体，然后将其分离。依照此方法再分别新建"回""大"和"地"3 个图形元件。

🔊 小提示

　　将文字分离后，文字就变成基本图形的属性。因为每位用户安装在计算机中的字库不同，当 Flash 源文件在不同用户的计算机中打开时，由于该计算机没有安装相应的字库，文件找不到对应的字体，就会显示字体缺失，将提示用默认的字体替换，从而失去文件的原有特色。而文字分离后，文字被认定为基本图形，就不再涉及字体的问题了。

4）制作片头动画。新建"片头"图形元件。将"图层 1"重命名为"背景"，选中第 1 帧，将库中"草地"图形元件拖入舞台中心偏下的位置。新建图层"兔子蝴蝶"，选中第 1 帧，将"兔追蝶"图形元件拖入舞台草地上偏右的位置。新建图层"春"，将"春"图形元件拖入第 1 帧舞台上方，在第 8 帧插入关键帧，将"春"字垂直拖曳到草地上方，创建传统补间。依照此方法，在第 9～16 帧创建"回"字的传统补间，在第 17～25 帧创建"大"字的传统补间，第 26～33 帧创建"地"字的传统补间（见图 4-110）。拖动时间指针观察动画效果，在兔子向前跑的同时，"春回大地"文字依次落下，但是蝴蝶向前飞舞的动画看不到，因为"蝴蝶飞舞"是影片剪辑元件，只有通过"测试影片"命令才能观察到动画效果。

5）在场景中应用片头元件。回到主场景界面，将"图层1"重命名为"片头"。选中第1帧，将"片头"图形元件拖入舞台中心，延时至第59帧。

5. 制作远处背景

新建图层"背景"。选中第60帧，将库中"背景1"图形元件拖入舞台，放大"背景1"，让其右下方内容显现在舞台当中（见图4-111），延时至第180帧。

6. 大树与树洞对位

新建图层"树洞"，在第60帧插入空白关键帧，将库中"树洞"图形元件拖至舞台左下角。新建图层"大树"，在第60帧插入空白关键帧，将库中"大树"图形元件拖至舞台左下角。分别调整大树及树洞的大小、位置（见图4-112），使其浑然一体，延时至第180帧。

图 4-110

图 4-111

图 4-112

7. 制作兔子探头的动画

新建图层"兔子1"，并拖至"大树"图层的下方。在第68帧插入空白关键帧，将库中"兔子头1"图形元件拖入舞台，缩小后放在大树树洞的左下角，并使其头部显露出一部分。在第76帧插入关键帧，将"兔子头1"向右上移动一点，让更多的头部显露出来，创建传统补间，延时至第95帧。观察动画效果，兔子先是微微露出头部，然后伸出头部（见图4-113）。

8. 制作兔眼追随蝴蝶的动画

1）制作兔眼转动元件。新建"兔眼追随"图形元件。将"图层1"重命名为"兔子头"，选中第1帧，将库中"兔子头2"拖入舞台中心，延时至第80帧。新建图层"眼睛"，在第1帧中将"兔眼"拖至兔子眼眶内下方，在第5帧、第24帧、第34帧和第80帧插入关键帧，按照逆时针圆形轨迹分别调整"兔眼"的位置，然后分别创建传统补间（见图4-114）。观察动画效果，"兔眼"按照3/4圆轨迹旋转。

2）在场景中添加飞舞的蝴蝶。回到主场景，在"大树"图层的上方新建图层"蝴蝶"。在第96帧插入空白关键帧，将"蝴蝶飞舞"影片剪辑元件拖至舞台右边框辅助线外，与"兔眼"的位置基本水平，延时至第180帧（见图4-115）。

图 4-113

图 4-114

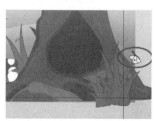
图 4-115

3）制作"兔眼"追随"蝴蝶"动画。在"大树"图层上方新建图层"兔子2"。在第96帧插入空白关键帧，将"兔眼追随"图形元件拖至舞台大树树洞的位置，调整大小后延时至第170帧（见图4-116）。

9.　制作兔子出洞的动画

1）制作"兔出洞"元件。新建"兔出洞"图形元件。将"图层1"重命名为"身体"，选中第1帧，将库中"兔子正身体"拖至舞台中心，延时至第10帧。新建图层"兔子头1"，在第1帧将库中"兔子头1"图形元件拖至舞台兔子身体的上方，调整好位置。接着在第5帧和第10帧插入关键帧，将第5帧中的兔子头向上移动一点，分别创建传统补间。观察动画效果，兔子点头。

2）在场景中应用"兔出洞"元件。回到主场景，在"兔子2"图层的第171帧插入空白关键帧，将"兔出洞"图形元件拖至舞台大树的前面，延时至第180帧（见图4-117）。

图　4-116

图　4-117

10.　制作兔子追蝶的动画

1）制作兔子追蝶的移动背景。在"背景"图层的第181帧和第241帧插入关键帧，并将第241帧中的背景向右做大幅度的水平移动，创建传统补间（见图4-118）。

2）制作兔子追蝶动画。在"兔子2"图层的第181帧插入空白关键帧，将库中"兔子跑组合"图形元件拖至舞台右边框辅助线外，延时至第241帧。在"蝴蝶"图层的第181帧插入空白关键帧，将库中"蝴蝶飞舞"影片剪辑元件拖至舞台中心偏左的位置，延时至第241帧（见图4-119）。

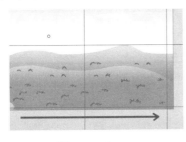

图　4-118

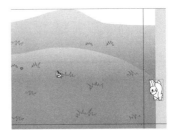

图　4-119

11.　制作兔子急停的动画

1）制作兔子急停背景。在"背景"图层的第242帧插入关键帧，将背景放大延时至第263帧。

2）制作兔子急停动作。在"兔子2"图层的第242帧插入空白关键帧，将"兔子跑9"拖入舞台调整好大小位置。由于兔子在奔跑中突然急停，自身急停的力和产生的惯性会使兔子的身体后仰，脚向前。因此需要将兔子向右旋转一点，形成后仰的动势。再使用"刷子"工具，选择"R"51、"G"102、"B"0的深绿色，绘制出兔子在草地上急停时的痕迹线。接着在第245帧和第248帧都插入关键帧，将第245帧内的兔子做更大幅度的旋转，使后仰的动势更明显，急停的痕迹线也要再长一点。将第248帧内的兔子向前移动一点，为急停动作缓冲，同样也要画出急停的痕迹线。在第253帧插入空白关键帧，将库中"兔子侧蹲"图形元件拖入舞台，单击时间轴下方的"绘图纸外观"按钮，启用观察多个帧功能，相对前一帧中兔子的大小位置进行调整（见图4-120）。拖动时间指针，观察动画效果，兔子急停下来。在兔子急停的整体动作制作中，一定要结合惯性运动规律，表现出急停的突然感和力度（见图4-121）。

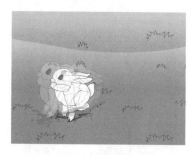

图 4-120

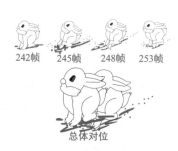

图 4-121

12．制作湖边蹲坐的小兔

1）制作小兔蹲坐的背景。在"背景"图层的第264帧插入空白关键帧，将库中的"背景2"拖入舞台，放大后调整位置，使近处草地、湖水显露在舞台中（见图4-122）。在第284帧和第303帧插入关键帧，将第303帧的"背景2"放大，在舞台中显露大面积湖水和一小部分近处草地，创建传统补间。观察动画效果，背景逐渐拉近。

2）制作背面蹲坐小兔。在"兔子2"图层的第264帧插入空白关键帧，将库中的"兔子背蹲坐"图形元件拖入舞台，调整大小后放置在舞台中心的上方。在第284帧和第303帧插入关键帧，将第303帧内的小兔放大，放置到舞台中心的突出位置，创建传统补间（见图4-123）。观察动画效果，小兔和"背景2"一起拉近放大。

图 4-122

图 4-123

13．制作湖水中金鱼游动的动画

1）打开相关文件在库中的元件。选择"文件"→"打开"命令，打开"项目素材/项目4/春回大地"文件夹中的"金鱼游动""水花"和"大雁飞"这 3 个 Flash 源文件,接着单击激活"春回大地"文件的库,依次选择这 3 个文件的库,分别将其中的元件放到"春回大地"库中。

2)制作湖水中金鱼游动。新建"湖水"图形元件,将"图层 1"重命名为"湖水 1"。复制第 375 帧内的湖水,粘贴到第 1 帧中,延时至第 50 帧。新建图层"鱼",将库中"鱼游组合"图形元件拖到第 1 帧的舞台上,缩小金鱼并调整好位置,延时至第 50 帧。新建图层"鱼 2",选中第 4 帧,再次将库中"鱼游组合"图形元件拖入舞台,缩小金鱼并调整好位置,延时至第 50 帧。

3)制作鱼游动的水花。新建图层"水花",将库中的"水花"图形元件拖入到第 1 帧的舞台上,延时至第 50 帧。新建图层"水花 2",选中第 4 帧,再次将库中的"水花"图形元件拖入舞台,延时至第 50 帧(见图 4-124)。

4)制作顶层半透明湖水。新建图层"湖水 2",复制"湖水 1"图层中的第 1 帧,并粘贴到"湖水 2"图层的第 1 帧中,分离湖水后删除近处草地,在"颜色"面板中将湖水线性填充的"Alpha"值降低到 60%,形成金鱼在水面下游动的视觉效果(见图 4-125)。

5)在场景中应用"湖水"元件。在"背景"图层的第 304 帧插入关键帧,将刚才制作好的"湖水"图形元件拖入舞台,调整大小后延时至第 375 帧。

6)添加背蹲小兔。复制"兔子 2"图层的第 303 帧内的小兔,粘贴在该图层第 304 帧内,将其调整到舞台偏右的位置,注意舞台内仅露出小兔的上半部分身体,延时至第 366 帧(见图 4-126)。

图 4-124　　　　　　　图 4-125　　　　　　　图 4-126

14. 制作大雁飞的阴影

1)制作"雁飞阴影"。在库中双击"雁飞组合"图形元件,进入元件的绘制编辑界面,全选所有帧后,单击鼠标右键复制帧。新建"雁飞阴影"图形元件,在第 1 帧上单击鼠标右键粘贴帧,将"雁飞组合"元件内的所有内容复制到"雁飞阴影"元件中。单击时间轴下方的"编辑多个帧"按钮,启用多个帧同时编辑功能。拖动时间轴上方帧数字显示区内的"括号",使其包含全部帧,接着在按下鼠标左键的同时拖选"雁飞阴影"元件中的全部帧(见图 4-127)。在工具箱中单击"笔触颜色"按钮,在弹出的"颜色拾色器"中单击"删除笔触色"按钮,此时会将舞台上所有大雁的边线笔触删除。然后在"颜色"面板中改变大雁的填充颜色,选择数值为"R"76、"G"76、"B"76 的灰色,现在所有大雁填充的都是灰色(见图 4-128)。

图 4-127

图 4-128

2）在场景中应用"雁飞"阴影元件。新建图层"雁飞"。在第338帧插入空白关键帧，将库中"雁飞阴影"图形元件拖至舞台右侧的边框外，调整大小后放置在偏下的位置，延时至第375帧。接着在第342帧单击鼠标右键，在快捷菜单中选择"转换为关键帧"命令，再次拖入"雁飞阴影"图形元件，将其放置于舞台的右下角。观察动画效果，大雁的阴影飞过水面。

15．制作小兔抬头的动画

1）制作小兔抬头的基本形态。新建"兔抬头"图形元件。将"图层1"重命名为"身体"，选中第1帧，将库中"兔子背蹲坐"图形元件拖入舞台的中心位置并调整大小，双击兔子头部选中所有内容后按<Ctrl+X>组合键进行剪切，延时至第10帧。新建图层"兔头"，按<Ctrl+Shift+V>组合键将剪切下来的兔子头部在原位置粘贴到第1帧中。

2）制作小兔抬头的形态。在第5帧插入关键帧，双击选中兔子头部的所有内容，选择工具箱中的"任意变形工具"后，单击位于工具箱下方的"扭曲"按钮，现在兔子头部的周围出现扭曲调整框，向外拖曳右上方的控制节点，兔子的右侧耳朵向外扭曲倾斜，依照此方法使小兔的两只耳朵都向外倾斜一点，再将扭曲调整框上方中心的节点向下拖曳，使小兔头部稍微压扁一些。接着使用工具箱中的"直线工具"，在小兔后脖颈处绘制一条直线。再使用"选择工具"向下拖曳直线的中心部位，将直线调整成弧形（见图4-129）。接着进一步修改头部的外形，最后延时至第10帧。观察动画效果，小兔抬头。

3）在场景中应用小兔抬头元件。在"兔子1"图层的第367帧插入关键帧，将"兔抬头"图形元件拖入舞台，使用"绘图纸外观"功能，将其与前一帧中的小兔对位，并调整好大小。延时至第375帧。观察动画效果，小兔抬头看见大雁飞向远方（见图4-130）。

16．制作小兔主观镜头的背景缩放

复制"背景"图层的第303帧内的背景，在原位置粘贴到"背景"图层的第376帧，接着在第452帧插入关键帧，将背景缩小，使背景整体显露在舞台中，创建传统补间，延时至第455帧（见图4-131）。

图 4-129

图 4-130

图 4-131

17. 制作大雁飞过的动画

1）制作大雁飞过。在"雁飞"图层的第 456 帧插入空白关键帧，将库中的"雁飞组合"图形元件拖入舞台 4 次，分别调整好它们的位置和大小，延时至第 503 帧（见图 4-132）。

2）制作大雁飞过的背景变化。新建图层"背景 2"。在第 456 帧插入空白关键帧，将"背景 2 前景草地"拖入舞台，使用"绘图纸外观"功能，将其与前一帧中的背景草地对位，并调整好大小。延时至第 530 帧。在"属性"面板"色彩效果"选项的"样式"中选择"高级"，调整为"红"-2、"绿"8、"蓝"-61，此时"背景 2 前景草地"的颜色变为嫩绿色。观察动画效果，随着大雁的飞过，前景草地逐渐变成嫩绿色，春天来到。

18. 制作片尾文字

在"蝴蝶"图层的上方新建"片尾文字"图层，在第 510 帧插入空白关键帧。使用工具箱中的"文本工具"，在舞台中心输入"完"字。在"属性"面板的"字符"选项中将"大小"设置为 200，"颜色"设置为白色。然后在"滤镜"选项中添加"发光"滤镜，其中"颜色"数值为"R"216、"G"240、"B"120，"模糊"数值为"25"。最后延时至第 530 帧（见图 4-133）。

图　4-132

图　4-133

4.4.4　任务评价

本任务主要讲解了动物角色的动作制作方法，使读者熟悉在动画中动物角色表现的常用技法。掌握引导层动画的详细制作方法。

4.5　任务 3　湖畔细雨

4.5.1　任务热身

1. 风、火、水、雨雪的运动规律

在动画中，经常看到风、火、水、雨雪、闪电、爆炸等自然现象。这些自然现象在动画中最重要的作用是展现环境气氛，烘托动画中角色的性格特点及当时的心理活动。

（1）风

自然界的风用肉眼无法看到它的形态和动势，所以动画中的风，多数是通过被风吹动的各种物体的运动来表现的。例如，通过纸张、树叶和羽毛等轻薄物体的运动来体现风的存在与变化。它们随风力的强弱而产生速度变化，在迎风时向上飘起，在顺风时下降渐远（见图 4-134）。当然，在 Flash 动画中也常用一些拟人化或线形来直接表现风（见图 4-135 和图 4-136）。

图　4-134　　　　　　　　图　4-135　　　　　　　　图　4-136

（2）火

火焰边缘呈锯齿状，会随气流的稳定程度呈现大小不一的不规则晃动。无论是小火、中火还是大火，都离不开产生、扩张、收缩、摇摆、上升、下降、分离和消失的 8 种基本运动规律（见图 4-137）。

蜡烛、火柴等小火的运动特点是细碎多变、跳跃摇摆。而柴火、炉火等中火由前后两组火焰构成，两团火轮番上升、分离、下收（见图 4-138）。大火是由多个小火组成的，各个小火的运动速度要略快于整体的大火，但要受大火外形变化规律的制约。有时动画中还要表现火熄灭的运动，其特点是一部分火焰分离、上升、消失，另一部分向下收缩、消失，然后冒烟、消失（见图 4-139）。

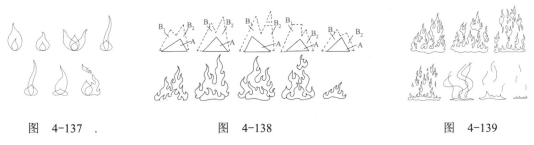

图　4-137　.　　　　　　　图　4-138　　　　　　　　图　4-139

（3）水

水是动画中经常出现的一种物质。水滴落的过程是积聚、壮大、分离、收缩，再如此反复循环（见图 4-140）。而水花在溅起时速度较快，向四周分散；当水花升至最高点时，速度逐渐变慢；在分散下落时又加快（见图 4-141）。水的波纹由中心向外逐渐扩散，圆圈越来越大，逐渐分离消失（见图 4-142）。

图　4-140　　　　　　　　图　4-141　　　　　　　　图　4-142

小溪、水渠、瀑布等流水可用曲线运动来表现一排一排的小波浪，并在前端添加一些细碎的浪花和飞溅的水珠，但要注意曲线形的水纹要有变化避免呆板（见图 4-143）。江河湖海的波浪是由许多变化的水波组成的。每排波浪按照兴起、推进、消失的规律运动，一排一排波浪接替推进，有时合并有时相冲（见图 4-144）。

图　4-143　　　　　　　　　　　　　　　　　　图　4-144

（4）雨雪

在 Flash 中表现简单的下雨很容易，利用直线工具绘制大小不等的线段，通过朝一个方向移动，就可以实现下雨的效果。但为了表现雨天的气氛及远近的空间感，就要用前层、中层和后层三个层来表现（见图 4-145）。

雪花的特点是体积小而轻，会随风飘舞，飘落动作缓慢。在制作简单的下雪动画时，可以利用引导层将雪花飘落的过程制作成影片剪辑元件，最后在舞台上拖曳多个实例，并分别调整实例的大小、角度、透明度和分布等，让雪花飘舞有远近空间感（见图 4-146）。而在制作更加逼真的飘雪动画时，可以借鉴下雨的三层制作方法，只是雪花飘舞运动的方向不太规律，速度也较慢。前层表现近处飘落的雪花，大而清晰、数量少、速度略快；中层表现中间稍远的雪花，雪花比较模糊，外形要小于前层、分布稍密、速度比前层慢；后层雪花最小最模糊，可用大小不一的模糊圆形连成片状，代表雪花的疏密分布，速度更慢（见图 4-147）。

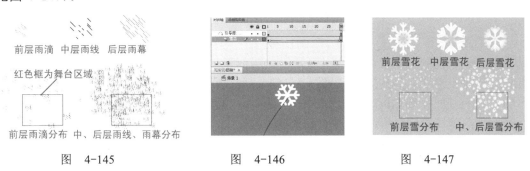

图　4-145　　　　　　　　　图　4-146　　　　　　　　图　4-147

2．闪电、烟尘、爆炸、云雾的运动规律

（1）闪电

闪电的光亮耀眼，速度非常快，在动画中由生成到结束只需几帧画面。在制作闪电效果时，可以将形态直接画成树枝型（见图 4-148）和图案型（见图 4-149）。另外，还可通过周围背景的颜色变化来体现闪电的效果。也就是将背景处理成灰背景、暗背景和亮背景 3 张，再加上白色背景和黑色背景共 5 张，用逐帧动画的方法按照灰背景、亮背景、白色、黑色、亮背景、白色、暗背景、灰背景的顺序使它们交替出现就能制作出闪电的效果（见图 4-150）。

| 图 4-148 | 图 4-149 | 图 4-150 |

（2）烟尘

烟主要分为浓烟、轻烟和烟尘。在 Flash 中制作工厂烟囱排出的大团浓烟时，先要绘制出一团一团烟的外形，再组合成整团烟的形状，最后按照波形运动规律调整每团烟的变化，让其翻滚推进就可以了（见图 4-151）。而烟斗、香炉的轻烟会成片状或带状，外形放大拉长、弯曲摇曳、扩散分离，体态轻盈袅袅上升，飘缈感强（见图 4-152）。对于汽车尾气和人物哈气等烟尘，则要注意产生、分离、扩散和消失的变化过程（见图 4-153）。

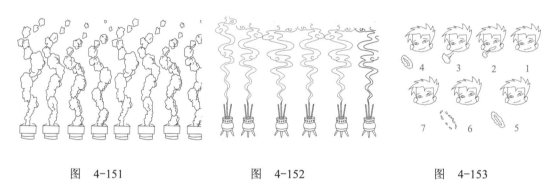

| 图 4-151 | 图 4-152 | 图 4-153 |

（3）爆炸

在 Flash 中制作简单的爆炸，可采用单层或双层放射线的形式逐帧绘制，还可以采用多层绘制写实性爆炸线的方法（见图 4-154）。复杂的爆炸包含爆炸闪光、炸飞的物体、爆炸烟雾 3 个方面。爆炸闪光的过程很短，从中心放射形撕裂迸散，炸飞的物体由爆炸中心沿抛物线向四周扩散，而纵深的空间感要通过炸飞物体的飞起、落地先后顺序及大小差异来表现，爆炸烟雾可参照烟尘的规律处理。只要对这 3 个方面合理搭配，控制好时间，就可以制作出完美的爆炸效果（见图 4-155）。

（4）云雾

动画中的云可画成写实形状、卡通形状及装饰形状，在绘制时线条要圆润，云层要清晰（见图 4-156）。另外，在制作云飘动时，要考虑运动速度的变化，在晴天少风时云飘动得慢，悠闲舒缓。而在阴雨天乌云翻滚时飘动速度较快且瞬息万变。

在 Flash 中可以利用影片剪辑制作雾的效果。首先在影片剪辑中绘制出雾的外形轮廓，然后在"属性"面板的"滤镜"选项中添加"模糊"效果，并调整其数值就能做成朦胧的雾（见图 4-157）。

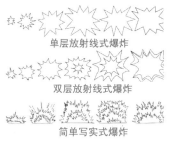

单层放射线式爆炸

双层放射线式爆炸

简单写实式爆炸

图　4-154

图　4-155

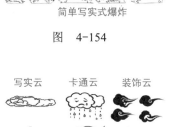

写实云　　卡通云　　装饰云

图　4-156

图　4-157

4.5.2　任务目标

1）掌握在动画中自然现象的运动规律及制作技法。

2）掌握在 Flash CS4 软件中新增的"Deco 工具"的使用方法。

3）熟练运用 Flash CS4 传统补间、遮罩层动画等功能制作动画。

4.5.3　任务实施

1.《湖畔细雨》动画分析

随着主观镜头的变化，前景大树逐渐移出画面外，湖畔风景尽收眼底。在岸边的草地上支着两个野营帐篷，旁边的一簇篝火正在燃烧。这时，天空中下起了小雨，随着雨势渐大，篝火越来越小，最后被雨熄灭。

2．运行程序并设置舞台

运行 Flash CS4 软件，在启动界面中新建一个 Flash 3.0 版本的文件。首先在"属性面板"中将舞台"尺寸"更改为 1024px×768px。"背景颜色"使用白色。接着打开标尺，在舞台的上下及左右分别拖曳出水平及垂直的辅助线，标示出舞台的 4 边位置。最后选择"文件"→"保存"命令将其命名为"湖畔细雨"并保存。

3．调用相关文件的库中元件

选择"文件"→"打开"命令，在"打开"对话框中，选择"项目素材/项目4/湖畔细雨/"文件夹中的"片头背景""树"和"帐篷及木柴"这 3 个 Flash 源文件，接着单击对话框中的"打开"按钮,将其全部打开。然后单击激活"湖畔细雨"文件的库,依次选择这 3 个文件的库,分别将其中的元件放到"湖畔细雨"库中。

4.制作片头

1)绘制片头背景。在主场景中将"图层 1"重命名为"片头",选中第 1 帧,使用工具箱中的"矩形工具"绘制一个覆盖全部舞台的矩形,"颜色填充"为"R"136、"G"181、"B"0,按<Ctrl+G>组合键将其组合,延时至第 19 帧。

2)制作片头文字。在"片头"图层的第 1 帧中使用"文本工具"输入"湖畔细雨"。在"属性"面板的"字符"选项中将"大小"设置为 96,"颜色"设置为"R"102、"G"51、"B"0 的深褐色,接着在"滤镜"选项中添加"投影"滤镜,"颜色"为白色,"模糊"为 8,"角度"为 49,"距离"为 4。

3)制作片头风景。选中"片头"图层的第 1 帧,将库中的"片头湖水"拖入舞台。调整大小后将其放置于舞台中心偏左上的位置。

4)制作片头 Deco 藤蔓图形。选择工具箱中的"Deco 工具",在"属性"面板的"绘制效果"中将"花"的颜色改为"R"255、"G"0、"B"255 的玫粉色,将"叶"的颜色改为"R"51、"G"102、"B"255 的蓝色,在"高级选项"中将"分支角度"的颜色改为"R"51、"G"0、"B"153 的深蓝色。接着选中"片头"图层的第 1 帧,使用"Deco 工具"直接单击绘制藤蔓图形(见图 4-158)。

5.制作湖畔背景

1)导入背景图片。选择"文件"→"导入"→"导入到库"命令,在打开的"导入到库"对话框中,选择"项目素材/项目 4/湖畔细雨/"文件夹中的"背景.jpg"文件,接着单击对话框中的"打开"按钮,将其导入到库中。

2)制作湖畔背景。新建图层"背景"。在第 20 帧插入空白关键帧,将导入到库中的"背景"拖入舞台,调整大小后使其覆盖整个舞台。延时至第 255 帧(见图 4-159)。

图　4-158

图　4-159

6.制作"中景树"及阴影

1)制作"中景树"。新建图层"中景树",在第 20 帧插入空白关键帧,将库中"树2"影片剪辑元件拖至舞台,缩小后放置在舞台右边框内侧的中心位置。在按<Alt>键的同时,拖曳复制"树 2"实例 3 次,分别调整它们的大小及分布位置(见图 4-160)。延时至第 255 帧。

2)制作"中景树"阴影。新建"树影"影片剪辑元件。在第 1 帧中拖入"树 2"影片剪辑元件,全选"树 2",复制后再粘贴一个"树 2",选择"修改"→"变形"→"垂直翻转"命令,将后粘贴的"树 2"垂直翻转过来。按<Ctrl+B>组合键分离元件,使其成为麻点状图形,选中树干部分并删除(见图 4-161)。双击选中外围嫩绿色的树冠,将其填充颜色改为深灰色。依照此方法继续将树冠的阴影部分改为黑色(见图 4-162)。

图　4-160　　　　　　　　图　4-161　　　　　　　　图　4-162

3)为"中景树"添加阴影。回到主场景界面,选中"中景树"图层的第 20 帧,将"树影"影片剪辑元件拖入舞台,调整好大小后放在树的下方。选择"修改"→"排列"→"下移一层"命令,使"树影"的叠放次序位于大树后面。在"属性"面板"色彩效果"选项的"样式"中,将"Alpha"值设置为 50%,使"树影"产生朦胧的效果(见图 4-163)。

7. 制作"前景树"动画

新建图层"前景树"。在第 20 帧插入关键帧,将库中的"树"影片剪辑元件拖入舞台,放大后使其树干及下半部分树冠显露在舞台左侧,延时至第 79 帧。在第 29 帧单击鼠标右键,在弹出的快捷菜单中选择"转换为关键帧"命令,然后创建补间动画(见图 4-164),选中第 79 帧,将树向左侧舞台外拖曳。观察动画效果,"前景树"向左移出舞台。

图　4-163　　　　　　　　　　　　　图　4-164

8. 制作燃烧的篝火动画

1)新建文件制作火燃烧。新建 Flash CS4 文件"火"。从"图层 1"的第 1 帧开始,按照大火燃烧、熄灭的规律,逐帧绘制火燃烧并逐渐熄灭的形态,全选第 1 帧内的火,单击工具箱中的"颜色填充工具",在弹出的"颜色拾色器"中选择最后一个线性填充"色板",此时,火已经填充了该线性渐变颜色(见图 4-165)。接着在"颜色"面板的"渐变编辑器"中向外拖曳删除多余的色标,使剩余的三个色标按照红、黄、红的顺序排列,现在火的填充颜色已变为红、黄、红三色渐变。选择工具箱中的"渐变变形工具",单击"火"后出现渐变调节框,将鼠标指针放在旋转节点上并向逆时针方向拖动,使垂直的填充色变为水平(见图 4-166),最后适度调整缩放节点,让渐变的各个颜色分布更合理。最后将"火"的"笔触颜色"改为红色。依照此方法将所有帧内的"火"填充完毕。

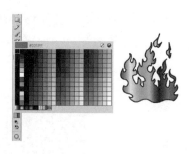

图 4-165　　　　　　　　　　　　　　　图 4-166

2）制作火燃烧、熄灭元件。新建"火"和"火熄灭"两个元件，将绘制的火燃烧部分复制粘贴到"火"元件中，将火熄灭的部分复制粘贴到"火熄灭"元件中。

3）在场景中应用"火"元件。激活"湖畔细雨"文件，在库中找到"火"文件的库，将"火"和"火熄灭"两个元件导入到"湖畔细雨"库中。在"中景树"图层上方新建图层"火"。在第 31 帧插入空白关键帧，将"火"影片剪辑元件拖至舞台近景草地上，调整大小后延时至第 255 帧（见图 4-167）。

4）为篝火添加木柴。选中"火"图层的第 31 帧，将库中"木柴"图形元件拖入舞台，调整大小位置，并使其叠放在篝火后面（见图 4-168）。

9．在草地上添加"帐篷"

在"火"图层的上方新建图层"帐篷"。在第 20 帧插入空白关键帧，将库中的"帐篷"图形元件拖入舞台，调整大小后放在近处岸边，延时至第 255 帧（见图 4-169）。

图　4-167　　　　　　　　　　　　　　　图　4-168

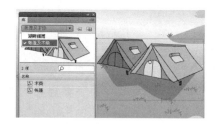

图　4-169

10．制作下雨的动画

1）新建文件制作下雨基础元件。新建 Flash CS4 文件"雨"。在该文件中新建"前雨"图形元件，在"图层 1"的第 1 帧中绘制两条倾斜的浅蓝色短直线及水滴形的雨滴（见图 4-170）。接着新建"中雨"图形元件，在"图层 1"的第 1 帧中绘制多条倾斜的浅蓝色短直线（见图 4-171）。再新建"后雨"图形元件，在"图层 1"的第 1 帧中绘制多条倾斜的浅蓝色长直线（见图 4-172）。

图　4-170　　　　　　　　　图　4-171　　　　　　　　　图　4-172

2）制作下雨的三层运动元件。新建"前层雨滴"影片剪辑元件，在"图层 1"的第 1 帧中拖入"前雨"图形元件，缩小后放置在舞台的左上角，在第 10 帧插入关键帧，将"前雨"拖至舞台的右下角，创建传统补间。新建"中层雨线"影片剪辑元件，在"图层 1"的第 1 帧中拖入"中雨"图形元件，缩小后放置在舞台的左上角。在第 10 帧插入关键帧，将"中雨"拖至舞台的右下角，创建传统补间。新建"后层雨幕"影片剪辑元件，在"图层 1"的第 1 帧中拖入"后雨"图形元件，缩小后放置在舞台的左上角。在第 10 帧插入关键帧，将"后雨"拖至舞台的右下角，创建传统补间。

3）制作"下雨"元件。新建"下雨 1"影片剪辑元件，在"图层 1"的第 1 帧中拖入"前层雨滴"影片剪辑元件，缩小后放置在舞台的左上角。按照此方法反复拖曳多个"前层雨滴"，形成疏密有致的前层雨幕，延时至第 35 帧（见图 4-173）。新建"下雨 2"影片剪辑元件，在"图层 1"的第 1 帧中拖入"中层雨线"及"后层雨幕"影片剪辑元件，缩小后都放置在舞台左上角。按照此方法再反复拖曳多个"中层雨线"及"后层雨幕"形成密集的中后层雨幕，延时至第 35 帧（见图 4-174）。

4）在场景中应用"下雨"元件。激活"湖畔细雨"文件，在库中找到"雨"文件的库，将"下雨 1"和"下雨 2"两个影片剪辑元件导入到"湖畔细雨"库中。在"前景树"图层上方新建图层"雨 1"。在第 80 帧插入空白关键帧，将"下雨 1"影片剪辑元件拖至舞台外左上角，调整大小后延时至第 255 帧。在"雨 1"图层的上方新建图层"雨 2"。在第 106 帧插入空白关键帧，将"下雨 2"影片剪辑元件拖至舞台外左上角的较远处，调整大小后延时至第 255 帧（见图 4-175）。

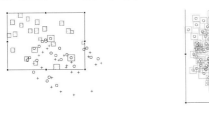 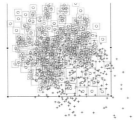 

图　4-173　　　　　　　图　4-174　　　　　　　图　4-175

11．制作火逐渐熄灭的动画

1）制作"火势渐小"。分别在"火"图层的第 139 帧和第 184 帧单击鼠标右键，将它们转换为关键帧，将这两帧中的火调整得越来越小（见图 4-176），注意只缩小火苗，不改变木柴的大小。

2）制作"火熄灭"。在"火"图层的第 214 帧单击鼠标右键，将其转换为关键帧。先将舞台中原来的火删除，再将"火熄灭"图形元件拖入舞台，使用"绘图纸外观"功能，与前一帧内的火对位并调整稍小一些（见图 4-177）。在"火"图层的第 231 帧单击鼠标右键，将其转换为关键帧。将"火熄灭"删除，只保留木柴。

图　4-176

图　4-177

12．制作片尾

1）绘制"片尾图形 1"。在"雨 2"图层上方新建图层"片尾"。在第 199 帧插入空白关键帧，使用工具箱中的"矩形工具"绘制一个大于舞台的矩形，"颜色填充"为"R"136、"G"181、"B"0，再使用"椭圆工具"，绘制一个小于矩形大于舞台的正圆，注意圆心要对准舞台，并填充与矩形不同的颜色。在舞台外的空白处单击，取消圆的选中状态，然后再次选中圆删除，现在矩形上和圆重叠的部分被删除，显露出下方图层的内容（见图 4-178）。

2）绘制"片尾图形 2"。在"片尾"图层的第 215 帧插入空白关键帧，同样先绘制一个大于舞台的矩形，颜色与前一个矩形相同。再绘制一个小正圆，注意圆心要对准篝火（见图 4-179）。

3）制作补间形状动画。在"片尾"图层的第 199～215 帧之间任意选择一帧，单击鼠标右键，在弹出的快捷菜单中选择"创建补间形状"命令（见图 4-180），延时至第 255 帧。观察动画效果，圆由舞台外向篝火处逐渐缩小，最后聚焦在篝火处。

图　4-178

图　4-179

图　4-180

13．制作片尾文字和图形

1）制作片尾文字。将"片尾"图层的第 231 帧转换为关键帧。使用"文本工具"输入文字"完"，在"属性"面板的"字符"选项中，将"大小"设置为 200，"颜色"为白色。在"滤镜"选项中，添加"投影"滤镜，设置"颜色"为"R"103、"G"52、"B"0，"模糊"为 19，"角度"为 45，"距离"为 5，最后选中"挖空"复选框。

2）制作片尾 Deco 藤蔓图形。选择工具箱中的"Deco 工具"，在"属性"面板的"绘制效果"中将"花"的颜色改为"R"255、"G"0、"B"255 的玫粉色，将"叶"的颜色改为"R"51、"G"102、"B"255 的蓝色，在"高级选项"中将"分支角度"的颜色改为"R"51、"G"0、"B"153 的深蓝色。在"片尾"图层的第 231 帧使用"Deco 工具"直接绘制藤蔓图形（见图 4-181）。

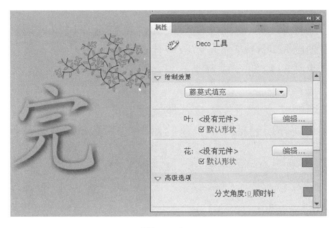

图　4-181

4.5.4　任务评价

本任务主要讲解了动画中火、雨等常用自然现象的制作方法，使读者熟悉常用自然现象的表现技法，进一步提升对 Flash CS4 软件多种动画功能的熟练操作水平。

项目 5 动画文字设计制作

5.1 项目情境

今天，晓峰跟着王导来到了动画后期合成部，现在正在讨论后期合成的问题。

晓峰：王导，动画的后期合成都需要做些什么呢？

王导：在 Flash 动画的后期合成环节，主要是为动画添加文字、声音、交互控制和特效等。

晓峰：动画中出现的文字是指片头、片尾文字吗？

王导：是的，除此以外还包括片中角色的对白文字及一些表明角色想法和感情的说明性文字。

5.2 项目基础

5.2.1 动画文字的制作要求

在动画中出现的文字主要有片头文字、片尾文字、对白文字及说明文字，这些文字都要遵循清晰易读的原则来制作。动画中的文字要明确快速地传达信息，让观众一目了然。

片头文字通常指动画片的名字。一般都将片名放在画面中心的突出位置，字体较大，持续时间较长，以保证观众有充分的时间阅读。另外，在可认易读的原则上还要注意特色性，可以配合动画情节适当添加片中角色等元素，越有特色的片头文字越能吸引观众的注意力，产生标志性的效果。

片尾文字主要展示动画的出品发行单位及创作团队等。例如，制片人、导演、角色及场景的设计制作人员、动画制作人员、配音人员、后期合成人员等。片尾文字多数采用滚动、进入等方式出现，同样要注意文字的易读性，并保证基本的时间进行阅读。

对白文字指动画角色之间的对话语言。通常位于画面的下方，字体易认字号较小，颜色要区别于背景，便于识别。

说明文字应用较灵活。例如，古代剧情的动画，在开始时可以用一段文字说明故事发生的时代背景、起因框架等；还有些 Q 版的 Flash 动画，经常配合角色的表演出现一些类似"啊""哇"等体现情绪的搞笑文字。这些文字都属于说明文字，可以根据剧情及画面的需要，适当调整文字的大小及颜色。

5.2.2 文本的创建与编辑

1. "文本工具" T

单击工具箱中的"文本工具",或者按<T>键都可以使用"文本工具"。在 Flash 中输入文本有两种形式,分别是"无宽度限制文本"与"有宽度限制文本"。

无宽度限制文本为文本的默认状态。选择"文本工具"后,在舞台中单击鼠标,这时文本输入框的右上角出现一个空心圆形。在输入文本时,文本输入框的大小将随着文字的增多而自动扩展,所有的文本内容都显示在一行内(见图 5-1)。

对于有宽度限制的文本,可以通过拖动文本框进行设置。在选择"文本工具"后,在舞台中拖动鼠标,这时文本输入框的右上角出现一个空心矩形,表示该文本输入框有宽度限制。在输入文本时,当输入的文本超出文本输入框的宽度时文本将自动换行(见图 5-2)。两种文本之间可以通过双击、拖动相互转换。

无宽度限制文本

图 5-1

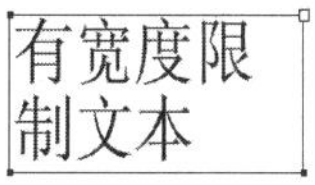

有宽度限
制文本

图 5-2

2. "文本工具"的属性

在 Flash 中,通过"属性"面板或按<Ctrl+F3>组合键可以设置文本的字体和"段落""滤镜"等属性,如字体的"样式""大小""颜色"和"字母间距"等。

(1)文本类型

在"属性"面板上方"T"工具右侧单击"▼"按钮可以更改文本的类型。Flash 有以下 3 种类型的文本(见图 5-3)。

图 5-3

- ❍ "静态文本":显示的是不会动态更改字符的文本,即最常见的文本类型。
- ❍ "动态文本":显示的是可以动态更新的文本,如得分显示牌,常与变量联用。
- ❍ "输入文本":显示的是用户在动画中交互输入的文本,如调查表中的输入文本。

(2)"位置和大小"属性

"X":文本首字符的水平坐标,如果为 0 则左对齐舞台。

"Y":文本首字符的垂直坐标,如果为 0 则上对齐舞台。

"宽度":文本框的宽度。

"高度":文本框的高度。

如果选定" "符号则将宽度与高度锁定。

(3)"字符"属性

"系列":设置字体的类型。

"样式":设置字体的样式,如窄体、规则体、仿粗体、斜体和粗斜体等,如果所选字体不包括粗体或斜体样式,则在菜单中不显示该样式。可以从"文本"菜单中选择,方法是选择"文本"→"样式"命令,选择一种字体样式。

"大小"：设置字体的磅值大小。

"字母间距"：设置两个字符之间的距离。

"颜色"：设置字体的颜色。

"消除锯齿"：使用"消除锯齿"功能可以使屏幕文本的边缘变得平滑。"消除锯齿"选项对于呈现较小的字体尤其有效。启用"消除锯齿"功能会影响到当前所选内容中的全部文本。共有以下五种字体呈现方法以优化文本的输出效果。

○ "使用设备字体"：指定 SWF 文件使用本地计算机上安装的字体来显示字体。通常，设备字体采用大多数字体大小时都很清晰。尽管此选项不会增加 SWF 文件的大小，但会使字体显示依赖于在用户计算机上安装的字体。

○ "位图文本（无消除锯齿）"：关闭"消除锯齿"功能，不对文本提供平滑处理。用尖锐边缘显示文本，由于在 SWF 文件中嵌入了字体轮廓，因此增加了 SWF 文件的大小。当位图文本的大小与导出大小相同时，文本比较清晰，但对位图文本缩放后，文本显示效果比较差。

○ "动画消除锯齿"：通过忽略对齐方式和字距微调信息来创建更平滑的动画。此选项会导致创建的 SWF 文件较大，因为嵌入了字体轮廓。为了提高清晰度，应在指定此选项时使用 10 磅或更大的字号。

○ "可读性消除锯齿"：使用 Flash 文本呈现引擎来改进字体的清晰度，特别是较小字体的清晰度。此选项会导致创建的 SWF 文件较大，因为嵌入了字体轮廓。若要使用此选项，必须发布到 Flash Player 8 或更高版本（如果要对文本设置动画效果，请不要使用此选项，而应使用"动画消除锯齿"）。

○ "自定义消除锯齿"：使用户可以修改字体的属性。使用"清晰度"可以指定文本边缘与背景之间过渡的平滑度。使用"粗细"可以指定字体消除锯齿转变显示的粗细（较大的值会使字符看上去较粗）。指定"自定义消除锯齿"会导致创建的 SWF 文件较大，因为嵌入了字体轮廓。若要使用此选项，必须发布到 Flash Player 8 或更高版本。

（4）"段落"属性

"格式"：设置段落针对文本框的四种对齐方式，分别为左对齐、居中对齐、居右对齐和两端对齐。

"间距"：使用缩进符号"▤"可以设置文本段落首行缩进的像素数，使用行距符号"▤"可以设置段落内行与行之间的像素数。

"边距"：使用左边距符号"▤"可以设置文本段落针对文本框的左边距像素数，使用右边距符号"▤"可以设置文本段落针对文本框的右边距像素数。

"行为"："行为"选项只针对"动态文本"和"输入文本"。在"动态文本"中，有 3种行为可选择，分别是"单行"文本、"多行"文本及"多行不换行"文本；在"输入文本"中，共有 4 种行为可选择，分别是"单行"文本、"多行"文本、"多行不换行"文本和"密码"文本。

"方向"："方向"选项只针对"静态文本"使用。用户通过单击改变文本方向的按钮"▤"，在弹出的下拉菜单中可以选择"水平""垂直，从左向右"以及"垂直，从右向左"3 种方向。

（5）"选项"属性

在文本的"链接"属性中可以设置文本链接的外部文件，如 HTML 页面、图片和文件等。在链接路径中应注意绝对路径与相对路径的区别。

（6）"滤镜"属性

选中录入的文本，单击文本滤镜属性中的添加滤镜按钮"🔲"可以为文本添加"投影""模糊""发光""斜角""渐变发光""渐变斜角"和"调整颜色"7 种滤镜属性。

- ○ "投影"滤镜："投影"滤镜可以使文字产生阴影效果。在为文本添加了投影滤镜后，可以在"属性"面板中设置阴影的大小、"强度""角度"和"颜色"等（见图 5-4）。

- ○ "模糊"滤镜："模糊"滤镜可以使文字对象产生模糊的效果。在为文本添加了"模糊"滤镜后，可以在"属性"面板中设置模糊的横向值、纵向值及模糊"品质"，值越大模糊效果越明显（见图 5-5）。

图　5-4　　　　　　　　　　　　　　图　5-5

- ○ "发光"滤镜："发光"滤镜可以使文字对象产生发光的特殊效果。包括"内发光"和"挖空"效果等。在为文本添加了"发光"滤镜后，可以在"属性"面板中对发光的大小、"品质"和"颜色"等进行设置（见图 5-6）。

- ○ "斜角"滤镜："斜角"滤镜可以使文字对象产生立体浮雕效果。在为文本添加了"斜角"滤镜后，可以在"属性"面板中对斜角的大小、"品质"、斜角后产生的"阴影"和亮部的颜色、"距离"等进行设置。通过调整"角度"设置斜角动画，可以制作出炫酷的文字效果（见图 5-7）。

图　5-6　　　　　　　　　　　　　　图　5-7

- ○ "渐变发光"滤镜："渐变发光"滤镜不仅可以使文字对象产生发光效果，而且可以将发光的颜色设置为渐变色。在为文本添加了"渐变发光"滤镜后，单击渐变条可以添加颜色节点，最多可以添加 13 个节点（见图 5-8）。

- ○ "渐变斜角"滤镜："渐变斜角"滤镜与"斜角"滤镜相似，只是不仅可以使文字对象产生发光效果，而且可以将发光的颜色设置为渐变色。在为文本添加了"渐变斜角"滤镜后，单击渐变条可以添加颜色节点，最多可以添加 13 个节点（见图 5-9）。

图 5-8　　　　　　　　　　　　　　　　　图 5-9

○ "调整颜色"滤镜："调整颜色"滤镜可以设置文字的"亮度""对比度""饱和度"和"色相"等。例如，红色的文字通过调整参数可以设置出紫色的文字效果（见图 5-10）。

图 5-10

📢 小提示

删除各种滤镜属性只要在滤镜属性面板中先选中滤镜名称，再单击删除滤镜按钮"🗑"即可删除滤镜。

5.3　任务 1　片头文字

5.3.1　任务热身

综合运用"文本工具"和补间动画的知识，可以制作出精美的片头、片尾文字特效。

1. 文本菜单

选择"文本"命令，可以设置文本的字体、大小、样式、对齐、字母间距、检查拼写、拼写设置等，前 5 项功能与文本的属性面板设置基本相同，在此不再赘述。检查拼写功能可以根据个人词典检查文本字段的内容及场景和层的名称等。

2. 将文本转换为图形

在输入文本后，按<Ctrl+B>组合键，或选择"修改"→"分离"命令可以将文本分离，如果是多个文字，则按两次该组合键，完全将文字分离成矢量图形。然后通过扭曲、封套、变形和渐变填充文字的方法，将某个笔画或全部文字处理，可以制作出更加丰富多彩的文字效果。

5.3.2　任务目标

1）掌握"文本工具"的使用及其相应属性的设置。
2）掌握传统补间动画的制作方法。

5.3.3　任务实施

1）运行程序。双击桌面上的 Flash 软件图标，运行 Flash CS4 软件。在启动界面中新建一个 Flash 3.0 版本的文件。

2）设置舞台属性。在 Flash 中默认的舞台"大小"为 550px×400px，"背景颜色"为白色。现在将舞台"尺寸"更改一下，单击激活操作界面右侧的"属性"面板（见图 5-11），单击"大小"后的"编辑"按钮，在弹出的"文档属性"对话框中设置"尺寸"为 1024px×768px（见图 5-12）。"背景颜色"仍使用默认的白色，不需要改变。设置完成后单击"确定"按钮，现在观察舞台的"尺寸"已变为 1024px×768px。

图　5-11

图　5-12

3）插入背景图。双击"图层 1"，将"图层 1"重命名为"背景"。选择"文件"→"导入"→"导入到舞台"命令，导入素材文件"底图.jpg"，选中导入的图片，按<Ctrl+K>组合键，打开"对齐"面板。使导入的背景图片相对于舞台水平垂直居中对齐。

4）绘制黑幕。新建"图层 2"，重命名为"黑幕上"。使用"矩形工具"绘制一个与舞台大小相同的黑色矩形。可以使用"对齐"面板，单击"匹配宽和高"按钮使绘制的矩形与舞台大小相同（见图 5-13）。再绘制一条比舞台稍宽的直线，颜色为红色。单击"对齐"面板中的"水平中齐"按钮及"垂直中齐"按钮使直线相对于舞台垂直（见图 5-14）。

图　5-13

图　5-14

5）制作黑幕拉开动画。使用"选择工具"选择红线下半部分的黑色矩形，按<Ctrl+X>组合键，将黑色矩形剪切。新建"图层 3"，重新命名为"黑幕下"。按<Ctrl+Shift+V>组合键，将下半部分的黑色矩形在原位置粘贴在"黑幕下"图层中。删除"黑幕上"图层中的红色直线。分别选择"黑幕上"图层及"黑幕下"图层的第 50 帧，按<F6>键插入关键帧。

163

选择"黑幕上"图层的第 50 帧的黑色方块，按<Shift+↑>组合键，将黑色方块移出舞台。同理选择"黑幕下"图层的第 50 帧的黑色方块，按<Shift+↓>组合键，将黑色方块移出舞台。选择"背景"图层的第 50 帧，按<F5>键，插入普通帧（见图 5-15）。

6）制作主题衬底。在"背景"图层的上方新建"图层 4"，重命名为"褐色底"；在第 51 帧处插入关键帧，绘制一个高度为 310px，宽度为 1030px，填充色为"R"239、"G"174、"B"24，透明度为 54%的浅米色矩形，选中绘制的矩形，使用"对齐"面板使矩形相对于舞台上下左右居中对齐（见图 5-16）。

图 5-15　　　　　　　　　　　　　　图 5-16

7）制作主题衬底飞入动画。在"褐色底"图层的第 58 帧处，按<F6>键插入关键帧，创建第 50～58 帧之间的补间形状动画。选择第 51 帧处的褐色矩形，将它移出舞台右侧。选中褐色矩形，使用"属性"面板修改矩形的高度为 10，并重新将矩形居中对齐，完成矩形由舞台外飞入舞台并逐渐变高的飞入动画。在"褐色底"图层的第 58 帧处按<F5>键插入普通帧（见图 5-17）。

8）制作经典成语动画。在"褐色底"图层上新建"图层 5"，重命名为"经典成语"；在第 58 帧插入关键帧，录入文字"经典成语故事"，设置字体为"方正祥隶简体"，大小为 100px，字母间距为 35，字体颜色为"R"142、"G"8、"B"37，按<F8>键，将录入的文字转换为影片剪辑元件，命名为"成语故事"（见图 5-18）。

图 5-17　　　　　　　　　　　　　　图 5-18

9）制作文字淡入淡出效果。双击进入"成语故事"影片剪辑元件，选中文字，按<F8>键，将文字转换为图形元件，命名为"文字"。在第 10 帧插入关键帧，选中第 1 帧的图形元件，使用"属性"面板的"色彩效果"中的"样式"选项，设置"Alpha"值为 0。接着在第 85 帧和第 95 帧插入关键帧，设置第 95 帧中的文字元件的"Alpha"值为 0（见图 5-19）。

10）制作"火花"影片剪辑元件。

① 绘制"圆"图形元件。新建影片剪辑元件"火花"，在图层"圆"中，绘制一个正圆，大小为22，颜色为黄白色且边缘透明的放射状渐变。选择此圆形对象，按<F8>键，将它转换为图形元件"圆"（见图5-20）。

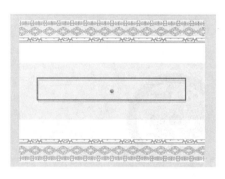

图 5-19　　　　　　　　　　　　　　　　　　图 5-20

② 制作"圆"元件动画。选择第5帧，按<F6>键插入关键帧，并将其中"圆"的尺寸放大到48。选择第10帧，创建一个关键帧，将舞台中元件"圆"的尺寸缩小到40，并将它的透明度降低为80%。选择第12帧，创建一个关键帧，将其中的"圆"元件的尺寸缩小到33，并将它的透明度降低为0。选中第1～12帧，创建传统补间动画（见图5-21）。

③ 制作"星光"图形元件。在"火花"影片剪辑元件中新建一个图层，在其中绘制一个六角的渐变光芒图形，并将它转换为图形元件"星光"。大小比底层中的"圆"对象稍大。参照底层的圆光动画，将光芒创建成传统补间动画，效果与底层的圆动画一样，也是先变大再变小，随后又渐渐消失（见图5-22）。

图 5-21　　　　　　　　　　　　　　　　　　图 5-22

④ 制作火花散落引导层动画。在"火花"影片剪辑元件中新建"图层3"，从"库"面板中将元件"圆"拖放到舞台中，使用"任意变形工具"将它缩小，在第35帧处插入关键帧，设置实例的"Alpha"值为0。创建第1～35帧之间的传统补间动画。单击"添加运动引导层"图标，新建运动引导层，绘制一个弧形的抛物线。调整对象的中心点，将它们对齐到弧形抛物线的起始点和终止点，创建小圆的运动引导层动画（见图5-23）。

⑤ 制作多个火花散落动画。使用与步骤④中相同的方法，再创建3个不同方向的圆的运动引导层动画，运动方向分别为左下、右下、右倾下，出现火花四散落下的效

果（见图 5-24）。

⑥ 添加火花运动后停止行为的代码。新建"图层 11"，在第 35 帧插入空白关键帧，选择第 35 帧，按<F9>键，在"动作"面板中输入脚本"stop();"，让火花四散后停止，完成"火花"元件的创建。

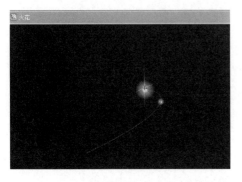
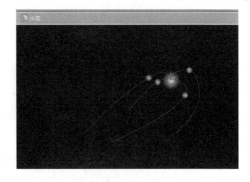

图 5-23   图 5-24

11）制作火花散落的动画效果。

① 制作"经"字火花散落效果。进入"成语故事"影片剪辑元件，新建"图层 2"，在第 13 帧插入空白关键帧，按<Ctrl+L>组合键，从"库"面板中将"火花"影片剪辑元件拖至"图层 2"的第 13 帧中，使用"移动工具"将实例移动至"经"字上面，使用"缩放工具"调整实例的大小使之与文字适配（见图 5-25）。

② 制作其他文字火花散落的动画效果。在"成语故事"影片剪辑元件中，新建"图层 3"，在第 18 帧插入空白关键帧，复制"图层 2"中的"火花"实例粘贴至"图层 3"的第 18 帧中，使用"移动工具"将实例移动至"典"字上面。依照此方法，再创建 4 个图层，分别在第 23 帧、第 28 帧、第 33 帧和第 38 帧中创建"火花"实例并放置在相应的文字上。至此，完成"成语故事"影片剪辑元件的制作（见图 5-26）。

图 5-25   图 5-26

12）调整场景中"成语故事"影片剪辑元件的时间轴。返回"场景 1"，选择"经典成语"层的第 150 帧，按<F5>键插入普通帧，同时选择"背景"图层和"褐色底"图层的第 150 帧，按<F5>键插入普通帧（见图 5-27）。

13）制作主题文字"掩耳盗铃"。在"场景 1"的"经典成语"图层上新建图层，重命名为"掩耳盗铃"，在第 151 帧插入空白关键帧，录入文字"掩"，使用"属性"面板设置文字的大小为 200，字体为"方正卡通简体"，移动字体至舞台外侧的右下方（见图 5-28）。

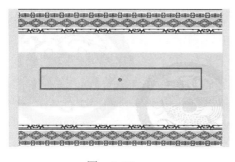

图 5-27

图 5-28

14）制作影片剪辑元件"掩耳盗铃字"。

① 创建"掩"字入屏的动画。选中场景中"掩耳盗铃"层中的文字"掩"，按<F8>键将文字转换为影片剪辑元件，命名为"掩耳盗铃字"。进入影片剪辑元件，选中"掩"字，按<F8>键将文字转换为图形元件，命名为"掩"，选中"图层 1"的第 30 帧，按<F6>键插入关键帧，调整文字位置至舞台左侧居中的位置，创建第 1～30 帧的传统补间动画。移动鼠标至第 1～30 帧之间，使用属性面板设置动画为逆时针旋转 2 次。创建"掩"字入屏的动画（见图 5-29）。

② 创建"耳"字入屏的动画。在影片剪辑元件中新建"图层 2"，在第 30 帧插入空白关键帧，输入文字"耳"，字体大小与"掩"字相同，调整文字至舞台外上方，按<F8>键，将其转换为图形元件"耳"，在第 49 帧插入关键帧，创建传统补间动画。调整第 49 帧的"耳"字实例到舞台"掩"字右方偏上的位置，选择"图层 2"的第 52 帧、第 55 帧、第 57 帧和第 60 帧，按<F6>键插入关键帧，创建传统补间动画。调整第 52 帧和第 57 帧的"耳"字实例，使其垂直下移，创建"耳"字自上而下然后再上下跳跃的动画效果。选择"图层 1"的第 60 帧，按<F5>键插入普通帧（见图 5-30）。

图 5-29

图 5-30

③ 创建"盗"字入屏的动画。在影片剪辑元件中新建"图层 3"，在第 60 帧插入空白关键帧，输入文字"盗"，字体大小与"掩"字相同；调整文字至舞台的中心位置，按<F8>键，将其转换为图形元件"盗"（也可以直接自制元件"盗"并修改文字内容）；修改元件的"Alpha"值为"25%"，在第 81 帧插入关键帧，创建传统补间动画，调整第 81 帧的"盗"字实例的"Alpha"值为"100%"。选择第 84 帧、第 87 帧和第 90 帧，按<F6>键插入关键帧，创建传统补间动画。修改第 84 帧的"盗"字实例向左旋转，修改第 87 帧的"盗"字实例向右旋转。创建"盗"字自左向右左右跳跃的动画效果。选择"图层 1"及"图层 2"

的第 90 帧，按<F5>键插入普通帧（见图 5-31）。

④ 创建"铃"字入屏的动画。在影片剪辑元件中新建"图层 4"，在第 90 帧插入空白关键帧，输入文字"铃"，字体大小为 240，颜色为"R"142、"G"8、"B"37 的紫红色，调整文字至舞台左下外侧的位置，按<F8>键，将其转换为图形元件"铃"；在第 115 帧插入关键帧，创建传统补间动画，调整第 115 帧的"铃"字实例至舞台的适中位置。选择第 120 帧、第 125 帧和第 130 帧，按<F6>键插入关键帧。使用缩放工具放大第 120 帧的"铃"字实例，再使用"缩放工具"缩小第 125 帧的"铃"字实例。创建"铃"字自左向右入屏再出屏的动画效果。选择"图层 1""图层 2"及"图层 3"的第 130 帧，按<F5>键插入普通帧（见图 5-32）。

图 5-31

图 5-32

⑤ 制作主题文字冲屏效果。分别选择影片剪辑元件中的 4 个图层的第 165 帧，按<F6>键插入关键帧，再分别选择 4 个图层的第 173 帧、第 180 帧、第 187 帧和第 194 帧，按<F6>键插入关键帧。使用编辑多个帧的方法（也可以分层修改每个文字）持续选中 4 个图层的第 173 帧的文字实例，使用"属性"面板的宽度、高度选项，修改 4 个文字实例的大小，要大于第 165 帧的实例大小，制作 4 个文字冲屏效果。再分别复制 4 个图层的第 173 帧的内容至第 187 帧，制作文字由小到大再由大到小的动画效果（见图 5-33）。

⑥ 为影片剪辑元件"掩耳盗铃字"添加行为代码。新建"图层 5"，在第 195 帧插入空白关键帧，按<F9>键使用"动作"面板输入脚本"stop();"，至此完成影片剪辑元件"掩耳盗铃字"的制作（见图 5-34）。

图 5-33

图 5-34

15）制作场景中拉屏的动画效果。

① 制作"黑幕上"图层拉幕的动画效果。返回到"场景 1"，选中"掩耳盗铃"层的

第400帧插入普通帧；再选中"背景"图层的第400帧插入普通帧；选中"黑幕上"图层的第51帧插入空白关键帧；再选择该图层的第50帧，单击鼠标右键选择"复制帧"命令，再选中该图层的第350帧，单击鼠标右键选择"粘贴帧"命令，复制第50帧的内容至第350帧中；选择该图层的第1帧，单击鼠标右键选择"复制帧"命令，再选中该图层的第400帧，单击鼠标右键选择"粘贴帧"命令，复制第1帧的内容至第400帧中；将鼠标移至第350～400帧之间，单击鼠标右键创建补间形状动画，制作"黑幕上"图层拉幕的动画效果（见图5-35）。

②制作"黑幕下"图层拉幕的动画效果。依照步骤①中的制作方法，对"黑幕下"图层的第350～400帧之间创建补间形状动画，制作黑幕下层拉幕的动画效果（见图5-36）。

16）保存并测试动画。按<Ctrl+S>组合键保存动画，按<Ctrl+Enter>组合键，测试动画效果。至此，完成片头动画文字的制作。

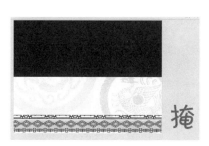

图　5-35

图　5-36

5.3.4　任务评价

本任务主要讲解了文字动画设计的方法。在任务中通过拉幕、火花散落等动画场景巩固了动画补间动画的知识点，通过对"经典成语故事"和"掩耳盗铃"主题文字的制作，强化了文字属性面板的设置方法及文字动画的制作技能。

5.4　任务2　片尾文字

5.4.1　任务热身

1. 遮罩层的概念

遮罩层是Flash中的一种特殊图层，在遮罩层中用户可以绘制任意形状的图形，然后通过遮罩层与普通图层间的链接关系，使普通图层中的图形通过遮罩层中绘制的图形显示出来。

在Flash中，用户可以在遮罩层和被遮罩层中分别或同时使用传统补间动画、补间动画、补间形状等动画类型。遮罩层中的对象在播放时是看不到的，它如同一个窗口，被遮罩层中的对象只能透过遮罩层中的对象看到。遮罩层控制显示的形状，被遮罩层控制图像显示的内容。

2. Flash 遮罩层动画

1）至少要有两个图层，遮罩层位于上方，被遮罩层位于下方。

2）创建遮罩层。

○ 方法 1——使用快捷菜单创建遮罩层。在"时间轴"面板中将鼠标指向某一图层单击鼠标右键，在弹出的快捷菜单中选择"遮罩层"命令，即可将该图层设为遮罩层，其下方相邻的图层变为被遮罩层（见图 5-37）。

○ 方法 2——使用"图层属性"对话框创建遮罩层。在"时间轴"面板中将鼠标指向某一图层单击鼠标右键，选择"属性"命令，在"图层属性"对话框中选中"遮罩层"单选按钮，则将选择的图层设为遮罩层（见图 5-38）。

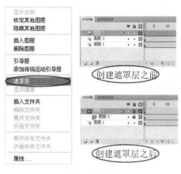

图 5-37

图 5-38

小提示

一个遮罩层的下方可包括多个被遮罩层，除了使用以上两种方法创建被遮罩层外，还可以将要设置为被遮罩层的图层拖曳至遮罩层下方。这是快捷设置被遮罩层的方法。

5.4.2 任务目标

1）了解遮罩层动画的原理和特点，掌握遮罩层动画的制作方法。

2）巩固"文本工具"的使用方法及其相应属性面板的设置方法。

5.4.3 任务实施

1）运行程序。单击 "开始"按钮，在所有程序中选择 Flash 软件，单击运行 Flash。在启动界面中新建一个 Flash 3.0 版本的文件，打开 Flash 的操作界面。

2）设置舞台属性。在 Flash 中默认的舞台"大小"为 550px×400px，"背景颜色"为白色。现在将舞台"尺寸"更改一下，单击激活操作界面右侧的"属性"面板（见图 5-39），单击"大小"后的"编辑"按钮，在弹出的"文档属性"对话框中设置"尺寸"为 1024px×768px（见图 5-40）。"背景颜色"修改为红色。设置完成后单击"确定"按钮，现在观察舞台已变大为 1024px×768px。

图　5-39

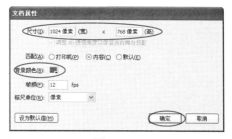

图　5-40

3）插入背景图。双击"图层 1"，将"图层 1"重命名为"背景"。选择"文件"→"导入"→"导入到舞台"命令，导入素材文件"背景.jpg"，选中导入的图片，按<Ctrl+K>组合键，打开"对齐"面板，使导入的背景图片相对于舞台水平垂直居中对齐。选中导入的图片，按<F8>组合键，将其转换为图形元件"底图"（见图 5-41）。

图　5-41

4）制作"星星"影片剪辑元件。

① 绘制"星星"。新建"图层 2"，重命名为"星星"。按<Ctrl+F8>组合键，创建影片剪辑元件"星星"；进入元件编辑方式，选择"多角星形工具"，设置"样式"为"星形"，"边数"为"5"，"星形顶点大小"为"0.50"（见图 5-42），绘制一个五角星；选择工具箱中的"转换锚点工具"，将五角星的尖角点转换为圆滑点（见图 5-43）。

图　5-42

图　5-43

② 绘制右下角星光。打开"颜色"面板，将"星星"影片剪辑元件设置为蓝色至白色的渐变，边线设为白色。新建一个图层，使用"椭圆工具"，按<Shift>键绘制一个无边线

的正圆，填充为白色到透明色的放射状渐变（见图 5-44）。

③ 绘制星芒。新建图层，使用"椭圆工具"绘制一个椭圆；再使用"任意变形工具"旋转椭圆对象，填充为白色不透明到透明的放射性渐变；复制椭圆对象，调整旋转角度，形成"十"字星光效果。移动该图层的对象至五角星右下角，形成星光效果（见图 5-45）。

图　5-44　　　　　　　　　　　　　图　5-45

④ 绘制星星的背景光。新建"图层 4"，将该图层移至最底层，使用"椭圆工具"绘制一个比五角星大一些的椭圆，填充为白色不透明至透明的放射状渐变。选中绘制的椭圆，选择"修改"→"形状"→"柔化填充边缘"命令，设置参数"距离"为 4，"步骤数"为12，"方向"为"扩展"。至此完成"星星"影片剪辑元件的设置（见图 5-46）。

5）制作"星动"影片剪辑元件

① 绘制星星线。按<Ctrl+F8>组合键，创建影片剪辑元件，命名为"星动"。将"星星"影片剪辑元件拖动到"图层 1"中。新建"图层 2"，使用"线条工具"在舞台中绘制一条白色的直线（见图 5-47）。

图　5-46　　　　　　　　　　　　　图　5-47

② 制作星星线动画。在"星动"影片剪辑元件中，选择"图层 2"中的直线，按<F8>组合键，将其转换为名称为"线"的影片剪辑元件。选中"图层 2"中的"线"影片剪辑元件实例，使用"任意变形工具"，将直线的中心点移至线段的顶端。分别在"图层 2"的第 15 帧、第 45 帧和第 60 帧处按<F6>键插入关键帧，创建传统补间动画。按<Ctrl+T>组合键打开"变形"面板，修改第 15 帧的直线实例的旋转角度为 15°，修改第 45 帧的直线实例的旋转角度为-15°，实现直线左右摆动的运动效果（见图 5-48）。

③ 制作星星随直线左右摆动的动画。在"星动"影片剪辑元件的"图层 1"中，修改"星星"元件实例的中心点，使其与"图层 2"中"线"实例的中心点重合，分别在第 15帧、第 45 帧和第 60 帧处按<F6>键插入关键帧，创建传统补间动画。使用"变形"面板，修改第 15 帧的星星实例的旋转角度为 15°，修改第 45 帧的星星实例的旋转角度为-15°，实现星星随直线左右摆动的运动效果（见图 5-49）。

图　5-48

图　5-49

6）制作"星动组"影片剪辑元件。使用"库"面板直接复制"星星"影片剪辑元件为"星星 2""星星 3"和"星星 4"3 个影片剪辑元件，编辑修改每个元件的五角星填充颜色为不同颜色的渐变。分别使用"星星 2""星星 3"和"星星 4"3 个影片剪辑元件创建"星动 2""星动 3"和"星动 4"影片剪辑元件，调整星星摆动的角度与"星动 1"影片剪辑元件稍有不同；将这 4 个影片剪辑元件拖动至"星动组"影片剪辑元件舞台中，形成 4 个星星摆动的动画（见图 5-50）。

7）制作场景中"星星动"影片剪辑元件入屏动画。返回"场景 1"，在"图层 2"的"星星"图层中的第 1 帧将"星星动"影片剪辑元件拖入到舞台中，选择"图层 2"的第 40 帧按<F6>键插入关键帧，设置第 1 帧元件的"Alpha"值为"0"，按<Ctrl+↑>组合键，将第 1 帧的元件移出舞台至舞台上方，创建第 1～40 帧的传统补间动画，制作出"星星动"元件从上入屏渐显的动画效果。再选择"背景"图层的第 40 帧，按<F5>键插入普通帧（见图 5-51）。

图　5-50

图　5-51

8）制作"字幕 1"图层。在场景中插入"图层 3"，重命名为"字幕 1"。在第 40 帧插入空白关键帧，使用"文本工具"，在"文本工具"的"属性"面板对参数进行设置（见图 5-52）。输入制作人员的相关信息，信息内容可自行确定。

9）制作"文字 1"影片剪辑元件。在"字幕 1"图层中选中录入的文字，按<F8>键将文字转换为影片剪辑元件，命名为"文字 1"，双击进入"文字 1"影片剪辑元件，使用"滤镜"面板对文本进行白色投影滤镜参数设置（见图 5-53）。

10）制作"文字 1"影片剪辑元件入屏动画。在"场景 1"的"字幕 1"图层的第 40 帧处将"文字 1"影片剪辑元件移至舞台下方（见图 5-54），在第 350 帧处插入关键帧，创建传统补间动画。按<Ctrl+↑>组合键，将第 350 帧的"文字 1"影片剪辑元件实例垂直向上移出舞台。分别在"星星"图层及"背景"图层的第 350 帧按<F5>键插入普通帧（见图 5-55）。

11）制作遮罩层遮盖"文字 1"入屏动画效果。

① 绘制遮罩层。在场景中插入"图层 4"，重命名为"字幕 1 遮罩"，在第 40 帧插入空白关键帧，使用"矩形工具"绘制一个黑色无边线的矩形，将矩形的大小调整为比"文字 1"影片剪辑元件的宽度大小稍大，位置相对于舞台垂直居中（见图 5-56）。

图 5-52

图 5-53

图 5-54

图 5-55

图 5-56

② 设置遮罩层。在"字幕 1 遮罩"图层单击鼠标右键，将该层设为"遮罩层"，将"字幕 1"层设为被遮罩层。此时只有"文字 1"影片剪辑元件在通过遮罩层时文字才被显示出来。"文字 1"入屏动画制作完成（见图 5-57）。

12）制作"字幕 2"图层。在场景中插入"图层 5"，重命名为"字幕 2"。在第 320 帧插入空白关键帧，使用"文本工具"，在"文本工具"的"属性"面板对参数进行设置（见图 5-58）。输入制作单位的相关信息。在"字幕 2"层中选中录入的文字，按<F8>键将文字转换为影片剪辑元件，命名为"文字 2"。

13）制作"文字 2"影片剪辑元件入屏动画。在"场景 1"的"字幕 2"图层的第 320帧处将"文字 2"影片剪辑元件移至舞台下方（见图 5-59），在第 370 帧处插入关键帧，创建传统补间动画。按<Ctrl+↑>键，将第 370 帧的"文字 2"影片剪辑元件实例垂直向上移入舞台。分别在"星星"图层及"背景"图层的第 370 帧按<F5>键插入普通帧（见图 5-60）。

图　5-57

图　5-58

图　5-59

图　5-60

14）制作遮罩层动画效果。在场景中插入"图层 6"，重命名为"字幕 2 遮罩"，在第 320 帧插入空白关键帧，使用"矩形工具"绘制一个黑色无边线的矩形，将矩形的大小调整为比"文字 2"影片剪辑元件的宽度大小稍大（见图 5-61）。在"字幕 1 遮罩"图层单击鼠标右键，将该图层设为"遮罩层"，将"字幕 2"图层设为被遮罩层。此时只有在"文字 2"影片剪辑元件通过遮罩层时文字才被显示出来（见图 5-62）。

15）制作文字七彩遮罩效果。

图　5-61

图　5-62

① 制作"字幕 2"图层淡出动画。在"字幕 2"图层的第 465 帧按<F6>键插入关键帧，在第 490 帧按<F6>键插入关键帧，调整实例的"Alpha"值为 0，创建第 465～490 帧之间淡出的传统补间动画。分别选择"星星"图层和"背景"图层的第 490 帧，按<F5>键插入普通帧（见图 5-63）。

② 制作"字幕2复制"图层。选择"字幕2遮罩"图层的第370帧，按<F7>键插入空白关键帧。在场景中新建"图层7"，重命名为"字幕2复制"，在第380帧插入空白关键帧，选择"字幕2"图层的第370帧，单击鼠标右键，在弹出的快捷菜单中选择"复制帧"命令，返回"字幕2复制"图层的第380帧，单击鼠标右键，在弹出的快捷菜单中选择"粘贴帧"命令，将制作单位文字复制至此图层中。

③ 绘制七彩遮罩方块。在"字幕2复制"图层的下方插入"图层8"，重命名为"方块"，在第380帧插入空白关键帧，绘制一个矩形的七彩方块，选中绘制的方块，按<F8>键将其转换为图形元件，命名为"七彩遮罩"。移动图形元件的位置至文字的左侧（见图5-64）。

图 5-63   图 5-64

④ 创建七彩流光文字滑过动画。选择"方块"图层的第420帧，按<F6>键插入关键帧，按<Ctrl+→>组合键，平行移动"七彩遮罩"实例至文字的右侧，创建第380～420帧的传统补间动画。删除"字幕2复制"图层及"方块"图层第465帧以后的帧。选择"字幕2复制"图层，设为"遮罩层"，创建七彩流光文字滑过的动画效果（见图5-65）。

16）制作"背景"图层淡出的动画效果。选择"背景"图层的第490帧和第530帧，按<F6>键插入关键帧，调整第530帧的实例，选中该实例，在"属性"面板中设置样式的色调为黑色100%，创建第490～530帧之间的传统补间动画，选择第540帧，按<F5>键插入普通帧。背景出屏的动画制作完成（见图5-66）。

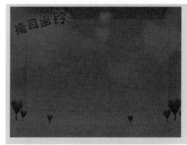

图 5-65   图 5-66

17）保存文件，测试动画效果。按<Ctrl+S>组合键保存动画文件，按<Ctrl+Enter>组合键，测试动画效果。有兴趣的读者可以选择"星星"图层的第1帧，按<F9>键输入以下代码："fscommand("fullscreen", "true");"实现全屏的动画效果。

5.4.4　任务评价

在本任务中，主要运用了文字属性设置、遮罩动画、创建传统补间动画等知识，通过制作该案例，使读者掌握制作片尾文字的动画流程，讲解了文字动画的制作方法。

项目6 动画交互实现

6.1 项目情境

晓峰到办公室来找王导，王导正在听音乐，看到晓峰进来，王导暂停了音乐播放。

晓峰：王导，我刚才想到了一个问题，音乐的播放是可以控制的，那么动画也可以控制吗？

王导：当然可以。Flash 强大的交互性，使用户不仅能观看动画，还能参与到动画中。Flash 实现交互功能的核心，是一种动作脚本语言 ActionScript。它是面向对象的编程语言，通过 ActionScript 的强大功能，可以创造出各种奇妙的动画效果，在动画制作中有着非常重要的作用。

晓峰：哦，是不是网络上的许多 Flash 游戏都是通过交互实现的？我也能制作 Flash 动画游戏吗？

王导：你说的对。想学习制作 Flash 动画游戏，那你就先完成下面几个动画交互的设计任务吧！不过，在动手之前你要先了解一些关于 ActionScript 3.0 的基本知识。

6.2 项目基础

ActionScript 是 Flash 使用的一种动作脚本语言，是 Flash 实现交互功能的核心。本节将讲解 ActionScript 3.0 的开发环境、语法规则、事件处理和程序结构等基础知识。

6.2.1 "动作"面板

"动作"面板是在 Flash CS4 中使用 ActionScript 3.0 处理动作脚本的编辑环境。可以选择"窗口"→"动作"命令来打开"动作"面板。

"动作"面板主要由 3 个部分组成（见图 6-1），左上侧是"动作工具箱"，按类别将全部 ActionScript 元素进行分组，在各类别上点击可以展开或折叠该类别。将光标置于某一个 ActionScript 元素上面，系统会对该元素的功能进行提示。

"动作"面板左下侧是"脚本导航器"。"脚本导航器"是 FLA 文件中相关联的帧动作和按钮动作具体位置的可视化表示形式，可以在这里浏览 FLA 文件中的对象以查找动作脚本代码。除了标记"当前选择"的帧以外，"脚本导航器"还列出了在当前 Flash 文档中应用了 ActionScript 动作脚本的所有帧。通过在所列出的各帧上单击，可以快速地在 Flash 文档中的 ActionScript 脚本之间导航。

图　6-1

"动作"面板右侧是"脚本窗格",这是输入 ActionScript 代码的区域。"脚本窗格"的上方是脚本工具栏(见图 6-2),脚本工具栏上有若干功能按钮,使用它们可以快速对动作脚本实施操作。

图　6-2

将新项目添加到脚本中：单击该按钮,会弹出一个下拉列表,可以选择要添加到"脚本窗格"中的 ActionScript 元素。

查找：在 ActionScript 代码中查找和替换文本。

插入目标路径：为脚本中的某个动作设置绝对目标路径或相对目标路径。

语法检查：检查当前脚本中的语法错误。语法错误列在"输出"面板中。

自动套用格式：自动设置已编写的代码的格式,以实现正确的编码语法和更好的可读性。可以在"首选参数"对话框中设置自动套用格式首选参数。

显示代码提示：如果已经关闭了自动代码提示,可以单击该按钮来显示正在处理的代码行的代码提示。

调试选项：在脚本中设置和删除断点,以便在调试 Flash 文档时可以停止,然后逐行跟踪脚本中的每一行。

折叠成对大括号：对当前插入点所被包含的成对大括号或小括号间的代码进行折叠。

折叠所选：对当前所选择的代码块进行折叠。

展开全部：展开当前脚本中所有折叠的代码。

应用块注释：将块注释标记添加到所选择代码的开头和结尾。

应用行注释：将行注释标记添加到插入点处或所选择的每一行代码的开头。

删除注释：从当前行或当前选择的所有行中删除注释标记。

显示/隐藏工具箱：显示或隐藏"动作"面板左边的"动作工具箱"和"动作导航器"。

脚本助手按钮：单击该按钮可以将"动作"面板切换到"脚本助手"模式。在该模式中,将提示输入创建脚本所需的元素。

帮助：单击该按钮可以打开"帮助"面板,显示针对"脚本窗格"中选中的 ActionScript 语言元素的参考帮助主题。

6.2.2 ActionScript 3.0 语言基础

简单的 Flash 动画是按照顺序播放 Flash 文档中的场景和帧。动画交互的实现（如使用键盘和鼠标来控制跳转到动画中的不同部分或者执行移动目标等任务）则需要进行编程。ActionScript 3.0 要求开发人员对面向对象编程的了解更加深入。

1. 基本语法

（1）区分大小写

ActionScript 3.0 是一种区分大小写的语言，即使是同一个单词，大小写不同，也会被认为是不同的。例如，IF、If、if 在 ActionScript 3.0 中会被视为 3 个不同的语句。

（2）点语法

ActionScript 3.0 是一种面向对象的编程语言，可以通过点运算符 "." 来访问对象的属性和方法。例如，mc._width。

（3）分号

ActionScript 3.0 通常使用分号 ";" 来结束一个程序语句。

（4）注释

在编写代码的过程中，可以写一些注释，使代码更易于阅读和理解。ActionScript 3.0 支持两种类型的注释：单行注释和多行注释。编译器将忽略被标记为注释的文本。

○ 单行注释：以两个正斜线 "//" 开头，注释作用持续到这一行的末尾。

○ 多行注释：如果注释文本跨行，则可以使用多行注释。多行注释以一个正斜线和一个星号 "/*" 开头，以一个星号和一个正斜线 "*/" 结尾。

2. 常量和变量

（1）常量

常量是一种固定不变的数据，是指在程序运行时不会改变的值。在 ActionScript 3.0 中，用 const 来定义常量。例如：

const MAXIMUM: int = 100 ;

在 ActionScript 3.0 中系统定义的常量均使用大写，各个单词之间用下划线 "_" 连接。

（2）变量

变量可以用来存储代码中不断变化的值。在 ActionScript 3.0 中，用 var 来声明变量（需要注意，变量必须先声明后使用）。例如：

var i : int ; //声明了数据类型为 int 的变量 i

可以使用赋值运算符 "=" 为变量赋值。例如：

i=50;

也可以在声明变量时就给变量赋值。例如：

var i : int=50;

🔊 小提示

变量名的命名规则：变量名的第一个字符必须是字母、下划线 "_" 或美元符号 "$"；变量名不能使用 ActionScript 中的元素，即系统已经规定有特殊意义的字符串，如 var、if 和 true 等。

3．数据类型

（1）基本数据类型

在 ActionScript 3.0 中，基本的数据类型包括 Boolean、int、uint、Number、Null、String 和 viod。

（2）复杂数据类型

在 ActionScript 3.0 中所定义的很多数据类型都是复杂数据类型，它们通过基本数据类型组合而得。例如，Object、Date 等。

4．运算符和表达式

用运算符将运算对象（也称操作数）连接起来，符合 ActionScript 语法规则的式子，称为 Flash 表达式。运算对象包括常量、变量和函数等；运算符是指定如何组合、比较或修改表达式值的字符。运算符对其执行运算的元素称为运算对象（也称操作数）。

可以通过"动作"面板查看运算符。单击"动作"面板左上角的 功能按钮，在弹出的菜单中选择"运算符"命令，可以展开各类运算符。在 ActionScript 3.0 中，常见的运算符有算术运算符、关系运算符、逻辑运算符和赋值运算符等。

（1）算术运算符

算术运算符可以执行加法、减法、乘法和除法运算，也可以执行其他算术运算。ActionScript 3.0 中的算术运算符见表 6-1。

表 6-1　ActionScript 3.0 中的算术运算符

运算符	执行的运算	使用范例与说明
+	加法	a+b
++	递增	a++，也可以表示为 a=a+1
–	减法	a–b
–	递减	a–，也可以表示为 a=a–1
*	乘法	a*b
/	除法	a/b
%	求模（余数）	a%b

（2）关系运算符

关系运算符用于比较表达式的值，并返回一个布尔值（即 true 或 false）。最常用于循环语句和条件语句中，进行特定条件的判断。ActionScript 3.0 中的关系运算符见表 6-2。

表 6-2　ActionScript 3.0 中的关系运算符

运算符	执行的运算	使用范例与说明
<	小于	a<b
>	大于	a>b
==	等于	a==b
<=	小于或等于	a<=b
>=	大于或等于	a>=b
!=	不等于	a!=b
as	检查数据类型	
in	检查对象属性	
instanceof	检查原型链	
is	检查数据类型	

（3）逻辑运算符

逻辑运算符对布尔值进行运算或比较，并返回另一个布尔值。常用于循环语句和条件语句中，对多个条件进行组合判断。ActionScript 3.0 中的逻辑运算符见表 6-3。

表 6-3 ActionScript 3.0 中的逻辑运算符

运算符	执行的运算	使用范例与说明
&&	逻辑与	a&&b，当 a 和 b 都为 true 时结果为 true，否则为 false
||	逻辑或	a||b，只要 a 和 b 至少一个为 true 则结果为 true，否则为 false
!	逻辑非	!a，若 a 为 true 则结果为 false，若 a 为 false 则结果为 true

（4）赋值运算符

赋值运算符可以为变量赋值。ActionScript 3.0 中的赋值运算符见表 6-4。

表 6-4 ActionScript 3.0 中的赋值运算符

运算符	执行的运算	使用范例与说明
=	赋值	a=8
+=	加法赋值	a+=8，也可以表示为 a=a+8
-=	减法赋值	a-=8，也可以表示为 a=a-8
*=	乘法赋值	a*=8，也可以表示为 a=a*8
/=	除法赋值	a/=8，也可以表示为 a=a/8
%=	求模赋值	a%=8，也可以表示为 a=a%8

5．函数

函数以一个名称代表一系列代码，通常这些代码可以完成某个特定功能。在编写程序的过程中，如果某个特定功能需要反复使用，就可以编写一个函数，在需要实现该功能时，直接调用函数。Flash 提供了丰富的内置函数，也可以编制自定义函数以扩展函数的功能。

（1）定义函数

在 ActionScript 3.0 中定义函数的语法如下。

```
function functionName ( [parameter0,parameter1,…parameterN]):returnType
{     Statement(s);     }
```

以 function 关键字开头，后跟函数名，用小括号括起来的以逗号分隔的参数列表，函数的返回类型，以及用大括号括起来的函数体（即在调用函数时要执行的一系列代码）。

（2）调用函数

对于已经定义的函数，可以使用函数名并传递所需的参数来调用。需要注意的是，有些函数并不需要参数，但是在调用该函数时，仍然要在函数名后面写上小括号。

6.2.3 事件和事件处理

事件是指软件或硬件发生的事情，它需要 Flash 应用程序有一定的响应。硬件发生的事件如按下键盘、单击鼠标、移动鼠标等。软件发生的事件如影片剪辑刚被载入场景、影片剪辑被卸载等。

Flash 中的事件包括用户事件和系统事件两类。用户事件是指用户直接与计算机进行交互而产生的事件，如单击鼠标或按下键盘等；系统事件是指 Flash 文档在播放过程中自动生成的事件，如影片剪辑在场景中第一次出现或播放头经过某个关键帧等。

为了使应用程序能够对事件作出反应，必然编写与事件相对应的事件处理程序。事件处理程序是与特定对象和事件关联的动作脚本代码。例如，当用户单击某个按钮时，可以暂停影片的播放。

Flash 提供了 3 种编写事件处理程序的方法。

○ 针对对象的 on ( )事件和 onClipEvent ( )事件处理函数。

○ 事件处理函数方法。

○ 事件侦听器。

1. on ( )事件

on ( )事件处理函数是最传统的事件处理方法，它一般直接作用于按钮实例，也可以作用于影片剪辑实例。

on ( )函数的一般形式如下。

> on (鼠标事件) {
>
>   //代码，这些代码组成的函数体响应鼠标事件 }

按钮可以响应鼠标事件，还可以响应 keyPress（按键）事件。可以指定触发动作的按钮事件有 7 种。

1）press：事件发生于鼠标指针在按钮上方，并单击鼠标左键时。

2）release：事件发生于在按钮上方单击鼠标左键，接着松开鼠标左键时。

3）releaseOutside：事件发生于在按钮上方单击鼠标左键，接着把鼠标指针移到按钮之外，然后松开鼠标左键时。

4）rollOver：事件发生于鼠标指针滑入按钮时。

5）rollOut：事件发生于鼠标指针滑出按钮时。

6）dragOver：事件发生于按着鼠标左键不放，鼠标指针滑入按钮时。

7）dragOut：事件发生于按着鼠标左键不放，鼠标指针滑出按钮时。

keyPress 事件发生于用户按下指定的按键时。

2. onClipEvent ( )事件处理函数

onClipEvent ( )事件处理函数只能作用于影片剪辑实例，相关的代码放在影片剪辑实例的"动作"面板中。

onClipEvent ( )函数的一般形式如下。

> onClipEvent (事件名称) {
>
>   //代码 }

对于影片剪辑而言，可指定的触发事件有 9 种。

1）load：影片剪辑一旦被实例化并出现在时间轴中时，即触发此事件。

2）unload：当影片剪辑实例在时间轴上消失时触发该事件。

3）enterFrame：以影片剪辑帧频不断触发的事件。

4）mouseMove：每次移动鼠标时触发此事件。

5）mouseDown：当按下鼠标左键时触发此事件。

6）mouseUp：当释放鼠标左键时触发此事件。

7）keyDown：当按下某个键时触发此事件。

8）keyUp：当释放某个键时触发此事件。

9）data：当在 loadVariables ( )或 loadMovie ( )动作中接收数据时触发此事件。

3. 事件处理函数

在默认情况下，事件处理函数方法是未定义的：在发生特定事件时，将调用其相应的事件处理函数，但应用程序不会进一步响应该事件。要让应用程序响应该事件，需要使用 function 语句定义一个函数，然后将该函数分配给相应的事件处理函数。这样，只要发生该事件，就自动调用分配给该事件处理函数的函数。

事件处理函数由 3 个部分组成：事件所应用的对象、对象的事件处理函数方法的名称和分配给事件处理函数的函数。事件处理函数的基本结构如下。

```
对象.事件处理函数方法名称 = function( ) {
    //编写的程序代码，对事件作出反应          }
```

4．事件侦听器

事件侦听器让一个对象（称作侦听器对象）接收由其他对象（称作广播器对象）生成的事件。例如，可以注册按钮实例从文本字段对象接收 onChanged 通知。

事件侦听器的事件模型类似于事件处理函数方法的事件模型，但有两个主要差别。

1）向其分配事件处理函数的对象不是发出该事件的对象。

2）调用广播器对象的特殊方法 addListener ( )，该方法将注册侦听器对象以接收其事件。

要使用事件侦听器，需要用具有该广播器对象生成的事件名称的属性创建侦听器对象。然后，将一个函数分配给该事件侦听器（以某种方式响应该事件）。最后，在正在广播该事件的对象上调用 addListener ( )，向它传递侦听器对象的名称。

事件侦听器模型的一般形式如下。

```
listenerObject.eventName = function( 参数 ) { //定义侦听器对象事件函数
    //此处是代码          };
    broadcastObject.addListener( listenerObject ) ;
```

其中 listenerObject 是指定侦听器对象的名称，broadcastObject 是指定广播器对象的名称，eventName 是事件名称。

6.3　任务 1　动画控制

6.3.1　任务热身

影片剪辑是 Flash 中的重要元素。在将影片剪辑元件拖放到舞台上时，会产生该影片剪辑元件的一个实例。如果影片剪辑有多个帧，在播放包含该影片剪辑的 SWF 文件时，可以使用 ActionScript 对其进行控制。MovieClip 类的用于动画控制的方法见表 6-5。

表 6-5　MovieClip 类的用于动画控制的方法

方　　　法	作　　　用
play ( )	在影片剪辑的时间轴中移动播放头
stop ( )	停止影片剪辑中的播放头
gotoAndPlay ( )	从指定帧开始播放
gotoAndStop ( )	将播放头移动到影片剪辑的指定帧并停在那里
preFrame ( )	将播放头转到前一帧并停止
nextFrame ( )	将播放头转到下一帧并停止
preScene ( )	将播放头移动到 MovieClip 实例的前一场景
nextScene ( )	将播放头移动到 MovieClip 实例的下一场景

6.3.2　任务目标

1）掌握动画控制的方法（即控制动画的播放、暂停、逐帧播放等）。

2）熟练运用 ActionScript 进行动画控制的设计。

6.3.3　任务实施

1．制作简单的蝴蝶飞舞的动画（见图 6-3）

1）启动 Flash CS4，选择"文件"→"打开"命令，选择"源文件/项目 6/"文件夹中的文档"蝴蝶飞舞.fla"并打开。

2）选择"文件"→"导入"→"导入到舞台"命令，选择"项目素材/项目 6/"文件夹中的"蝴蝶飞舞背景.jpg"文件，将其导入到舞台中。

3）在"属性"面板中设置图片的大小为 550px×400px，使图片与舞台居中对齐。将图层重命名为"背景"并锁定。

4）选中"背景"图层的第 100 帧，按<F5>键插入普通帧，将 Flash 动画延长为 100 帧。

5）新建"图层 2"，重命名为"蝴蝶"，选中"蝴蝶"图层的第 1 帧，把库中的"蝴蝶"影片剪辑元件拖放到舞台上，调整其大小和位置，并在"属性"面板中以"hd_mc"作为其实例名称。

图　6-3

6）在"蝴蝶"图层制作蝴蝶从舞台左侧飞行至右侧的补间动画。

7）选中"蝴蝶"图层，为其添加引导层。在引导层上，从左向右绘制一条引导层曲线。

8）回到"蝴蝶"图层，定位到第 1 帧，将蝴蝶元件实例拖动到引导曲线的始端（左侧），再定位到第 100 帧，将蝴蝶元件实例拖动到引导曲线的末端（右侧）。

至此，简单的蝴蝶飞舞动画制作完成，按<Ctrl+Enter>组合键测试，可以看到动画循环播放，每一次蝴蝶沿着引导线的轨迹，从画面左边飞到画面右边。

2．利用按钮进行动画控制

1）新建图层并重命名为"按钮"。

2）选择"窗口"→"公用库"→"按钮"命令，打开"公用库"面板，双击名称列表中的"classic buttons"前面的文件夹图标，展开文件夹，再展开"Arcade buttons"文件夹，选择"arcade button-orange"按钮（见图 6-4），拖放在舞台上。

3）在"属性"面板中设置按钮的大小为 40px×40px，按<Alt>键并拖动，在舞台上复制共6 个按钮，横向排开放置于舞台的右下角。选中所有按钮，调整位置使它们分布均匀（见图 6-5）。

4）在"按钮"图层上面新建"图标"图层，使用"矩形工具"在舞台上相应的按钮上为各个按钮绘制图标（见图 6-6）。

5）依次选中每一个按钮，在"属性"面板上分别为这些按钮赋予实例名称"bn_play""bn_pause""bn_first""bn_prev""bn_next"和"bn_last"，用于控制动画按"播放""暂停""第 1 帧""上一帧""下一帧"和"最后帧"的方式播放。

图 6-4   图 6-5   图 6-6

6）新建图层并重命名为"action"，置于其他所有图层的最上面，专门用于放置 ActionScript 脚本。将光标定位在该图层的第 1 帧，打开"动作"面板，输入下面的脚本。

```
stop( );
```

关闭"动作"面板，按<Ctrl+Enter>组合键测试，可以看到动画播放到第 1 帧便停止，没有继续播放。

7）再次打开"动作"面板，输入下面的脚本，为各按钮添加事件侦听器，使这些按钮能响应鼠标的单击事件。

```
bn_play.addEventListener(MouseEvent.CLICK,toPlay);
bn_pause.addEventListener(MouseEvent.CLICK,toPause);
bn_first.addEventListener(MouseEvent.CLICK,toFirst);
bn_prev.addEventListener(MouseEvent.CLICK,toPrev);
bn_next.addEventListener(MouseEvent.CLICK,toNext);
bn_last.addEventListener(MouseEvent.CLICK,toLast);
```

8）在添加各按钮的事件侦听器时，指定了 toPlay、toPause 等事件响应函数，接下来需要定义这些函数。输入下面的脚本。

```
function toPlay(event:MouseEvent):void {
    play();
    hd_mc.play();        }
function toPause(event:MouseEvent):void {
    stop();
    hd_mc.stop();//蝴蝶在暂停飞行时，本身也是静止不动的        }
function toFirst(event:MouseEvent):void {
    gotoAndStop(1);        }
function toPrev(event:MouseEvent):void {
    prevFrame();        }
function toNext(event:MouseEvent):void {
    nextFrame();        }
function toLast(event:MouseEvent):void {
    gotoAndStop(100);        }
```

至此,"蝴蝶飞舞"动画制作完成,可以在"时间轴"面板(见图 6-7)和"动作"面板中看到相关内容(见图 6-8)。按<Ctrl+Enter>组合键测试,并在播放过程中任意单击 6 个控制按钮,可以看到对 Flash 动画的控制是成功的。

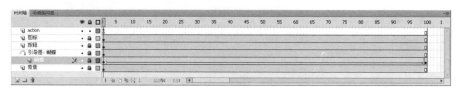

图　6-7

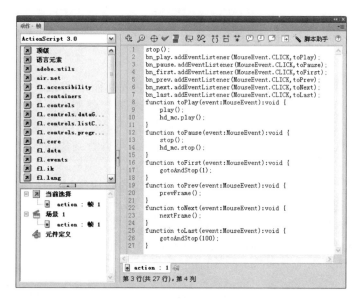

图　6-8

6.3.4　任务评价

本任务主要讲解了 ActionScript 3.0 动画控制的相关理论知识及利用按钮对动画进行控制的方法。在理论知识方面,主要应用 MovieClip 类的用于动画控制的方法,并通过控制一个影片剪辑,引导读者举一反三,灵活地根据实际需要进行思考与设计。通过这个实例初步了解掌握 ActionScript 3.0 的事件侦听及事件响应等。

6.4　任务 2　智能风扇

6.4.1　任务热身

Flash 可以做出千变万化、多姿多彩的动画效果,其中很大一部分都是由控制影片剪辑的属性来达到的。影片剪辑部分常用的属性见表 6-6。

表 6-6 影片剪辑部分常用的属性

属　　　性	意　　　义
_alpha	影片剪辑实例的透明度
_rotation	影片剪辑的旋转角度（以度为单位）
_visible	确定影片剪辑的可见性
_height	影片剪辑的高度（以像素为单位）
_width	影片剪辑的宽度（以像素为单位）
_xscale	影片剪辑的水平缩放比例
_yscale	影片剪辑的垂直缩放比例
_x	影片剪辑的 x 坐标
_y	影片剪辑的 y 坐标

6.4.2 任务目标

1）掌握控制影片剪辑属性的方法（即如何控制影片剪辑的大小、角度和位置等）。

2）熟练运用 ActionScript 进行影片剪辑属性的控制。

6.4.3 任务实施

1．制作图形和按钮元件

1）启动 Flash CS4，选择"文件"→"新建"命令，新建一个空白文档。

2）新建"扇叶"图形元件，然后在元件编辑区中使用"椭圆工具"绘制一个无笔触椭圆，填充颜色为灰色到蓝色再到灰色的线性渐变，使用"选择工具"调整其形状（见图 6-9）。

3）将绘制好的一片扇叶选中，使用"任意变形工具"将其中心点调整至扇叶根部（见图 6-10）。

4）选择"窗口"→"变形"命令，打开"变形"面板。设置旋转角度为 90°，单击"复制并应用变形"按钮（见图 6-11），完成扇叶形状（见图 6-12）。

5）新建"支架"图形元件，然后在元件编辑区中使用"矩形工具""线条工具"及"颜料桶工具"等绘制出风扇的支架（见图 6-13）。

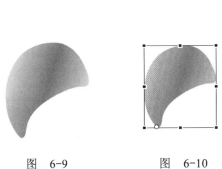

图 6-9　　　　　图 6-10　　　　　　　图 6-11　　　　　　图 6-12

6）新建"框架"图形元件，然后在元件编辑区中使用"椭圆工具"和"线条工具"等绘制出风扇的框架（见图6-14）。

7）新建"控制按钮"按钮元件，在"弹起"帧绘制按钮形状（见图6-15），连续按3次<F6>键，然后再"按下"帧调整按钮的形状（见图6-16）。

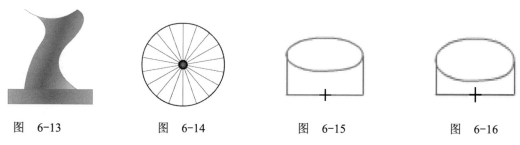

| 图 6-13 | 图 6-14 | 图 6-15 | 图 6-16 |

8）返回"场景1"。

2. 制作影片剪辑元件

1）新建"扇叶_静"影片剪辑元件，在元件编辑区将"扇叶"图形元件放置到舞台中央。

2）新建"扇叶_慢"影片剪辑元件，在元件编辑区将"扇叶"图形元件放置到舞台中央。在第60帧插入关键帧，然后在第1～60帧之间创建动画补间动画。选中第1帧，然后在"属性"面板设置顺时针旋转1周（见图6-17）。

图 6-17

3）新建"扇叶_中"影片剪辑元件，在元件编辑区将"扇叶"图形元件放置到舞台中央。在第60帧插入关键帧，然后在第1～60帧之间创建动画补间动画。选中第1帧，然后在"属性"面板设置顺时针旋转2周。

4）新建"扇叶_快"影片剪辑元件，在元件编辑区将"扇叶"图形元件放置到舞台中央。在第60帧插入关键帧，然后在第1～60帧之间创建动画补间动画。选中第1帧，然后在"属性"面板设置顺时针旋转3周。返回"场景1"。

3. 编辑图层

接下来要将风扇的各个组成部分按图层在适当的位置放置（见图6-18）。

1）将"图层1"重命名为"支架"图层。将"支架"元件放置到舞台中，调整其大小和位置。

2）新建"图层2"，将"图层2"重命名为"框架后"图层。将"框架"图形元件放置到舞台中，调整其大小和位置。

3）新建"图层3"，将"图层3"重命名为"扇叶_静"图层。将"扇叶_静"影片剪辑元件放置到舞台中，调整其大小和位置。在"属性"面板中将它命名为"s1"。

图 6-18

4）新建"图层4"，将"图层4"重命名为"扇叶_慢"图层。将"扇叶_慢"影片剪辑元件放置到舞台中，调整其大小和位置。在"属性"面板中将它命名为"s2"。

5）新建"图层5"，将"图层5"重命名为"扇叶_中"图层。将"扇叶_中"影片剪辑元件放置到舞台中，调整其大小和位置。在"属性"面板中将它命名为"s3"。

6）新建"图层 6"，将"图层 6"重命名为"扇叶_快"图层。将"扇叶_快"影片剪辑元件放置到舞台中，调整其大小和位置。在"属性"面板中将它命名为"s4"。

📢》 小提示

为了保证实例的效果，上述 4 个图层中的影片剪辑元件的位置应完全相同。

7）新建"图层 7"，将"图层 7"重命名为"框架前"图层。将"框架"图形元件放置到舞台中，调整其大小和位置（使用"任意变形工具"将其旋转适当角度，以突出视觉上的层次感）。

8）新建"图层 8"，将"图层 8"重命名为"控制按钮"图层。将"控制按钮"按钮元件放置到舞台中，将利用复制操作生成的 5 个按钮调整大小和位置。在"属性"面板中从左至右依次将 5 个按钮命名为"bn_k""bn_ms""bn_zs""bn_ks"和"bn_g"。

9）新建"图层 9"，将"图层 9"重命名为"功能提示"图层，在适当的位置为"控制按钮"图层的 5 个按钮添加功能说明。从左至右，依次为"开""慢""中""快"和"关"。

4．利用按钮进行动画控制

1）新建"图层 10"，将"图层 10"重命名为"action"。

2）将光标定位在"action"图层的第 1 帧，打开"动作"面板，输入下面的脚本。

```
s1.visible=true;
s2.visible=false;
s3.visible=false;
s4.visible=false;
bn_k.addEventListener(MouseEvent.CLICK,toPlay);
bn_ms.addEventListener(MouseEvent.CLICK,toMs);
bn_zs.addEventListener(MouseEvent.CLICK,toZs);
bn_ks.addEventListener(MouseEvent.CLICK,toKs);
bn_g.addEventListener(MouseEvent.CLICK,toStop);
function toPlay(event:MouseEvent):void {
        s1.visible=false;
        s2.visible=true;
        s3.visible=false;
        s4.visible=false;          }
function toMs(event:MouseEvent):void {
        s1.visible=false;
        s2.visible=true;
        s3.visible=false;
        s4.visible=false;          }
function toZs(event:MouseEvent):void {
        s1.visible=false;
        s2.visible=false;
        s3.visible=true;
        s4.visible=false;          }
function toKs(event:MouseEvent):void {
        s1.visible=false;
```

```
        s2.visible=false;
        s3.visible=false;
        s4.visible=true;          }
function toStop(event:MouseEvent):void {
        s1.visible=true;
        s2.visible=false;
        s3.visible=false;
        s4.visible=false;              }
```

至此，"智能"动画制作完成。按<Ctrl+Enter>组合键测试，并在播放过程中任意单击 5 个控制按钮中的一个，可以看到对风扇的转速控制是成功的。

6.4.4　任务评价

本任务主要讲解了 ActionScript 3.0 影片剪辑属性控制的相关理论知识及利用按钮对影片剪辑属性进行控制的方法。本案例通过控制影片剪辑的_visible 属性，引导读者举一反三，可以根据实际需要进行思考，使用类似的方法控制影片剪辑的其他属性。通过这个实例在掌握控制影片剪辑属性方法的同时，对 ActionScript 3.0 的事件侦听及事件响应等也作了进一步学习。

6.5　任务 3　点燃蜡烛

6.5.1　任务热身

影片剪辑的 startDrag ( )方法可以实现对影片剪辑实例的拖动，stopDrag( )方法可以停止对影片剪辑的拖动。在动画的播放过程中，在同一时间内最多只能有一个影片剪辑实例是可以被拖动的。在调用影片剪辑的 startDrag ( )方法之后，该影片剪辑将一直保持可拖动状态，直到调用该影片剪辑的 stopDrag ( )方法或者将另一个影片剪辑变为可拖动的状态为止。

下面的脚本可以使影片剪辑实例变得可拖动。

```
实例名称.addEventListener(MouseEvent.MOUSE_DOWN,toMove);
实例名称.addEventListener(MouseEvent.MOUSE_UP,toStop);
function toMove(event:MouseEvent):void
{
    实例名称.startDrag( );      }
function toStop(event:MouseEvent):void
{
    实例名称.stopDrag( );      }
```

拖动影片剪辑实例通常会引发碰撞问题。所谓"碰撞"是指两个影片剪辑实例在某个时刻相交或重叠。可以使用影片剪辑的 hitTestObject ( )方法来判断两个对象是否产生碰撞。例如，要检测 MC1 和 MC2 是否产生碰撞，可以使用下面的语句。

```
MC1.hitTestObject (MC2);
```

该语句返回一个逻辑值，如果为 true 则说明两者产生碰撞，为 false 则没有产生碰撞。

6.5.2　任务目标

掌握拖动影片剪辑实例的方法。运用 hitTestObject ( )方法来判断是否在影片剪辑实例之间产生碰撞。

6.5.3　任务实施

1. 制作元件

1）启动 Flash CS4，选择"文件"→"打开"命令，选择"源文件/项目 6/"文件夹中的文档"点燃蜡烛.fla"并打开。

2）将"图层 1"重命名为"背景"，使用"矩形工具"绘制一个与舞台大小相同的矩形，用蓝色到黑色的放射状渐变进行填充，矩形位置与舞台居中对齐。

3）新建"火焰"影片剪辑元件，然后在元件编辑区中使用"椭圆工具"绘制一个无笔触椭圆，填充颜色为红色到橙色再到黄色的线性渐变，使用"选择工具"调整火焰形状。分别在第 5 帧、第 10 帧、第 15 帧和第 20 帧插入关键帧并修改各帧的火焰形状，最后在第 1～20 帧之间添加补间动画，制作完成火焰跳动的动画（见图 6-19）。

4）新建"火柴"影片剪辑元件，然后在元件编辑区中使用"矩形工具"绘制一个无笔触矩形，填充颜色为棕色到黄色再到棕色的线性渐变，使用"渐变变形工具"调整填充颜色，完成火柴杆的制作。将"火焰"影片剪辑元件从库中拖曳至火柴杆的一端，制作完成燃烧着的火柴（见图 6-20）。

第1帧　第5帧　第10帧　第15帧　第20帧

图　6-19

图　6-20

5）新建"蜡烛芯"影片剪辑元件。在元件编辑区中使用"刷子工具"画出黑色的蜡烛芯（用黑色的蜡烛芯表示蜡烛未被点燃）；在第 2 帧插入关键帧，将"火焰"影片剪辑元件拖曳至黑色的蜡烛芯上（用以表示蜡烛被点燃了）。新建"图层 2"，在第 1 帧打开"动作"面板，输入代码。

```
stop ( );
```

2. 编辑图层

1）返回场景，锁定"背景图层"。

2）新建图层，将新图层重命名为"生日蛋糕"，将"蛋糕"影片剪辑元件拖放到舞台上。然后将"蜡烛芯"影片剪辑元件拖放到蜡烛上。5 个蜡烛芯对应 5 个蜡烛，实例名称分别为"lzx_1""lzx_2""lzx_3""lzx_4"和"lzx_5"。

3）新建图层，将新图层重命名为"火柴"，将"火柴"影片剪辑元件拖放到舞台上，实例名称为"hc"。

4）新建图层，将新图层命名为"文字"，在该图层输入相应的提示文字。调整各元素的大小和位置（见图6-21）。

3．输入代码

1）新建图层，将新建图层重命名为"action"。

2）将光标定位在"action"图层的第1帧，打开"动作"面板，输入下面的脚本。

图　6-21

```
hc.addEventListener(MouseEvent.MOUSE_DOWN,toMove);
hc.addEventListener(MouseEvent.MOUSE_UP,toStop);
function toMove(evnet:MouseEvent):void
{       hc.startDrag();       }
function toStop(evnet:MouseEvent):void
{       hc.stopDrag();       }
lzx_1.addEventListener(Event.ENTER_FRAME,hitTest1);
lzx_2.addEventListener(Event.ENTER_FRAME,hitTest2);
lzx_3.addEventListener(Event.ENTER_FRAME,hitTest3);
lzx_4.addEventListener(Event.ENTER_FRAME,hitTest4);
lzx_5.addEventListener(Event.ENTER_FRAME,hitTest5);
function hitTest1(event:Event):void
{       if (lzx_1.hitTestObject(hc))
{
        lzx_1.gotoAndStop(2);           }       }
function hitTest2(event:Event):void
{       if (lzx_2.hitTestObject(hc))
{
        lzx_2.gotoAndStop(2);           }       }
function hitTest3(event:Event):void
{       if (lzx_3.hitTestObject(hc))
{
        lzx_3.gotoAndStop(2);           }       }
function hitTest4(event:Event):void
{       if (lzx_4.hitTestObject(hc))
{
        lzx_4.gotoAndStop(2);           }       }
function hitTest5(event:Event):void
{       if (lzx_5.hitTestObject(hc))
{
        lzx_5.gotoAndStop(2);           }       }
```

至此，"点燃蜡烛"动画制作完成，按<Ctrl+Enter>组合键测试，并在播放的过程中拖动火柴，就可以成功地将蜡烛点燃。

6.5.4　任务评价

本任务主要讲解了 ActionScript 3.0 影片剪辑实例的拖动方法。通过这个实例在掌握拖动影片剪辑实例方法的同时，对拖动影片剪辑实例引起的碰撞的判断及处理方法也作了介绍。

项目7 动画声音视频控制

7.1 项目情境

晓峰闷闷地到办公室来找王导，王导看到晓峰进来关切地问他怎么了。

晓峰：王导，我的电脑音响出故障了，玩游戏没感觉，看动画又没声音，好没劲。

王导：是啊，一般来说，动画都是添加了声音的，没有了声音的动画当然就不能激发观众的热情。

晓峰：哦，我正好无事可做，您教教我怎么给动画添加声音吧？

王导：好。

7.2 项目基础

7.2.1 Flash 中的音频

在 Flash 动画设计中，声音的使用是不可缺少的，如按钮音效和背景音效等。

1. 声音类型

在 Flash 中支持两种类型的声音，一种是事件声音，一种是音频流（流式声音），它们的不同之处体现在音频的播放中。

（1）事件声音

事件声音可以设置为按钮的声音，也可以作为影片中的循环音乐。添加事件声音的 Flash 影片，必须等声音内容全部下载完毕后，才可以听到声音。无论在什么情况下，事件声音都会从头播放到尾，不会中断，而且无论声音长短，只能插入到一个帧中。

（2）音频流

流式声音可以说是 Flash 的背景音乐，它与动画的播放同步，只需要下载影片开始的前几帧就可以播放，可以一边下载一边播放。在制作在线音频和 MTV 等比较长的音效时，通常都使用音频流类型。

2. 导入声音

Flash 可以处理多种格式的声音文件，如 MP3、WAV、AU、MOV 和 AIFF/AIF 等（前三种可在 Flash 中直接进行处理，后几种需要有 QuickTime 4 或更新版本的支持）。将声音文件从外部导入到库就可以应用了。

选择"文件"→"导入"→"导入到库"命令，打开"导入"对话框，选择要导入的声音文件导入声音（见图 7-1）。单击"打开"按钮，导入的声音被自动添加到"库"面板中。

图　7-1

如果选中库中的一个声音，在预览窗口中就会观察到声音的波形。可以看出所导入的音频文件为单声道（见图 7-2）。如果导入的音频为双声道，则会在"库"面板的预览窗口中出现两条波形。用户可以在"库"面板中试听导入的音频效果，单击该面板预览窗口中的"播放"按钮，即可以听到播放的音频。

3．设置声音的属性

双击"库"面板中的某项声音，打开"声音属性"对话框（见图 7-3）。

图　7-2　　　　　　　　　　　　　　　　图　7-3

在"声音属性"对话框中，最上面的文本框中显示声音文件的文件名，下面是声音文件的路径、创建时间和声音的长度。在该对话框的右侧有几个功能按钮，其作用如下。

○ "更新"：如果导入的文件在外部进行了编辑，可通过该按钮更新文件的属性。

○ "导入"：打开"导入声音"对话框，更换声音文件。

○ "测试"：按照新的属性设置播放声音。

○ "停止"：停止声音的播放。

在"声音属性"对话框中，单击"压缩"下拉列表框右侧的下三角按钮，可以选择声音的压缩格式，对声音进行压缩（见图 7-4）。

对声音的压缩可以减少动画的大小，随着对声音采样比特率和压缩程度的不同，声音的质量和大小也有所不同。声音的压缩倍数越大，采样比特率越低，声音文件越小，声音的质量也越差。因为声音要占用大量的磁盘空间和内存，通常情况下，建议使用22kHz 和 16bit 的单声道声音，如果使用立体声，它的数据量将是单声道声音的 2 倍。

图　7-4

7.2.2　声音在按钮及影片剪辑中的应用

1. 在按钮中应用声音

打开按钮元件的编辑窗口，插入一个新图层，在"鼠标经过"帧插入关键帧，再在"属性"面板的声音的"名称"下拉列表框中选择相应的声音，就能为按钮添加音效（见图 7-5）。

如果在"按下"帧插入空白关键帧，或者在"按下"帧插入关键帧，并在"属性"面板的"声音"下拉列表框中选择"无"，则只有当鼠标经过按钮时，才会发出声音。

图　7-5

2. 在影片剪辑中应用声音

如果要在舞台工作区中应用声音，在"属性"面板的"声音"下拉列表框中选择要应用的声音，即可把"库"面板中的声音添加到影片中，在插入声音后，在"时间轴"面板中会显示出声音波形。

7.2.3　音效设置

1. "效果"

同样一个声音，通过在"属性"面板中对"效果"选项进行不同的设置，可以使声音及左右声道发生各种不同的变化，Flash 已经设定了几种内置的声音播放效果（见图 7-6）。

列表中的各个选项含义如下。

○ "无"：不对声音设置特效。
○ 左声道/右声道：只在左声道或右声道中播放声音。
○ 向右淡出/向左淡出：将声音从一个声道切换到另一个声道。
○ "淡入"：在声音的持续时间内逐渐增加其幅度。
○ "淡出"：在声音的持续时间内逐渐减小其幅度。
○ "自定义"：如果觉得内置的效果不够，可以通过"编辑封套"对话框，自行编辑特效。选择"自定义"选

图　7-6

　　项，打开"编辑封套"对话框。在自定义特效时，可以用"控制点"来调整音量的大小，越向上声音越大，直接拖动"控制点"即可。而且控制点可以自由增加，只要在音量指示的线条上单击并拖动即可。另外，还可以拖动"起点指针"来调整声音文件

中开始播放的时间；如果拖动的是"结束指针"，则改变的就是结束时间。

2．"同步"

"同步"是指动画和声音的配合方式，用户可以决定声音与动画是否同步或自行播放，这可以用"同步"来设定声音的播放与停止（见图7-7）。

- "事件"：默认模式，该模式以声音为主，动画会等声音下载完毕才开始播放；如果声音已经下载完毕，而影片内容还在下载，则会先播放声音。另外，这个模式不仅不会等动画下载，而且就算动画已经播放完毕，如果声音还在播放，则它也会一直把整段播放完成才结束。

图　7-7

- "开始"：在播放前先检测是否正在播放同一个声音，如果有则放弃这次播放，如果没有才进行播放。

- "停止"：用来使特定的声音停止。

- "数据流"：用于在互联网上同步播放声音。最大的好处在于不用等待全部的声音下载完毕再播放，而是下载了多少就播放多少。但是也有一个弊端，就是如果动画下载进度超前于声音，则没有播放到的声音部分就直接跳过，而接着播放当前帧分配到的声音部分。

3．重复播放

无论声音文件是什么格式，文件都会根据声音的长度而增大。如果动画很长，实在不适合放入等长的声音作为背景，可以用循环播放的方式来解决。

单击声音所在的关键帧，在其"属性"面板的声音循环下拉列表框中可以设置声音的重复播放方式。默认方式是"重复"，其后的文本框中是"1"，表示只播放一次。如果要指定重复的次数，只要在该文本框中输入相应的重复次数即可。如果在声音循环下拉列表框中选择"循环"选项，将重复播放，无限循环。

7.2.4　Flash 中视频的应用

Flash 提供了多种将视频置入 Flash 文档的方法，选择部署视频的方式将决定在 Flash 中创建和集成视频内容的方式。

1．在 Flash 中载入视频的方法

可以用来将视频导入 Flash 中的方法有如下几种。

（1）传输视频内容流

Flash 可以在 Flash Communication Server 中承载视频文件。Flash Communication Server 是为了传输实时流媒体而进行了优化的服务器解决方案。可以将本地存储的视频剪辑导入 Flash 文档中，以后将这些文档上载至服务器，这样可以轻松地组合和开发 Flash 内容。除此之外还可以使用新增的 FLVPlayback 组件或 ActionScript 来控制视频回放，以及提供直观的控件以方便用户与该视频交互。

（2）从 Web 服务器渐进式下载视频

在无法访问 Flash Communication Server 或 FVSS 的情况下，如果使用渐进式下载，则仍可以享受从外部源下载视频的好处。从 Web 服务器渐进式下载视频剪辑的效果比实时效果差，而 Flash Communication Server 可以提供实时效果，但是，这样可以使用相对较大的视频剪辑，同时保持所发布的 SWF 文件为最小。

（3）导入嵌入的视频

可以将视频剪辑导入为 Flash 中的嵌入文件。与导入的位图或矢量插图文件一样，嵌入的视频文件也将成为 Flash 文档的一部分。因此，通常只能导入持续时间很短的视频剪辑。

（4）导入 QuickTime 格式的视频

可以将 QuickTime 格式的视频剪辑导入为链接的文件。

（5）导入库中的 FLV 文件

可以将 Macromedia Flash 视频（FLV）格式的视频剪辑直接导入 Flash 中。当导入 FLV 文件时，可以使用已应用于这些文件的编码选项，不需要在导入过程中选择编码选项。

2．在 Flash 中播放视频的方法

下面是在 Flash 中控制视频文件回放的方法。

（1）使用 FLVPlayback 组件播放

使用 FLVPlayback 组件可以在 Flash 影片中快速添加功能完善的 FLV 或 MP3 回放控件。FLVPlayback 支持渐进式下载和传输 FLV 文件流。使用 FLVPlayback，可以轻松地为用户创建直观的用于控制视频回放的视频控件，还可以应用预制的外观或将自定义外观应用到视频界面。

（2）使用 ActionScript 控制外部视频播放

可以在运行时使用 NetConnection 类和 NetStream ActionScript 类对象播放 Flash 文档中的外部 FLV 文件。

（3）在时间轴中控制视频播放

可以在时间轴中编写自定义的 ActionScript 来控制视频回放。可以播放或停止视频、跳到某帧和以其他方式控制视频。

7.3 任务 点歌空间

7.3.1 任务热身

在 Flash 中播放视频的方法，已经在前面的讲述中有所了解。如果想让使用者在多个视频中有所选择，在同一时刻只播放用户所选择的视频，则需要借助于 ActionScript。在"源文件/项目 7/"文件夹中，有为本任务准备的 FLV 歌曲视频文件。

7.3.2 任务目标

1）掌握使用 Flash 播放视频的方法，即如何将视频导入到 Flash 中并控制其播放。
2）掌握运用 ActionScript 控制视频播放的方法。

7.3.3 任务实施

1. 为每个单曲制作简易的视频播放器（见图 7-8）

图　7-8

1）启动 Flash CS4，选择"文件"→"新建"命令，新建一个空白文档，设置舞台"大小"为 550px×355px，保存文件，将其命名为"gq1.fla"。

2）选择"文件"→"导入"→"导入视频"命令，弹出"导入视频"对话框。在"选择视频"步骤中，单击"浏览"按钮，选择"源文件/项目 7/"文件夹中的"歌曲 1.flv"视频文件（见图 7-9）。单击"下一步"按钮，进入"外观"步骤。

3）在"外观"步骤中，可以设置视频播放控件的外观，可以在"外观"下拉列表框中选择一种外观样式（见图 7-10）。单击"下一步"按钮，进入"完成"步骤。

图　7-9

图　7-10

4）在"完成"步骤中，单击"完成"按钮就完成了视频的导入。在"库"面板中可以看到新增加的视频元件"FLVPlayback"。此时，在舞台工作区中也自动添加了一个视频元件实例，按<Ctrl+Enter>组合键测试（见图 7-8）。至此，一首单曲的简易视频播放器制作完成。

5）依照上面的操作步骤，完成另外三首单曲的简易视频播放器的制作。制作完成后，生成的 SWF 文件分别为"gq1.swf""gq2.swf""gq3.swf"和"gq4.swf"。

2．制作任务所需的元件

1）新建一个影片剪辑元件，内容为空，即制作一个空的影片剪辑元件。

2）新建一个按钮元件，在该元件的"点击"帧绘制一个矩形，其余三帧均为空白。即制作一个透明按钮。

3．制作"点歌空间"

1）选择"文件"→"新建"命令，新建一个空白文档，设置舞台"大小"为 800px×600px，保存文件，将其命名为"点歌空间.fla"。

2）将"图层 1"重命名为"背景"。使用"矩形工具"，在舞台工作区绘制背景图形（见图 7-11）。

3）新建图层并重命名为"初始界面"。在该图层使用"文本工具"，在舞台工作区输入文本（见图 7-12）。

图　7-11　　　　　　　　　　　　　　　图　7-12

4）新建图层并重命名为"空剪辑"。在该图层将制作好的"空剪辑"影片剪辑元件从库中拖曳至舞台工作区中，在"属性"面板将该元件实例命名为"emp"。

5）新建图层并重命名为"按钮"。在该图层将制作好的"透明按钮"按钮元件从库中拖曳至舞台工作区中 4 次，分别放置在 4 首单曲的歌曲名称上（见图 7-13）。依次选中每一个按钮，在"属性"面板上分别为这些按钮赋予实例名称"bn1""bn2""bn3"和"bn4"。

6）新建图层并重命名为"AS"，置于其他所有图层的最上面，专门用于放置 ActionScript 脚本。将光标定位在该图层的第 1 帧，打开"动作"面板，输入下面的脚本。

```
var loader1:Loader =new Loader();
var loader2:Loader =new Loader();
var loader3:Loader =new Loader();
var loader4:Loader =new Loader();
var dz1:URLRequest=new URLRequest("gq1.swf");
var dz2:URLRequest=new URLRequest("gq2.swf");
var dz3:URLRequest=new URLRequest("gq3.swf");
var dz4:URLRequest=new URLRequest("gq4.swf");
```

```
bn1.addEventListener(MouseEvent.CLICK,sp1);
bn2.addEventListener(MouseEvent.CLICK,sp2);
bn3.addEventListener(MouseEvent.CLICK,sp3);
bn4.addEventListener(MouseEvent.CLICK,sp4);
function sp1(e:MouseEvent):void {
    loader1.load(dz1);
    emp.addChild(loader1);
    emp.x=230;
    emp.y=160;
    if (loader2.content) {
      loader2.unloadAndStop(true);            }
    if (loader3.content) {
      loader3.unloadAndStop(true);            }
    if (loader4.content) {
      loader4.unloadAndStop(true);            }
}
function sp2(e:MouseEvent):void {
    loader2.load(dz2);
    emp.addChild(loader2);
    emp.x=230;
    emp.y=105;
    if (loader1.content) {
      loader1.unloadAndStop(true);            }
    if (loader3.content) {
      loader3.unloadAndStop(true);            }
    if (loader4.content) {
      loader4.unloadAndStop(true);            }
}
function sp3(e:MouseEvent):void {
    loader3.load(dz3);
    emp.addChild(loader3);
    emp.x=230;
    emp.y=140;
    if (loader1.content) {
      loader1.unloadAndStop(true);            }
    if (loader2.content) {
      loader2.unloadAndStop(true);            }
    if (loader4.content) {
      loader4.unloadAndStop(true);            }
}
function sp4(e:MouseEvent):void {
    loader4.load(dz4);
    emp.addChild(loader4);
```

```
    emp.x=230;
    emp.y=100;
    if (loader1.content) {
      loader1.unloadAndStop(true);
    }
    if (loader2.content) {
      loader2.unloadAndStop(true);
    }
    if (loader3.content) {
      loader3.unloadAndStop(true);
    }
}
```

至此，"点歌空间"动画制作完成（见图 7-13）。按<Ctrl+Enter>组合键测试，在播放过程中任意点击 4 首单曲的歌曲名称，便会打开对应单曲的视频。

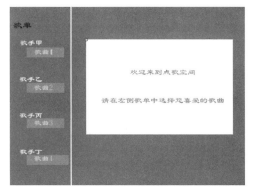

图 7-13

7.3.4 任务评价

本任务主要讲解了在 Flash 中如何播放视频的方法，以及如何结合 ActionScript 3.0 对视频的播放进行控制。通过这个实例还可以掌握使用 ActionScript 3.0 调用外部 SWF 文件的方法。

项目 8 综合实例——主页制作

8.1 项目情境

临近毕业，晓峰在为自己的简历烦恼。

晓峰：王导，您说我应该准备一个什么样的简历呢？要不要和别人不一样呢？

王导：你有没有想过，用你掌握的技能，比如 Flash 制作一个充满个性、内容丰富的个人主页来展现自己的特点呢？

晓峰：呀，这个 Flash 也能做吗？

王导：当然，现在用 Flash 制作的个性主页是很有特色的。

8.2 项目基础

在制作个性主页之前，需要首先进行必要的前期策划，掌握相关的设计知识，然后按照正确的制作流程进行实际制作。

8.2.1 网页设计的硬件要求

在网页设计的过程中，需要对以下几个问题给予足够的重视，避免当网页设计好以后，在实际工作环境下无法正常运行、信息无法被正确地传达，甚至系统无法正常运行，需要重新进行设计。

1. 浏览器

在设计网页时所面临的最大挑战就是要应对不同的浏览器、操作系统和硬件平台。在执行某些脚本语言时，不同的浏览器会表现不同的特点，有时甚至无法正常地显示及运行。

2. 显示器

不同的访问者的计算机显示器的型号、尺寸、设置的分辨率可能各不相同；不同的显示卡由于显示内存的容量不同，在显示器上显示出的颜色数量也不同，在设计过程中要注意这些问题。

8.2.2 网页的色彩

在学习网页设计前要先了解有关网页色彩方面的基本知识。

1. 色彩与心理

不同的颜色会给人不同的心理感受。人对色彩的知觉力、辨别力和象征力的认知不同，在心理上引起的感受不同。不同的色彩可以给人不同的感觉，这是因为它与人对客观世界的认识和经验分不开。例如，阳光呈现出红、黄、橙等颜色，当看到红、黄、橙颜色时人就会联想到火热，所以称这些颜色为"暖色"；而绿、青、蓝等颜色会给人凉爽的感觉，所以称这些颜色为"冷色"。

由于不同色彩的波长不同，波长长的暖色有前进感，波长短的冷色有后退感。例如，在白色背景下红色显得近而蓝色显得远；在灰色背景下白色显得大而黑色显得小。

不同的色彩可以给人不同的联想，这种联想可以分为抽象联想和具体联想。在网页设计时，可以通过不同的色彩和人们对色彩的联想来表现设计者的创意。

在网页的色彩运用上，可以根据内容的需要和设计者的喜好，分别采用不同的主色调。因为色彩具有象征性，设计者可以充分运用色彩的这一特性，使设计出的网页具有艺术性和较高的文化品位。

1）白色：白色是光明的象征，它代表着明亮、干净、畅快、朴素和雅洁，在人们的感情意识中，白色比任何颜色都清静、纯洁，但如果使用不当，也会给人虚无、凄凉、苍白的感觉。白色是在网页中使用最多的一种颜色，一般网页背景色都采用白色。

2）灰色：灰色属于黑色与白色之间的颜色，它属于无彩度的色彩，是一种被动色。灰色能给人以高雅、含蓄和耐人寻味的感觉。但是如果使用不当，很容易让人产生平淡、乏味、枯燥、单调、沉闷和颓丧的感觉。由于灰色的视认性和注意性很低，在网页设计中很少单独使用，但与其他颜色配合却可以取得很好的艺术与视觉效果。

3）黑色：黑色是一种很特殊的颜色，它对人心理的影响是多方面的。黑色可以给人阴森、恐怖、烦恼、消极、沉睡、悲痛、绝望甚至死亡的印象；但也可以给人安静、沉思、坚忍、严肃、庄重和刚毅的感觉；还可以给人捉摸不定、神秘莫测、阴谋和耐脏的感觉。在设计时，将黑色与其他色彩组合，黑色是极好的衬托色，可以充分显示其他颜色的光感、色感和质感。黑白组合，光感最强，最分明，最强烈。在网页设计时，经常以黑色作为背景颜色，给人一种神秘和现代的感觉。

4）红色：红色是容易让人兴奋的一种色彩，其光波波长最长，最容易引起人的注意、激动和紧张，刺激效果强烈，给人以冲动、热情和活力的感觉。红色在视觉上让人有迫近感和扩张感，因此称之为前进色。红色会给人留下艳丽、芬芳、青春、饱满、成熟、富有生命力和营养的印象，因此被广泛地用于食品包装。红色又是欢乐和喜庆的象征，并具有很强的注目性和美感，因此在标志、旗帜和宣传等用色中占据首位。

5）黄色：黄色的波长适中，亮度最高，它是所有彩色中最明亮的颜色。黄色具有快乐、希望、智慧和轻快的个性，由于它的明度最高，因此给人留下明亮、辉煌、灿烂、愉快、亲切和柔和的印象，同时又容易引起味美的条件反射，给人以甜美感、香酥感和温暖感。

6）绿色：绿色介于冷暖色彩之间，人的眼睛最适应绿色光的刺激。绿色显得和睦、宁静和健康。绿色是植物王国的色彩，它表现了充实、平静与希望，给人以新鲜、平静、安逸、和平、柔和、青春和安全的感受。它如果与金黄和淡白色搭配使用，可以产生优雅和舒适的气氛。

7）蓝色：蓝色是冷色，给人以清新凉爽的感受，如果与白色混合，则会体现柔顺、淡雅和浪漫的气氛。

8）紫色：紫色光的波长最短，人的眼睛对紫色光的细微变化分辨力弱，容易产生疲劳。紫色给人以高贵、优越、奢华、幽雅、流动和不安的感觉，而灰暗的紫色则是伤痛和疾病的象征，容易使人在心理上形成忧郁、痛苦和不安的感觉。紫色有时具有胁迫性，有时又具有鼓舞性，在设计中一定要慎重地使用紫色。

2. 搭配网页色彩

（1）搭配网页色彩的原理

1）色彩的鲜明性。网页的色彩要鲜艳醒目，这样更容易引起访问者的注意。例如，红色的背景，黄色的文字或图案，会让传达的信息更加醒目。

2）色彩的独特性。在网页中使用与众不同的色彩，会给访问者留下深刻的印象。例如，不同的信息栏使用不同的主色彩。

3）色彩的适合性。在网页中，色彩的选择和使用要与所表达的信息、气氛和风格相适合。例如，粉色可以体现出女性站点的柔媚；蓝色可以给人以冷静和理智的印象，因此多用于 IT 行业的网站。

4）色彩的联想性。不同的色彩会让人产生不同的联想，可以通过不同的色彩让访问者产生对网站内容与风格形象的关联。在网页设计时选择色彩要与网站的定位和网站的风格紧密联系，使设计出的网页与网站在色彩上保持风格统一。

（2）网页色彩的基本搭配模式

1）高度和谐的搭配。选用一种主色彩基调，搭配运用相同色系的其他颜色，如邻近色和类似色。在网页设计时，在同一主题或同一频道下的网页要有一种主色彩基调，根据主色彩基调，选用该色系中其他相关的颜色，使页面中的色彩统一，富有层次感。使用这种色彩搭配的优点是使网页的色彩更趋于一致，可以更好地使网页在色彩上具有和谐统一的气氛。其缺点就是页面的色彩过于单一。解决这个问题的方法是，在局部加入对比色或彩图来增强页面色彩的变化。

2）视觉炫目的搭配。选用两种主色彩基调，这两种主色彩可以在对比色或互补色中选择。在网页中运用对比色或互补色的主色彩基调可以塑造出轻松活泼、视觉炫目的效果，缺点是容易造成色彩的杂乱，在使用时要协调色彩的明度和纯度并控制使用面积和使用量。

3）平和中性的色彩搭配。选用明度和纯度较低的色彩作为主色彩基调，例如，暗红色、深褐色、墨绿色和深蓝色等。可以搭配灰色系的色彩或其他中明度、纯度的色彩。这种网页色彩搭配非常中庸稳健，给人一种成熟的可信赖感。缺点是在搭配不好时容易显得过于沉闷。解决这个问题的方法是小面积使用纯色点缀。黑色可以与任何其他色彩搭配使用。以黑色为背景色，再使用一种或两种鲜艳的色彩，这样搭配出的色彩可以给人一种跳跃的感觉。但是在使用黑色时要注意，大面积地使用黑色，特别是背景色，如果长时间观看，很容易让访问者的眼睛产生疲劳感。

（3）搭配网页色彩的技巧

1）控制使用色彩的数量。不要将所有颜色都用到，尽量将色彩数控制在 3 种以内。

2）文字的色彩根据其使用性质确定。主题文字的色彩要突出于背景色彩，这样才能让访问者轻松地识别文字内容；而装饰性文字的色彩则有较宽松的处理余地，既可作为强化记忆的符号醒目突出，又可作为底纹丰富视觉效果。

3）运用过渡色、无彩色系颜色平衡色彩感觉。过渡色是指接近两种主色彩的颜色。例如，以红蓝两色作为主色彩时，可以用紫色作为过渡色。而无彩色系颜色指黑色、白色及各种深浅不同的灰色。过渡色、无彩色系颜色能够很巧妙地将几种互相冲突的色彩统一起来。在网页中合理地使用过渡色及黑白灰能够解决色彩过于花哨和庸俗的问题，使色彩协调平衡。

8.3　综合实例　个性主页

8.3.1　任务热身

Flash 个性主页是完全用 Flash 及其相关技术制作的网页。以图形和动画为主，特别适合用于制作视觉效果丰富、个性特色鲜明、对用户有强烈吸引力的动感个性主页。

8.3.2　任务目标

1）完成个性主页的制作（包括主页的动画背景、鼠标效果以及导航设计等）。
2）掌握向下弹出式动感级联导航的制作方法。

8.3.3　任务实施

1. 制作鼠标效果与动画背景（见图 8-1）

图　8-1

在背景画面中，轻薄的雾缓缓飘过，雾中还不时飞过一些白色的荧光小球，在鼠标的四周，不断出现一些向四周飘出的彩色光晕小球。在本任务的实现过程中，将学习如何使用影片剪辑的事件动作来设计透明背景动画，以及鼠标跟随特效的实现方法。制作步骤如下。

（1）制作背景

1）新建 Flash 文档，设置文档的"大小"为 1024px ×640px，帧频为 15fps，背景

205

为白色。

2）导入"项目素材/项目 8/"文件夹中的"背景.jpg"图片到舞台工作区。将"图层 1"重命名为"背景图"。在"背景图"图层的第 5 帧处插入帧，作为延时帧。

（2）制作"雾"影片剪辑元件

1）选择"插入"→"新建元件"命令，创建一个名为"雾"的影片剪辑元件，并进入影片剪辑元件编辑状态。

2）绘制一个波浪形图像，填充色为白色（为了方便绘制，可将背景色暂时设置为黑色，见图 8-2）。

3）使用"选择工具"，按<Alt>键对波浪形图像进行拖曳，复制 4 个波浪形图像，并使这些波浪形图像首尾相连，呈连续状态。选中所有波浪形图像，按<F8>键，将其转换为图形元件，命名为"雾 1"（见图 8-3）。

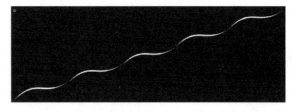

图 8-2   图 8-3

4）按照步骤 2）和步骤 3）的方法绘制"雾 2"图形元件，"雾 2"图形元件中的波浪形图像要粗一些。再绘制一条比"雾 1"长一些的曲线，将其转换为图形元件，命名为"雾 3"。

5）选择舞台工作区中的"雾 1"图形，在"属性"面板中的"颜色"下拉列表中选择"Alpha"命令，设置值为 20%。按同样的方法，设置"雾 2"的"Alpha"值为 5%，"雾 3"的"Alpha"值为 40%。将舞台工作区中的三个图形顶端对齐。

6）将"图层 1"重命名为"雾"。再插入一个新图层，将其命名为"雾-遮罩"。使用"矩形工具"在舞台工作区中绘制一个大小为 1024px×640px 的矩形。将矩形的右上角与之前绘制的三个雾图形元件实例的右上角对齐。

7）在"雾-遮罩"图层的第 270 帧插入帧，创建延时帧。在"雾"图层的第 270 帧插入关键帧，在舞台工作区中将三个雾图形元件实例在左下角与矩形的左下角对齐。

8）在"雾"图层的第 1 帧上单击鼠标右键，在弹出的快捷菜单中选择"创建补间动画"命令，创建补间动画。

9）将"雾-遮罩"图层设置为"遮罩层"，使"雾"图层成为被遮罩层。至此，"雾"影片剪辑元件设计完成。

10）单击"场景 1"按钮，返回场景。新建一个图层并重命名为"背景效果"，将"库"面板中的"雾"影片剪辑元件拖曳到舞台工作区中，居中对齐。

（3）制作荧光球

1）选择"插入"→"新建元件"命令，创建一个名为"飞动的荧光球"的影片剪辑元件，并进入影片剪辑元件编辑状态。

2）在舞台工作区中绘制一个白色无笔触的圆形，使用"颜色"面板设置其填充色为白色到透明的放射状渐变，"颜色"面板中的四个渐变颜色样本"Alpha"值从左到右依次为

50%、20%、10%和0%。

3）选中圆形图像，按<F8>键，将其转换为图形元件，命名为"荧光球"。

4）在"图层1"的第20帧和第40帧处分别插入关键帧。选中第1帧中的"荧光球"图像，在"属性"面板中设置其"Alpha"值为5%。

5）选中"图层1"的第20帧中的"荧光球"图像，将其向右移动一段距离，并在"属性"面板中设置其"颜色"的"Alpha"值为100%。

6）选中"图层1"的第40帧中的"荧光球"图像，将其向右移动一段距离（移到第20帧的图形更右边一些），并在"属性"面板中设置其"颜色"的"Alpha"值为5%。

7）在"图层1"的第1帧上单击鼠标右键，在弹出的快捷菜单中选择"创建补间动画"命令，创建补间动画。再在第20帧上按同样的方法创建补间动画。

8）创建新图层，从"库"面板中将"荧光球"图形元件拖曳到舞台工作区中，按步骤4）～7）的方法创建4个"荧光球"动画。可以看到完成后的"时间轴"面板（见图8-4）。

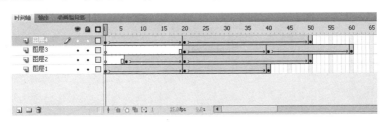

图 8-4

为了让"荧光球"动画的时间和位置错开，注意设置舞台工作区中"荧光球"图形的位置和时间轴上关键帧的位置。

9）退出影片剪辑元件的编辑状态，返回到主场景。在"背景效果"图层，将"库"面板中的"飞动的荧光球"影片剪辑元件拖曳到场景中，测试并调整元件的摆放位置。

（4）制作鼠标跟随效果

1）选择"插入"→"新建元件"命令，创建一个名为"变色光晕球"的影片剪辑元件，并进入影片剪辑元件的编辑状态。

2）在舞台工作区中绘制一个黑白放射状渐变的圆形，在"颜色"面板中设置其右端黑色渐变颜色样本的"Alpha"值为0%。

3）选中圆形图像，按<F8>键，将其转换为图形元件，命名为"光晕球"。

4）在"图层1"的第5帧、第15帧、第30帧、第45帧和第60帧处分别插入关键帧。选中第5帧中的"光晕球"图像，在"属性"面板中的"颜色"下拉列表框中选择"色调"命令，设置颜色为淡绿色。按同样的方法设置其他关键帧中的"光晕球"图形的色调，设置成不同的颜色。

5）在各关键帧之间创建补间动画。退出影片剪辑元件的编辑状态，回到主场景。

6）选择"插入"→"新建元件"命令，创建一个名为"光晕球动画"的影片剪辑元件，并进入影片剪辑元件的编辑状态。

7）从"库"面板中将"变色光晕球"影片剪辑元件拖曳到舞台工作区中，在"图层1"的第25帧插入关键帧。在第25帧的舞台工作区中，将"变色光晕球"影片剪辑实例向右移动一段距离，并缩小图像，再在"属性"面板中设置"颜色"的"Alpha"值为5%。在

"图层1"的第1帧上创建补间动画。退出影片剪辑元件的编辑状态，回到主场景。

8）选择"插入"→"新建元件"命令，创建一个名为"鼠标跟随球"的影片剪辑元件，并进入影片剪辑元件的编辑状态。从"库"面板中将"光晕球动画"影片剪辑元件拖曳到舞台工作区中，并在"属性"面板中将其命名为"drag"。创建新图层，命名为"action"，在该图层的第1帧中插入下面的代码。这行代码的作用是使"drag"影片剪辑实例跟随鼠标移动。

```
startDrag("drag",true);    //设置鼠标跟随效果
```

9）退出影片剪辑元件的编辑状态，回到主场景。

10）创建新图层，命名为"鼠标跟随"，并在第5帧处插入关键帧。从"库"面板中将"鼠标跟随球"影片剪辑元件拖曳到第5帧的舞台工作区中，创建影片剪辑元件实例，并在"属性"面板中将其命名为"light"。

11）创建新图层，命名为"鼠标效果脚本"，并在第5帧处插入关键帧。在该帧中输入下面的代码。这段代码用于复制"light"影片剪辑实例，并将新实例旋转10°后播放。

```
n++;      //变量n记录光晕球的序号，同时也用于计算角度
if (n>=36)     //限制同时存在的实例不多于36个
{
    n=0;      }
duplicateMovieClip("light","light"+n,n); //在n层复制light实例，命名为"light"+n
setProperty("light"+n,_rotation,getProperty("light",_rotation)-n*10;)   //旋转新实例角度
gotoAndPlay(4);
```

12）创建新图层并重命名为"标题"，在该图层输入本案例的标题等个性主页必要的文本。

13）创建新图层并重命名为"版权"，在该图层中将个性主页的版权信息放置到适当位置。

至此，"鼠标效果与动画背景"制作完成，保存文档并测试动画。

2. 制作页面导航

本案例使用向下弹出式动感级联导航。制作步骤如下。

（1）制作元件和背景

1）新建按钮元件并命名为"透明按钮"。在按钮元件的编辑区，连续按三次<F6>键，只在"点击"帧绘制一个矩形，其他三帧均为空白。

2）新建一个影片剪辑元件并命名为"空剪辑"。该元件的编辑区为空白。

3）在"版权"图层上创建新图层并重命名为"空mc"，将"库"面板中的"空剪辑"影片剪辑元件拖曳到舞台工作区中，在"属性"面板中将其实例名称设置为"emp"。

（2）制作导航菜单

1）选择"插入"→"新建元件"命令，创建一个名为"menu01背景"的影片剪辑元件，并进入影片剪辑元件的编辑状态。在舞台工作区中绘制一个圆角矩形。

2）按步骤1）的方法，制作"menu02背景""menu03背景""menu04背景""menu05背景""menu06背景""menu07背景"和"menu08背景"等影片剪辑元件。各个元件的提

示文字及颜色均不同（见图 8-5）。

图 8-5

3）下面以"menu04"为例，讲解子菜单的制作步骤。选择"插入"→"新建元件"命令，创建一个名为"menu04"的影片剪辑元件，并进入影片剪辑元件的编辑状态。从"库"面板中将"menu04 背景"影片剪辑元件拖曳到舞台工作区中，在"属性"面板中将其实例名称设置为"mb"。将"图层 1"重命名为"菜单背景"。

4）新建"图层 2"并重命名为"子菜单标题"。在舞台工作区中，输入子菜单标题（见图 8-6）。

5）新建"图层 3"并重命名为"子菜单按钮"。从"库"面板中将"透明按钮"影片剪辑元件拖曳到舞台工作区中，3 行标题对应 3 个"透明按钮"实例（见图 8-7），在"属性"面板中将其实例名称从下向上依次设置为"s41""s42"和"s43"。

图 8-6

图 8-7

6）单击选中"s41"按钮实例，单击鼠标右键，在弹出的快捷菜单中选择"动作"命令，打开"动作"面板，在"动作"面板中输入下面的脚本（这段脚本的作用是当按钮被点击时，调用名为"index_1.swf"的外部 SWF 文件）。

```
on (release) {
    loadMovie("index_1.swf",_root.emp);
    setProperty("_root.emp",_x,90);
    setProperty("_root.emp",_y,120);
}
```

7）步骤 6）中所用到的"index_1.swf"是事先制作好的子页面 SWF 文件，读者可根据自己的需要先制作好各个子页面 SWF 文件，然后将其 URL 加到上面的脚本中，各个子页面就会在相应按钮被点击时打开。至此"menu04"影片剪辑元件制作完成，单击"场景1"按钮，返回场景。

8）按步骤 3）～6）的方法，分别制作完成"menu01""menu02""menu03""menu05"

"menu06""menu07"和"menu08"等菜单的影片剪辑元件（见图 8-8）。

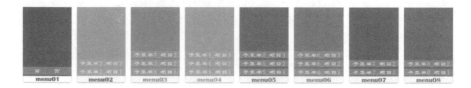

图　8-8

（3）设计导航菜单脚本

1）在"空 mc"下创建一个图层并重命名为"导航"，从"库"面板中拖曳各个菜单影片剪辑元件到舞台工作区中。在"属性"面板中将各个菜单的实例名称设置为"m1""m2""m3""m4""m5""m6""m7"和"m8"并排列好（见图 8-9）。

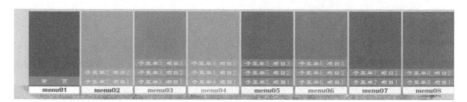

图　8-9

2）创建新图层并重命名为"导航脚本"。在该图层中选中第 1 帧，单击鼠标右键，在弹出的快捷菜单中选择"动作"命令，打开"动作"面板，输入下面的脚本。

```
submenu = new Array();
submenu[1] = ["#"];
submenu[2] = ["#", "#"];
submenu[3] = ["#", "#", "#"];
submenu[4] = ["#", "#", "#"];
submenu[5] = ["#", "#", "#"];
submenu[6] = ["#", "#", "#"];
submenu[7] = ["#", "#"];
submenu[8] = ["#", "#"];
ms = 8;
ss = 3;
h = [70,70, 90, 90, 90, 90, 70, 70];
sh = 20;
for (i=1; i<=ms; i++) {
    _root["m"+i].mb.num = i;
    _root["m"+i].mb.onRollOver = function() {
        _root.fnum = this.num;
    };
    _root["m"+i].mb.onRollOut = function() {
        _root.fnum = 0;
    };
    _root["m"+i].mb.onEnterFrame = function() {
```

```
            if (_root.fnum == this.num) {
                tempy = this._parent._y;
this._parent._y= 1.72*(this._parent._y-h[this.num-1])+(-0.8)*(this.py-h[this.num-1])+h[this.num-1];
                this.py = tempy;
            } else {
                tempy = this._parent._y;
                this._parent._y= 1.6*(this._parent._y-sh)+(-0.8)*(this.py-sh)+sh;
                this.py = tempy;
            }
    };
    for (j=1; j<=ss; j++) {
        _root["m"+i]["s"+i+j].num = i;
        _root["m"+i]["s"+i+j].jnum = j;
        _root["m"+i]["s"+i+j].onRollOver = function() {
            _root.fnum = this.num;
        };
        _root["m"+i]["s"+i+j].onRollOut = function() {
            _root.fnum = 0;
        };
    }
}
```

至此，整个个性主页制作完成，保存文档并测试动画。

8.3.4　任务评价

本实例主要介绍了利用 Flash CS4 制作网页的相关内容，通过制作个性主页，详细介绍了使用 Flash 制作网页的过程。

通过本实例的学习，结合案例练习，可以掌握使用 Flash 制作网页的方法，特别是向下弹出式动感级联导航的制作方法。

项目 9　综合实例——MV 制作

9.1　项目情境

周末，晓峰到办公室来约王导。

晓峰：王导，周末了，我们一起轻松一下吧。去 K 歌怎么样？

王导：当然可以。不过你不想了解一下怎么用 Flash 制作 MV 吗？

晓峰：哦，MV 不都是拍摄的吗？用 Flash 也能做吗？

王导：拍摄的是很普遍，不过现在用 Flash 制作的 MV 也很流行。

9.2　项目基础

在制作 MV 动画时，首先应进行必要的前期策划，然后按照正确的制作流程进行实际制作。利用 Flash CS4 制作 MV 动画的步骤和方法，将通过《野草》MV 动画案例来讲解。

9.3　综合实例 动感 MV

9.3.1　任务热身

在 Flash 中导入音频、制作文字字幕效果的方法，在前面的章节中都已经学习过，MV 中的文字字幕效果多采用 Flash 的遮罩图层来完成。MV 的制作主要体现在如何使音频的播放与歌词同步。

9.3.2　任务目标

1）完成歌曲《野草》的 MV 制作。

2）掌握使音频的播放与歌词同步的方法。

9.3.3　任务实施

1．制作"MV 场景"动画

（1）制作图形元件

1）新建 Flash 文档，在"属性"面板中将舞台"尺寸"设置为 760px×480px，背景色设为白色，帧频设置为 12。保存文件，将文件命名为"MV 场景.fla"。

2）选择"文件"→"导入"→"导入到库"命令，将"项目素材/项目 9/野草/"文件夹中的"01.jpg"到"08.jpg"等 8 幅图片导入到库中。

3）新建"image1"图形元件，将库中的位图"01.jpg"拖曳至编辑舞台中，将图像大小调整为 760px×480px，位置为（0，0）。

4）按照步骤 3）的方法，分别使用位图"02.jpg""03.jpg""04.jpg""05.jpg""06.jpg""07.jpg"和"08.jpg"制作图形元件"image2""image3""image4""image5""image6""image7"和"image8"。

（2）制作"MV 场景"动画的场景一

场景一的显示效果是一幅图像呈多角星形，不断旋转和放大地显示出来（见图 9-1）。

制作步骤如下。

1）单击选中"图层 1"的第 1 帧，从库中将图形元件"image1"拖曳至舞台工作区，居中对齐。然后在"图层 1"的第 70 帧插入帧。

2）锁定"图层 1"，新建"图层 2"，单击选中"图层 2"的第 1 帧，从库中将图形元件"image2"拖曳至舞台工作区，居中对齐。

3）锁定"图层 2"，新建"图层 3"，在"图层 3"的第 1 帧，绘制一个多角星形，其大小能够覆盖整个舞台。在绘制好的多角星形上单击鼠标右键，在弹出的快捷菜单中选择"转换为元件"命令，将其转换为图形元件"星形"（见图 9-2）。

图　9-1　　　　　　　　　　　　　　　　图　9-2

4）在"图层 3"的第 60 帧插入关键帧，然后单击选中"图层 3"的第 1 帧，选中"星形"图形元件，在"属性"面板中将其"大小"调整为 5px×5px，并将调小的星形放在舞台左下角。在第 1～60 帧之间创建动作补间动画。

5）将"图层 3"设置为遮罩图层，使"图层 2"成为被遮罩图层（见图 9-3）。

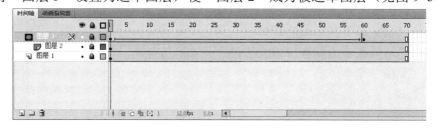

图　9-3

（3）制作"MV 场景"动画的场景二

场景二的显示效果是一幅图像呈圆形，几个圆形处于不同位置，在不同时间不断地放大显示出来（见图 9-4）。

制作步骤如下。

1）选择"插入"→"场景"命令，进入第二场景的编辑状态。

2）单击选中"图层 1"的第 1 帧，从库中将图形元件"image2"拖曳至舞台工作区，居中对齐。然后在"图层 1"的第 60 帧插入帧。

3）锁定"图层 1"，新建"图层 2"，单击选中"图层 2"的第 1 帧，从库中将图形元件"image3"拖曳至舞台工作区，居中对齐。锁定"图层 2"，新建"图层 3"。

4）新建一个图形元件并命名为"圆形"。在该元件的编辑区绘制一个圆形，其大小为80px×80px。

5）新建一个影片剪辑元件并命名为"圆形变化"，进入该元件的编辑状态。选中"图层 1"的第 1 帧，从库中将图形元件"圆形"拖曳至编辑区，在第 1～25 帧制作"圆形"由小变大的补间动画。将"图层 1"复制，分别粘贴至"图层 2""图层 3"和"图层 4"，调整每个图层圆形的位置（见图 9-5），尽可能地增加覆盖范围，最终效果要覆盖整个舞台。

图　9-4

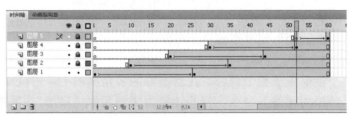

图　9-5

6）单击"场景 2"按钮，返回第二场景。在"图层 3"的第 1 帧将影片剪辑元件"圆形变化"拖曳至舞台，测试调整其位置。

7）将"图层 3"设置为遮罩图层，使"图层 2"成为被遮罩图层（见图 9-6）。

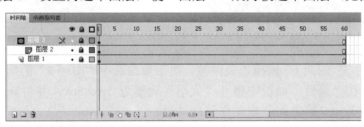

图　9-6

（4）制作"MV 场景"动画的场景三

场景三的显示效果是原图像分成左右两个部分，左侧向上、右侧向下移出舞台，并显示出新图像（见图 9-7）。

制作步骤如下。

1）选择"插入"→"场景"命令，进入第三场景的编辑状态。

2）单击选中"图层 1"的第 1 帧，从库中将图形元件"image3"拖曳至舞台工作区，居中对齐。然后在"图层 1"的第 64 帧插入帧。

3）锁定"图层 1"，新建"图层 2"，单击选中"图层 2"的第 1 帧，从库中将图形元件"image4"拖曳至舞台工作区，居中对齐。将"图层 2"放置到"图层 1"的下方。

4）锁定"图层2"，新建"图层3"，在"图层3"的第1帧，绘制一个矩形，其大小能够覆盖图像的左半边（见图9-8）。

5）在"图层1"的第1~60帧之间创建图像向上移动的动作补间动画。可以看到"图层1"第60帧的图像的相对位置（见图9-9）。

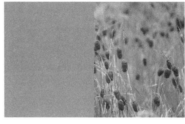

图　9-7　　　　　　　　　图　9-8　　　　　　　　　图　9-9

6）将"图层3"设置为遮罩图层，使"图层1"成为被遮罩图层。

7）同时选中"图层3"和"图层1"，在黑色覆盖区域单击鼠标右键，在弹出的快捷菜单中选择"复制帧"命令；在"图层3"上新建"图层4"，单击选中"图层4"，在黑色覆盖区域单击鼠标右键，在弹出的快捷菜单中选择"粘贴帧"命令。

8）锁定"图层3"和"图层1"，在"图层4"的第1帧，将矩形移至舞台右侧，其大小能够覆盖图像的右半边（见图9-10）。锁定"图层4"。

9）在"图层5"的第60帧，将图像向下垂直移动（见图9-11）。

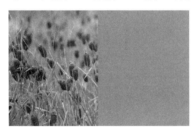

图　9-10　　　　　　　　　　　　　　　　图　9-11

10）至此，第三场景制作完成，可以看到此时的时间轴（见图9-12）。

图　9-12

（5）制作"MV场景"动画的场景四

场景四的显示效果是一幅图像分成4个部分，从四角向中心推出显示（见图9-13）。

制作步骤如下。

1）选择"插入"→"场景"命令，进入第四场景的编辑状态。

2）单击选中"图层1"的第1帧，从库中将图形元件"image4"拖曳至舞台工作区，

215

居中对齐。然后在"图层 1"的第 60 帧插入帧。

3）锁定"图层 1"，新建"图层 2"，单击选中"图层 2"的第 1 帧，从库中将图形元件"image5"拖曳至舞台工作区，居中对齐。

4）选择"视图"→"标尺"命令，在舞台工作区上边和左边显示标尺。用鼠标从上边标尺向下拖曳，出现一条水平辅助线（将舞台上下平分）；用鼠标从左边标尺向右拖曳，出现一条垂直辅助线（将舞台左右平分）。

5）锁定"图层 2"，新建"图层 3"，单击选中"图层 3"的第 1 帧，在图像左上角绘制一个矩形（见图 9-14）。在"图层 3"的第 60 帧插入关键帧，将第 60 帧的矩形调大（见图 9-15）。

图 9-13   图 9-14   图 9-15

6）在"图层 3"第 1 帧与第 60 帧之间创建形状补间动画（即矩形从小到大的变化）。

7）将"图层 3"设置为遮罩图层，使"图层 2"成为被遮罩图层。

8）同时选中"图层 3"和"图层 2"，在黑色覆盖区域单击鼠标右键，在弹出的快捷菜单中选择"复制帧"命令；在"图层 3"上新建"图层 4"，单击选中"图层 4"，在黑色覆盖区域单击鼠标右键，在弹出的快捷菜单中选择"粘贴帧"命令。

9）在"图层 4"的第 1 帧，将矩形移至图像的右上角（见图 9-16）；在"图层 4"的第 60 帧，将矩形移至图像的右上角（见图 9-17）。锁定"图层 4"和"图层 5"。

10）按照第 8）步和第 9）步的方法，分别在"图层 6"和"图层 7"、"图层 8"和"图层 9"制作另外两个角向中心推进的动画。

图 9-16   图 9-17

11）至此，第四场景制作完成（见图 9-18）。

图 9-18

（6）制作"MV 场景"动画的场景五

场景五的显示效果是图像打开门似地退出，另一幅图像随之显示出来（见图 9-19）。制作步骤如下。

1）选择"插入"→"场景"命令，进入第五场景的编辑状态。

2）单击选中"图层 1"的第 1 帧，从库中将图形元件"image5"拖曳至舞台工作区，居中对齐。然后在"图层 1"的第 60 帧插入帧。

3）锁定"图层 1"，新建"图层 2"，单击选中"图层 2"的第 1 帧，从库中将图形元件"image6"拖曳至舞台工作区，居中对齐。

4）锁定"图层 2"，新建"图层 3"，在"图层 3"的第 1 帧绘制一个矩形，其大小为 760px×480px。在"图层 3"的第 60 帧插入关键帧，在第 6 帧将矩形向左收缩呈一个条形（见图 9-20）。然后在第 1～60 帧之间创建形状补间动画。

图　9-19

图　9-20

5）单击选中"图层 3"的第 1 帧，按 4 次<Ctrl+Shift+H>组合键，添加 4 个形状提示符。移动这些形状提示符到矩形的 4 个顶点（见图 9-21）。

图　9-21

6）单击选中"图层 3"的第 60 帧，调整 4 个形状提示符的位置（见图 9-22）。

7）将"图层 3"设置为遮罩图层，使"图层 2"成为被遮罩图层（见图 9-23）。

图　9-22

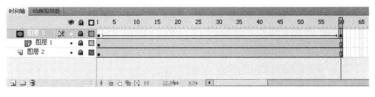
图　9-23

（7）制作"MV 场景"动画的场景六

场景六的显示效果是一幅图像分成若干条，分别从上、下两个方向移动显示出来（见

图 9-24)。

制作步骤如下。

1）选择"插入"→"场景"命令，进入第六场景的编辑状态。

2）单击选中"图层 1"的第 1 帧，从库中将图形元件"image6"拖曳至舞台工作区，居中对齐。然后在"图层 1"的第 70 帧插入帧。

3）锁定"图层 1"，新建"图层 2"，单击选中"图层 2"的第 1 帧，从库中将图形元件"image7"拖曳至舞台工作区，居中对齐。

4）新建一个图形元件并命名为"栅条"，进入该元件的编辑状态。在编辑区中绘制白蓝相间图形（见图 9-25）。

图　9-24　　　　　　　　　　　　　　　图　9-25

5）单击"场景 6"按钮，返回第六场景。锁定"图层 2"，新建"图层 3"，在"图层 3"的第 1 帧，从库中将"栅条"图形元件拖曳至舞台中，使用"任意变形工具"将其倾斜并放置到上方位置（见图 9-26）。

6）在"图层 3"的第 60 帧插入关键帧，将"栅条"图形元件实例放置到底图上（见图 9-27）。在第 1 帧与第 60 帧之间创建动作补间动画。

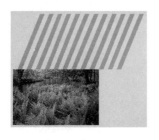 

图　9-26　　　　　　　　　　　　　　　图　9-27

7）将"图层 3"设置为遮罩图层，使"图层 2"成为被遮罩图层。

8）同时选中"图层 3"和"图层 2"，在黑色覆盖区域单击鼠标右键，在弹出的快捷菜单中选择"复制帧"命令；在"图层 3"上新建"图层 4"，单击选中"图层 4"，在黑色覆盖区域单击鼠标右键，在弹出的快捷菜单中选择"粘贴帧"命令。

9）在"图层 4"的第 1 帧，将"栅条"移至下方位置（见图 9-28）；在"图层 4"的第 60 帧，将"栅条"移至底图上（见图 9-29）。

10）"图层 3"与"图层 4"的两个"栅条"实例在第 60 帧要能够覆盖整个舞台（见图 9-30）。

11）至此，第六场景制作完成，可以看到此时的时间轴（见图 9-31）。

图 9-28

图 9-29

图 9-30

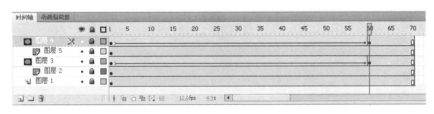

图 9-31

（8）制作"MV 场景"动画的场景七

场景七是一幅图像的显示效果像百叶窗那样关闭，显现出另一幅图像（见图 9-32）。制作步骤如下。

1）选择"插入"→"场景"命令，进入第七场景的编辑状态。

2）单击选中"图层 1"的第 1 帧，从库中将图形元件"image7"拖曳至舞台工作区，居中对齐。然后在"图层 1"的第 70 帧插入帧。

3）锁定"图层 1"，新建"图层 2"，单击选中"图层 2"的第 1 帧，从库中将图形元件"image8"拖曳至舞台工作区，居中对齐。

4）新建一个影片剪辑元件并命名为"矩形变化"，进入该元件的编辑状态。选中"图层 1"的第 1 帧，绘制一个矩形，其大小为 760px×40px，位置居中；在第 70 帧插入帧，在第 60 帧插入关键帧。单击选中第 1 帧，将第 1 帧的矩形大小调整为 760px×2px，保持位置居中。在第 1～60 帧之间创建形状补间动画。可以看到该元件的时间轴（见图 9-33）。单击"场景 7"按钮，返回第七场景。

图 9-32

图 9-33

5）锁定"图层 2"，新建"图层 3"，单击选中"图层 3"的第 1 帧，从库中将影片剪辑元件"矩形变化"拖曳至舞台工作区，位置为（380，20）。

6）将"图层 3"设置为遮罩图层，使"图层 2"成为被遮罩图层。

7）同时选中"图层 3"和"图层 2"，在黑色覆盖区域单击鼠标右键，在弹出的快捷菜单中选择"复制帧"命令；在"图层 3"上新建"图层 4"，单击选中"图层 4"，在黑色覆盖区域单击鼠标右键，在弹出的快捷菜单中选择"粘贴帧"命令。

8）在"图层 4"的第 1 帧，将元件实例"矩形变化"的位置调整为（380，60）。

9）锁定"图层 4"和"图层 5"，在"图层 4"上新建"图层 6"，单击选中"图层 6"，在黑色覆盖区域单击鼠标右键，在弹出的快捷菜单中选择"粘贴帧"命令。

10）在"图层 6"的第 1 帧，将元件实例"矩形变化"的位置调整为（380，100）。

11）重复第 9）步和第 10）步，元件实例"矩形变化"的位置依次分别为（380，140）、（380，180）、（380，220）、（380，260）、（380，300）、（380，340）、（380，380）、（380，420）和（380，460）。

12）至此第七场景制作完成，可以看到此时的时间轴（见图 9-34）。

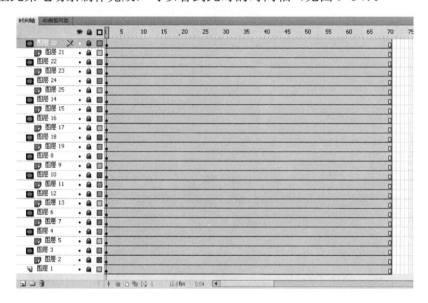

图　9-34

（9）制作"MV 场景"动画的场景八

场景八是一幅图像的显示效果像卷轴一样从右向左滚动，图像逐渐展开（见图 9-35）。制作步骤如下。

1）选择"插入"→"场景"命令，进入第八场景的编辑状态。

2）单击选中"图层 1"的第 1 帧，从库中将图形元件"image8"拖曳至舞台工作区，居中对齐，然后在"图层 1"的第 70 帧插入帧。

3）锁定"图层 1"，新建"图层 2"，单击选中"图层 2"的第 1 帧，从库中将图形元件"image1"拖曳至舞台工作区，居中对齐。

4）新建一个影片剪辑元件并命名为"转轴"，进入该元件的编辑状态。选中"图层 1"的第 1 帧，绘制一个矩形，其大小为 40px×480px，填充色为灰色到蓝色再到灰色的线性渐变色，位置居中；在绘制好的矩形上单击鼠标右键，在弹出的快捷菜单中选择"转换为元件"命令，将其转换为图形元件"轴"。单击选中"轴"图形元件，在"属性"面板中设置其"色彩效果"的"Alpha"值为 40%。在第 60 帧插入帧。

5）锁定"图层 1"，在"图层 1"的下面新建"图层 2"。单击选中"图层 2"的第 1 帧，在"图层 2"的第 1 帧绘制一个无笔触的黑色矩形，其大小与位置均与"图层 1"中的矩形一样。

6）锁定"图层 2"，在"图层 1"的下面新建"图层 3"。在"图层 3"的第 1 帧，从库中将图形元件"image1"拖曳至舞台工作区，单击选中图形元件"image1"，然后选择"修改"→"变形"→"水平翻转"命令，将"image1"图形元件实例水平镜像；将其位置调整为与"图层 2"的矩形左对齐（见图 9-36）。

7）在"图层 3"的第 60 帧插入关键帧。在第 60 帧将"image1"图形元件实例向左移动，其位置调整为与"图层 2"的矩形右对齐（见图 9-37）。

图 9-35   图 9-36   图 9-37

8）将"图层 2"设置为遮罩图层，使"图层 3"成为被遮罩图层。可以看到此时的时间轴（见图 9-38）。

图 9-38

9）单击"场景 8"按钮，返回第八场景。

10）锁定"图层 2"，新建"图层 3"，单击选中"图层 3"的第 1 帧，从库中将影片剪辑元件"转轴"拖曳至舞台工作区，相对于舞台右对齐（见图 9-39）。在"图层 3"的第 60 帧插入关键帧，将"转轴"元件实例移至舞台左侧，相对于舞台左对齐（见图 9-40）。

图 9-39   图 9-40

11）在"图层 3"的第 1 帧与第 60 帧之间创建补间动画（即"转轴"从舞台右侧移动到舞台左侧的动画）。在"图层 3"的第 61 帧插入空白关键帧。

12）锁定"图层 3"，在"图层 3"下新建"图层 4"，在"图层 4"的第 1 帧绘制一个黑色矩形，其大小为 760px×480px，位置居中；在"图层 4"的第 60 帧插入关键帧。

单击选中"图层4"的第1帧,在"图层4"的第1帧将所绘制的矩形移动到舞台右侧(见图9-41)。在"图层4"的第1～60帧之间创建补间动画。

13)将"图层4"设置为遮罩图层,使"图层2"成为被遮罩图层。

14)至此第八场景制作完成,可以看到此时的时间轴(见图9-42)。

图 9-41

图 9-42

至此,整个"MV场景"动画就制作完成了。选择"文件"→"导出"→"导出影片"命令,生成名为"MV场景.SWF"的SWF文件。

2. 制作"动感MV"动画

(1)制作元件

制作步骤如下。

1)新建Flash文档,在"属性"面板中将舞台尺寸设置为800px×600px,背景色设为白色,帧频设置为12。保存文件,将文件命名为"动感MV.fla"。

2)选择"文件"→"导入"→"导入到库"命令,将"项目素材/项目 9/"文件夹中的"野草节选.wav"音乐文件和"项目素材/项目 9/野草/"文件夹中的"00.jpg"图像文件导入到库中。

3)新建按钮元件并命名为"play"。在按钮元件的编辑区,在第1帧输入文本"PLAY",然后连续按3次<F6>键。

4)新建一个影片剪辑元件并命名为"空剪辑"。该元件的编辑区为空白。

(2)制作初始界面

制作步骤如下。

1)新建Flash文档,在"属性"面板中将舞台尺寸设置为800px×600px,背景色设为白色,帧频设置为12。保存文件,将文件命名为"动感MV.fla"。

2)将"图层1"重命名为"背景"。在该图层绘制一个棕色矩形,位置居中。

3)新建"图层2"并重命名为"幕布",在该图层绘制一个白色矩形,位置居中偏上。

4)新建"图层3"并重命名为"背景图片",从库中拖曳位图"05.jpg"到舞台工作区中,其大小与位置均与"幕布"图层的矩形相同。

5）新建"图层 4"并重命名为"初始界面"，使用文本工具，输入歌曲名称、词曲作者、演唱者等文字（歌曲名称可制作成特殊字效）。

6）完成"初始界面"（见图 9-43）。

（3）编辑动画图层

制作步骤如下。

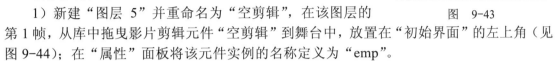

图　9-43

1）新建"图层 5"并重命名为"空剪辑"，在该图层的第 1 帧，从库中拖曳影片剪辑元件"空剪辑"到舞台中，放置在"初始界面"的左上角（见图 9-44）；在"属性"面板将该元件实例的名称定义为"emp"。

2）新建"图层 6"并重命名为"按钮"，在该图层的第 1 帧，从库中拖曳按钮元件"play"到舞台中，放置在"初始界面"的右下角（见图 9-44）；在"属性"面板将该元件实例的名称定义为"bn1"。

3）新建"图层 7"并重命名为"音频"。在该图层的第 2 帧插入关键帧，选中第 2 帧，为该帧应用"野草节选.wav"声音素材，在"属性"面板右侧显示相关属性，即可进行设置（见图 9-45）。然后在第 770 帧插入空白关键帧。

图　9-44

图　9-45

4）新建"图层 8"并重命名为"歌词标注"，选中第 1 帧，按<Enter>键播放，当红色播放头到第一句歌词的开始处，再按<Enter>键停止播放，反复试听直至精确确定第一句歌词的开头位置，在相对应的"歌词标注"图层插入关键帧（见图 9-46）。在"属性"面板的帧标签文本框内，输入"第一句"，以标志第一句开始的位置（见图 9-47）。

5）按<Enter>键继续播放，当第一句歌词结束时，再按<Enter>键停止播放，在相对应的"歌词标注"图层插入关键帧（见图 9-46）。在"属性"面板的帧标签文本框内输入"第一句结束"，以标志第一句的结束位置（见图 9-47）。

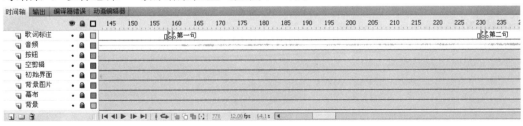

图　9-46

标签		标签	
名称:	第一句	名称:	第一句结束
类型:	名称	类型:	名称

图　9-47

6）用同样的方法完成对其他歌词的标注。

7）新建"图层9"并重命名为"歌词1"，定位到标记为第一句歌词的开头位置，选中与"歌词标记"图层相对应的帧，插入关键帧，选择"文本工具"，在舞台上输入第一句歌词"碧草无言春自生"，对齐到舞台中央，文本颜色为黑色。定位到标记为第一句歌词的结束位置，选中与"歌词标记"图层相对应的帧，插入空白关键帧。

8）用同样的方法完成其他歌词的输入。

9）新建"图层10"并重命名为"歌词2"，将整个"歌词1"图层复制并粘贴到"歌词2"图层。将"歌词2"图层中的所有歌词文本颜色改为白色。

10）新建"图层11"并重命名为"歌词遮罩"，在第一句歌词的开始位置，插入关键帧，在舞台中画一个矩形，放在歌词文本的左侧（见图9-48）；在第一句歌词的结束位置插入关键帧，将矩形向右移动，直至覆盖整个文本。

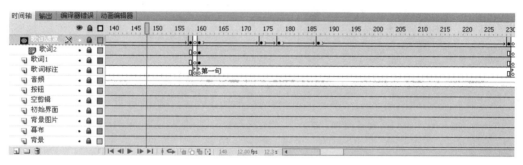

图 9-48

11）在第一句歌词的开始帧和结束帧之间创建补间动画（即矩形从左向右移动的动画）。用同样的方法，完成其他歌词的"歌词遮罩"动画。

12）将"歌词遮罩"图层设置为遮罩图层，使"歌词2"图层成为被遮罩图层（见图9-49）。

图 9-49

13）新建"图层12"并重命名为"AS"，选中第1帧，在"动作"面板中添加以下脚本。

```
stop();
var loader1:Loader =new Loader();
var dz1:URLRequest=new URLRequest("MV 场景.swf");
bn1.addEventListener(MouseEvent.CLICK,sp1);
function sp1(event:MouseEvent):void {
gotoAndPlay(2);
loader1.load(dz1);
emp.addChild(loader1);
emp.x=20;
emp.y=20;
emp.visible=true;
bn1.visible=false;      }
```

14）按<Ctrl+Enter>组合键，测试动画，即可看到本案例制作的 MV 动画效果。在 MV 动画的播放过程中，应仔细查看其播放是否有误，然后根据测试的结果，对动画作适当的调整。调整完毕后再次测试 MV 动画（见图 9-50）。

图　9-50

15）在确认无误后，选择"文件"→"保存"命令保存动画文档。

9.3.4　任务评价

本实例主要介绍了利用 Flash CS4 制作 MV 动画的相关内容，通过为歌曲《野草》制作动画 MV 为例，详细介绍了使用 Flash 制作 MV 动画的过程。

通过对本实例的学习，结合案例练习，读者应掌握 MV 动画实际制作中的一些基本方法和技巧，并通过不断的练习和实践，逐步提高自身的能力。

项目 10　综合实例——动画制作

10.1　项目情境

周一，王导把晓峰叫到了办公室。

王导：晓峰，今天开始我们要制作一个关于《掩耳盗铃》的 Flash 动画短片，我这里有个分镜头台本，你先熟悉一下，到时候你也参加制作。

晓峰：哦，太好了，我一定仔细研究一下。

王导：对，在制作动画前，首先应进行前期策划，参与制作的人员一定要对整个故事情节、分镜头台本非常熟悉，要充分领会导演的意图，然后再按照制作流程分头进行实际的制作。那你先认真准备吧。

10.2　项目基础

《掩耳盗铃》故事梗概。.

春秋末期，晋国统治集团内部经常争夺权势，互相发生兼并战争。晋国贵族智伯灭掉了卿大夫范吉射，范家从此门庭冷落，很多人打起了范家的主意。

有一个贪财的人趁着夜色跑到范氏家想偷点东西。他翻过围墙后，看见院子里吊着一口大钟，钟是用上等青铜铸成的，非常精美。小偷心里高兴极了，就想把这口精美的大钟偷回去。可是钟又大又重，怎么办呢？他想来想去，只有一个办法，那就是把钟敲碎后分别搬回家。于是小偷找来一把斧子，拼命向钟砸去，咣当一声巨响，把他吓了一大跳。小偷着慌了，心想这下糟了，这么洪亮的声音，不就等于是告诉人们我正在这里偷钟吗？于是他想了一个办法，用棉花团把自己的耳朵堵起来。他认为只要自己的耳朵听不见了，别人的耳朵也就同样听不见了。于是就放手砸起钟来，一下又一下，响亮的钟声传到很远的地方，惊醒了周围的邻居，大家闻声赶来，齐声高喊"抓贼啊"。

10.3　综合实例 《掩耳盗铃》

10.3.1　任务热身

1．场景设计分析

在《掩耳盗铃》这部短片中，总共涉及 3 个主场景，分别是范府大门外侧场景（见图 10-1）、范府大门内侧场景（见图 10-2）和范府院内场景（见图 10-3）。其中，范府大门外侧场景是小偷准备偷钟，并翻越范府围墙的背景；范府大门内侧场景展现的是小偷翻墙后摔落在院内的情节；范府院内场景则是表现小偷具体的偷钟过程。在实际设计绘制的过程中要注意 3 个问题，一是所有场景的风格要保持统一，造型定位为写实，色彩气氛为夜晚，色彩基调的纯度、饱和度较高，明度偏低。二是前后场景中建筑及物体的色彩、比例、位置等对应关系要保持一致。三是小景别的分场景应以三个总场景为标准制作。

图　10-1　　　　　　图　10-2　　　　　　图　10-3

2．角色设计分析

《掩耳盗铃》中的主要角色是一位好吃懒做、趁火打劫、贪心愚蠢的小偷。在形象设计时要把握角色的这些性格特征（见图 10-4），在设计绘制时可以抓住以下几点。一是角色外形风格及头身比偏重 Q 版风格。二是角色的年龄定位为中年男子，体形较瘦，穿古装服饰。三是角色的形象要符合小偷的身份及性格特征。

图　10-4

3．角色动作分析

角色的动作按照情节的发生顺序主要有府门外窥视、翻墙及落地、挠头寻找目标、偷偷走、敲钟试探、想办法、斧子砸钟等。其中"府门外"及"偷偷走"的系列动作要表现出蹑手蹑脚、贼头贼脑的感觉；而"想办法"及"斧子砸钟"等动作要体现出角色的贪心愚蠢。另外，由于每个动作的分镜头景别不一样，选用的范围也就不同，在制作动作时，可以只考虑角色身体出现在镜头内的动作部分，其余进行省略，这样节省人力和时间。而对于角色经常出现的动作角度及动势可以制作成元件，以便多次调用。

10.3.2　任务目标

1）培养动画制作的前期统筹及分析能力。
2）整合场景设计、角色设计知识，达到灵活运用的目的。
3）掌握动画制作的技巧和方法。

10.3.3　任务实施

1．运行程序并设置舞台

运行 Flash CS4 软件，在启动界面中新建一个 Flash 3.0 版本的文档。首先在"属性"

面板中将舞台"尺寸"更改为 1024px×768px。"背景颜色"使用"R"255、"G"204、"B"102。接着打开标尺及辅助线，标示出舞台的 4 边位置。最后选择"文件"→"保存"命令，将其命名为"掩耳盗铃"并保存。

2．绘制场景

1）绘制场景一"范府大门外侧场景"。将"图层 1"重命名为"背景"，选中第 2 帧，插入空白关键帧。在舞台上绘制范府大门外侧场景。其中"星星""月亮""云彩 1"和"云彩 2"为影片剪辑元件，并分别添加"发光""模糊"滤镜，形成光晕朦胧的效果。其余均为图形元件（见图 10-5）。

2）绘制场景二"范府大门内侧场景"。选中第 3 帧，插入空白关键帧。在舞台上绘制范府大门内侧场景。在绘制时如围墙、树、星月等物体，可以调用绘制场景一时制作的元件，只需将大门内的装饰重新绘制修改，表现出门内侧的外观特点即可。注意，因为此时镜头的拍摄角度与场景一相反，所以需要将树、月亮等物体的位置左右互换，原来在左边的换至右边；同时叠放次序也要改变，原来在"场景一"中的前景树现在变为后景，所以需要缩小置于围墙后。同理原来院内的树也需要置前并放大（见图 10-6）。

3）绘制场景三"范府院内场景"。选中第 4 帧，插入空白关键帧。在舞台上绘制范府院内场景。除星月和云彩外，其余均为图形元件（见图 10-7）。最后可以将这 3 个场景转换为图形元件，以便再次使用。另外要特别仔细地绘制钟的外形，在后面的场景中还要作为特写镜头出现。

图 10-5 　　　　　 图 10-6 　　　　 图 10-7

3．制作范府门外角色观察的表情

1）绘制角色的正面头部形象。新建名为"正面头"的图形元件，绘制角色正面的头部形象（见图 10-8）。

2）绘制"黑眼仁"。新建名为"黑眼仁"的图形元件，绘制黑色正圆形作为角色的眼仁。

3）制作"眼睛左动"。新建名为"眼睛左右动"的图形元件，在"图层 1"的第 1 帧绘制眼眶，在第 65 帧和第 85 帧插入关键帧，调整第 65 帧内的眼眶外形，使上眼皮向下半闭。在"图层 2"的第 1 帧放置刚才绘制的"黑眼仁"元件，将第 10 帧、第 20 帧、第 30 帧、第 40 帧和第 50 帧转换为关键帧，分别调整"黑眼仁"的位置，使其左右移动。在每个帧的区间内任选一帧，创建传统补间动画。在第 51 帧插入关键帧，使"黑眼仁"位于中心位置（见图 10-9），按<F5>键延时到第 85 帧。

4）制作"观察表情"元件。新建名为"观察表情"的图形元件，在"图层 1"的第 1 帧内拖入"正面头"元件，然后将"眼睛左右动"元件拖入 2 次，并调整好大小，放置在脸部的合适位置（见图 10-10）。

图　10-8　　　　　　　　　　图　10-9　　　　　　　　　　图　10-10

4．在场景中应用"观察表情"元件

1）制作"前景树"图层。将"范府大门外侧场景"中的"前景树"剪切下来，新建"前景树"图层，在第 2 帧内原位置粘贴刚才剪切下来的树，并延时至第 105 帧。最后将"背景"图层的第 2 帧延时至第 105 帧（见图 10-11）。

2）在场景中应用"观察表情"元件。在"背景"图层上方新建"府门外动作"图层。在第 20 帧插入空白关键帧，将"观察表情"元件拖入。调整其位置，让角色的头部左倾，形成从树后探头的效果（见图 10-12）。

图　10-11　　　　　　　　　　　　　　　　　图　10-12

5．制作翻墙动作

1）绘制角色头部背面。新建图形元件"背面头"，在第 1 帧中绘制角色头部的背面（见图 10-13）。

2）绘制"背面翻墙身体"。新建图形元件"背面翻墙身体"，在第 1 帧中绘制角色背面翻墙的身体（见图 10-14）。

3）制作"背面翻墙动作 1"。新建图形元件"背面翻墙动作 1"，在第 1 帧中将刚才制作的背面头部及身体元件拖入，调整好大小位置并绘制几条速度线（见图 10-15）。依照此方法再制作一个新的图形元件"背面翻墙动作 2"，身体的方向相反。

图　10-13　　　　　　　　　　图　10-14　　　　　　　　　　图　10-15

6. 在场景中应用翻墙动作

1）场景延时处理。由于翻墙动作仍发生在场景一中，所以将"前景树"和"背景"图层延时至第 125 帧。

2）应用翻墙动作。在"府门外动作"图层上，选中第 105 帧插入空白关键帧，将"背面翻墙动作 1"元件拖入舞台，调整好大小后放置在大门右下位置（见图 10-16）。在第 109 帧插入空白关键帧，将"背面翻墙动作 2"拖入舞台，外形调整得要比动作 1 略小些，然后放置在大门的门槛顶上。在第 111 帧插入关键帧，将动作 2 的位置移至右侧围墙上。拖动时间指针可以看到角色几个起落窜至围墙上。

3）制作角色晃动。接着在第 114 帧、第 117 帧、第 120 帧和第 123 帧分别插入关键帧，调整第 114 帧和第 120 帧中角色身体的角度，使其向右倾斜，形成站立不稳左右摇晃的效果（见图 10-17）。

图　10-16

图　10-17

7. 制作场景二中的晃动效果

选中背景层第 125 帧的场景二"范府大门内侧场景"，将其略放大一些，延时至第 133 帧后，将第 126～133 帧转换为关键帧。调整第 126 帧和第 129 帧的背景，使其略向左移动，再调整第 131 帧和第 132 帧的背景，分别使其向上、向下略移动。拖动时间指针观察，场景产生晃动效果（见图 10-18）。

8. 制作角色落地动作

1）放大场景二。调整第 133 帧的背景使其大于舞台，将背景向舞台的右上方偏移（见图 10-19）。

图　10-18

2）制作角色落地基本元件。新建图形元件"落地身体 1"。在第 1 帧中绘制角色落地的身体形态。新建图形元件"落地身体 2"，在第 1 帧中绘制角色落地的身体形态 2（见图 10-20）。

3）制作角色落地动作。新建影片剪辑元件"落地后动作"。在第 1 帧中拖入刚才制作的图形元件"落地身体 1"，在第 2 帧中拖入"落地身体 2"，使用"绘图纸外观"功能，以角色的后背为中心对齐两个实例（见图 10-21）。最后将 2 个帧向后各延时 2 帧，拖动时间指针观察，角色双腿晃动。

图 10-19

图 10-20

图 10-21

9. 完成场景中角色的落地动作

1）制作前景树篱。在"前景树"图层的第 126 帧和第 133 帧插入空白关键帧，然后将"背景"图层的第 133 帧内左侧的树篱剪切下来，在原位置粘贴到"前景树"图层的第 133 帧里。最后将这 2 个图层都延时到第 145 帧。

2）在场景中应用动作。在"府门外"图层的第 126 帧和第 133 帧插入空白关键帧。将元件"落地后动作"拖入舞台，调整角色的大小并使其双腿及半个头部露在树篱外面（见图 10-22）。

图 10-22

10. 制作转场效果

1）处理场景。将"背景"图层的第 145 帧插入关键帧，保持场景一的背景，并延续到第 160 帧。检查第 161 帧，应为场景二的背景。

2）制作转场效果。在"背景"图层的上方新建"转场"图层。在第 145 帧插入空白关键帧，绘制黑白相间的无边框图形，大小要能覆盖住舞台，并把白色部分删除，在转换为图形元件后将其置于舞台下方。在第 175 帧插入关键帧，将黑白相间的图形移至舞台上方，创建传统补间动画。拖动指针观察，随着黑白图形的上移，背景变为场景二（见图 10-23）。

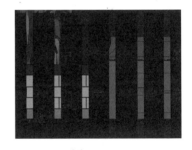

图 10-23

11. 制作挠头寻钟动作

1）绘制"背面站立身体"。新建图形元件"背面站立身体"，在第 1 帧中绘制角色背面身体形态（见图 10-24）。新建图形元件"挠头手臂"，在第 1 帧中绘制角色左侧抬起挠头的手臂（见图 10-25）。新建图形元件"手"，在第 1 帧中绘制角色的手。

图 10-24

图 10-25

2）制作挠头动作元件。新建影片剪辑元件"挠头动作"，在"图层 1"的第 1 帧放置

"背面头"图形元件，并延时至第 55 帧。新建"图层 2"，在第 1 帧中放置"挠头手臂"。新建"图层 3"，在第 1 帧中放置"背面站立身体"，并把"手"元件拖入，协调在右侧胳膊的适当位置。将"图层 2"的第 11 帧、第 22 帧、第 33 帧和第 44 帧插入关键帧，延时至第 55 帧。调整第 11 帧和第 33 帧中手臂的位置，形成挠头动作（见图 10-26）。

3）在场景中应用挠头动作。将"背景"图层延时至第 275 帧。将"府门外"图层的第 146 帧和第 185 帧插入空白关键帧，将"挠头动作"元件拖入，并放置在舞台偏左下方。在第 240 帧插入关键帧，将"挠头动作"上移至舞台内，创建传统补间动画，最后延时至第 275 帧（见图 10-27）。

图　10-26　　　　　　　　　　　　　图　10-27

12. 制作场景移动效果

1）在"背景"层的第 276 帧插入关键帧，并将场景二的背景分离。使用"任意变形工具"将背景天空横向拉长，复制围墙、树、树篱、地面、房屋，并摆放在适当的位置，使场景横向加长，便于制作横移镜头（见图 10-28）。最后全选并转换为图形元件"场景二加长"。

2）场景横移。在"背景"图层的第 315 帧、第 370 帧和第 380 帧插入关键帧。将第 315 帧和第 380 帧向左移动，其中，第 315 帧移动的距离略长些。将第 370 帧向右移动较远的距离。分别创建传统补间动画（见图 10-29）。最后延时至第 450 帧。

图　10-28

图　10-29

13. 制作发光效果

新建影片剪辑元件"闪光"，在第 1 帧中绘制 4 条光带。在第 2 帧插入空白关键帧，延时至第 6 帧。全选所有帧，复制后在第 7 帧的原位置粘贴（见图 10-30）。

14. 在场景中加入发光效果

选中"前景树"图层的第 146 帧，插入空白关键帧。在第 400 帧插入空白关键帧后，将"闪光"元件拖入舞台，调整大小后放置在钟的右侧。最后延时至第 450 帧（见图 10-31）。

图　10-30

图　10-31

15. 放大场景

在"背景"层的第 480 帧插入关键帧，将背景以舞台中心按比例放大，使院子的中心部分成为舞台的主体（见图 10-32）。

16. 制作偷偷走的动作

1）绘制走的基本元件。新建图形元件"走 1"，在第 1 帧中绘制角色身体侧面偷偷走的形态 1（见图 10-33）。新建图形元件"走 2"，在第 1 帧中绘制角色身体侧面偷偷走的形态 2（见图 10-34）。新建图形元件"走 3"，在第 1 帧中绘制角色身体侧面偷偷走的形态 3（见图 10-35）。

图　10-32

图　10-33

图　10-34

图　10-35

2）制作"偷偷摸摸走"元件。新建影片剪辑元件"偷偷摸摸走"。将"走 1"元件拖入第 1 帧和第 15 帧中，将"走 2"元件拖入第 5 帧和第 223 帧中，将"走 3"元件拖入第 10 帧和第 31 帧中。使用绘图纸外观功能调整它们的位置，使其向前走动。全选所有帧复制后粘贴多次，一直粘贴到第 200 帧为止。再次使用绘图纸外观功能调整它们的位置，最终形成向左偷偷走的动画效果（见图 10-36）。

3）在场景中应用"偷偷摸摸走"元件。在"府门外"图层的第 276 帧和第 500 帧插入空白关键帧。将"偷偷摸摸走"元件拖入舞台，调整大小后放置在舞台右外侧。最后延时至第 700 帧（见图 10-37）。

图　10-36

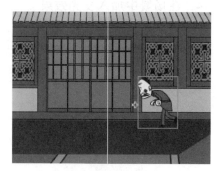

图　10-37

17．制作范府院内的近景

在"背景"图层的第 701 帧插入空白关键帧。拖入元件"范府大门内侧场景"，将其分离为麻点状基本图形后保留钟附近的背景，将多余的删除，形成院内的近景景别。钟和前景的树篱可以最后拖入（见图 10-38）。最后全选组合成组，延时至第 806 帧。

18．制作敲钟的动画

1）制作敲钟动作。新建图形元件"敲钟动作 1"。在第 1 帧中绘制角色身体侧面敲钟的形态 1（见图 10-39）。新建图形元件"敲钟动作 2"。在第 1 帧中绘制角色身体侧面敲钟的形态 2（见图 10-40）。新建影片剪辑元件"总敲钟动作"。在第 1 帧和第 5 帧中分别拖入"敲钟动作 1"和"敲钟动作 2"，全选复制所有帧后在第 9 帧粘贴，使用绘图纸外观功能调整每个动作的位置，形成挥臂敲钟试探的动作。

图　10-38

2）在场景中应用敲钟动作。在"府门外"图层的第 701 帧插入空白关键帧，拖入元件"总敲钟动作"，延时至第 715 帧（见图 10-41）。

图　10-39

图　10-40

图　10-41

19. 制作想办法的表情

1）绘制"想办法身体"。新建图形元件"想办法身体"，在第 1 帧中绘制角色想办法的侧面身体（见图 10-42）。

2）新建图形元件"眼珠转"，在"图层 1"的第 1 帧绘制眼眶和黑眼仁，使黑眼仁位于眼眶的中心位置，延时至第 90 帧。新建"图层 2"，在第 17 帧插入关键帧，复制绘制的眼眶并在原位置粘贴，延时至第 45 帧。新建"图层 3"，在第 17 帧插入关键帧，复制绘制的黑眼仁并粘贴在第 17 帧里，调整到眼眶左边的位置。将第 31 帧和第 45 帧插入关键帧，分别调整黑眼仁的位置，其中，第 31 帧位于眼眶右边，在第 45 帧调整到左边，再分别创建传统补间动画。在"图层 3"的上方新建"传统运动引导层"，在第 17 帧插入关键帧，使用"钢笔工具"绘制向下弯曲的弧形路径。调整"图层 3"中的第 17 帧和第 45 帧的黑眼仁，使其对准路径的两端。拖动指针，黑眼仁沿着弧形路径转动（见图 10-43）。

3）制作"想办法表情"。新建图形元件"想办法表情"。在"图层 1"的第 1 帧中拖入制作的元件"想办法身体"。在"图层 2"的第 1 帧内拖入元件"眼珠转"，最后都延时至第 90 帧（见图 10-44）。

图　10-42　　　　　　　图　10-43　　　　　　　图　10-44

4）在场景中应用"想办法表情"元件。在"府门外"图层的第 716 帧插入空白关键帧。将元件"想办法表情"拖入舞台，对照前一帧中的角色大小进行调整对位，延时至第 806 帧（见图 10-45）。

20. 制作联想情节

1）绘制联想框。新建图形元件"想"，绘制一个自由曲线形状的封闭图形，作为联想时的背景图框（见图 10-46）。

2）制作联想框运动。在"前景树"图层的上方新建

图　10-45

"道具"图层，在第 780 帧插入空白关键帧，延时至第 830 帧。将绘制的联想框拖入舞台，调整得稍小一些后放置在角色头部左上角的位置。在第 780 帧单击鼠标右键，在弹出的快捷菜单中选择"创建补间动画"命令，此时这段时间轴以浅蓝色显示。选中第 800 帧，将舞台上的联想框向左上放大，再选中第 830 帧，将联想框放大到能覆盖住整个舞台。拖动指针，联想框先向左上放大然后覆盖到整个舞台（见图 10-47）。

3）绘制道具。新建"锯""刀""锤"和"斧"4个图形元件。分别在元件内绘制"锯""刀""锤"和"斧"的图形（见图10-48）。

4）制作道具切换。在"道具"图层上方新建图层"道具2"。在第831帧插入空白关键帧，拖入元件"锯"，调整好大小和位置。在第850帧插入关键帧，绘制一个红色的"×"；在第865帧插入空白关键帧，拖入元件"刀"，调整好大小和位置。在第885帧插入关键帧，绘制一个红色的"×"；在第900帧插入空白关键帧，拖入元件"锤"，调整好大小和位置。在第920帧插入关键帧，绘制一个红色的"×"；在第935帧插入空白关键帧，拖入元件"斧"，调整好大小和位置。在第955帧插入关键帧，绘制一个红色的"√"，最后延时至第970帧（见图10-49）。

图　10-46

图　10-47

图　10-48

图　10-49

21．制作砸钟的动画

1）制作动作基本元件。新建3个图形元件"砸钟身体"（见图10-50）、"外侧胳膊"（见图10-51）和"里侧胳膊"（见图10-52）。分别绘制在侧面砸钟时的身体形态及里侧和外侧胳膊。

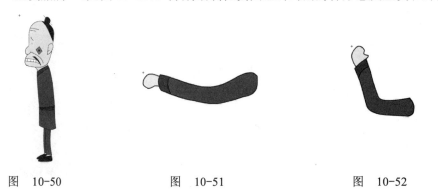

图　10-50　　　　　　　　　图　10-51　　　　　　　　　图　10-52

2）制作"砸钟动作"。新建影片剪辑元件"砸钟动作"，在"图层1"的第1帧内拖入元件"里侧胳膊"；在"图层2"的第1帧拖入元件"斧"；在"图层3"的第1帧内拖入元件"砸钟身体"；在"图层4"的第1帧内拖入元件"外侧胳膊"。全选4个图层的第5帧，插入关键帧，分别调整各个图层内的角色肢体及斧子的位置，形成身体略后仰并挥起斧子的动势。依照此方法，在所有图层的第10帧中再次插入关键帧，调整动势形成斧子砸下的动作姿态（见图10-53）。

3）在场景中应用元件。将"背景"图层的第 971 帧插入关键帧，放大后延时至第 1220 帧。在"府门外"图层的第 830 帧和第 971 帧插入空白关键帧，将"砸钟动作"拖入第 971 帧内的舞台上，调整角色的大小，形成特写镜头（注意背景的景别范围要适合角色的特写镜头）。最后延时至第 1005 帧（见图 10-54）。

图 10-53　　　　　　　　　　　　　　　　图 10-54

22．制作"说话表情"

1）绘制说话基本元件。新建图形元件"张嘴"。在第 1 帧内绘制半闭嘴口型，在第 2 帧内绘制张嘴口型。复制这 2 个帧后一直粘贴到第 10 帧。在第 25 帧插入关键帧，再粘贴这 2 个帧 4 次，然后在每个帧后延时 3 帧。拖动指针，嘴先是快速地张合再慢速地张合，模拟钟响后角色受到惊吓嘴唇哆嗦并说话的动势（见图 10-55）。

图 10-55

2）制作"说话表情"。新建图形元件"说话表情"，在"图层 1"的第 1 帧中拖入元件"砸钟身体"，分离后删除头部，再拖入元件"正面头"，调整好二者的大小比例及位置。在"图层 2"的第 1 帧中拖入元件"张嘴"。最后将这 2 个图层延时至第 45 帧（见图 10-56）。

3）在场景中应用说话元件。在"府门外"图层的第 1006 帧插入空白关键帧，将元件"说话表情"拖入舞台，使用绘图纸外观功能，参照前一帧中角色的大小和位置进行调整对位，延时至第 1050 帧（见图 10-57）。

4）制作"想办法表情"。在"府门外"图层的第 1051 帧插入空白关键帧，将元件"想办法表情"再次拖入舞台，使用绘图纸外观功能，参照前一帧中角色的大小和位置进行调整对位，延时至第 1140 帧（见图 10-58）。

图 10-56　　　　　　　　　图 10-57　　　　　　　　　图 10-58

23．制作"塞耳朵"的动画

新建图形元件"塞耳朵"。在第 1 帧中拖入侧面身体并绘制抬起的手臂，手中拿着棉花团。在第 10 帧中插入关键帧，调整胳膊的形态，形成抬起胳膊往耳朵中塞棉花的动势。延时至第 40 帧（见图 10-59）。

24．制作再次砸钟的动画

新建影片剪辑元件"再次砸钟"。复制"砸钟动作"元件里的所有帧，粘贴到"再次砸钟"元件里，复制绘制的"棉花团"，并粘贴在"身体"图层里的耳朵上。回到主场景，在"府门外"图层的第 1182 帧插入空白关键帧，将"再次砸钟"元件拖入舞台，与前一帧内的角色对位调整。延时至第 1220 帧（见图 10-60）。

图 10-59

图 10-60

25．添加砸钟时的震荡声波

1）绘制"钟声震荡"声波。新建图形元件"钟声震荡"，在第 1 帧内绘制钟声震荡时的声波形状，在第 2 帧和第 20 帧插入空白关键帧，复制第 1 帧内的震荡图形并在原位置粘贴在第 20 帧里（见图 10-61）。

2）在"道具 2"图层的第 971 帧和第 982 帧插入空白关键帧。将"钟声震荡"元件拖入舞台，调整大小和位置后放置在钟和角色之间，延时至第 1006 帧（见图 10-62）。

图 10-61

图 10-62

26．制作小偷被发现的动画

1）处理场景。在"背景"图层的第 1221 帧插入空白关键帧，将"范府院内"元件拖入舞台，放大并调整位置。在第 1240 帧插入关键帧，将该背景向下移动，使天空的大部分显露在舞台中。创建传统补间动画后延时至第 1360 帧（见图 10-63）。

2）添加说话声波图形。在"道具 2"图层的第 1216 帧和第 1255 帧插入空白关键帧。将"钟声震荡"元件拖入第 1255 帧内的舞台上，调整大小和角度后放置在屋顶上方。延时至第 1275 帧（见图 10-64）。

3）制作抓贼文字。在"道具 2"图层的上方新建"文字"图层。在第 1256 帧插入空白关键帧，使用"文本工具"输入文字"什么声音"。在第 1285 帧插入空白关键帧，使用"文本工具"输入文字"有贼！！"。在第 1310 帧插入空白关键帧，使用"文本工具"输入文字"抓贼啊！！"。在第 1340 帧插入关键帧，复制并粘贴文字"抓贼啊！！"。最后延时至第 1360 帧（见图 10-65）。至此，动画的情节部分制作完毕。

图　10-63　　　　　　　　　　图　10-64　　　　　　　　　　图　10-65

27．最后还可以为角色的独白配上文字，添加适当的音效

还可以将项目 5 中制作的《掩耳盗铃》片头（见图 10-66）和片尾添加进来（见图 10-67）（本任务在开始制作时从第 2 帧开始，就留出第 1 帧空白关键帧，便于添加片头）。

图　10-66　　　　　　　　　　　　　图　10-67

10.3.4　任务评价

《掩耳盗铃》是一个综合性的 Flash 动画，在这个任务中涵盖了从前期策划分析到制作落实的每个环节，对整体把握 Flash 动画制作的流程有极大的帮助。另外，进一步强化了场景和角色的绘制技巧，同时，通过学习该任务还提升了动画制作的综合能力。

参 考 文 献

[1] 赵前，丛琳玮. 动画影片视听语言[M]. 重庆：重庆大学出版社，2007.

[2] 王平，殷俊. 动画场景设计[M]. 苏州：苏州大学出版社，2006.

[3] 韩笑. 影视动画场景设计[M]. 北京：海洋出版社，2005.

[4] 孙聪. 动画运动规律[M]. 北京：清华大学出版社，2005.